U0382888

施雅风手迹

刘潮海　蒲健辰　主编
《施雅风手迹》编委会

科学出版社
北京

内 容 简 介

施雅风先生是中国冰川学奠基人，开创和推动冰川学、冻土学、寒旱区水文学和泥石流等学科的科学研究，其手迹和手稿、打印材料和影像资料，是留给我们的宝贵科学财富和精神力量。本书收录了60多篇共约650页研究论文论著、学科规划、学术报告和纪念追忆文稿，110幅野外文字记录、素描图、剖面图等，经整理归纳为科学研究、科学活动、纪念追忆、野外记录四大部分。本书记录了施雅风先生成长为科学巨匠的奋斗历程，反映了施雅风先生的重要学术思想，体现了一位科学家热爱祖国、热爱科学、敬重事业之精神。

本书可作为地理、水文水资源、气象气候、冰冻圈和环境科学领域的科学工作者重要参考，也可给大中学生走上人生道路以启发和指引。

图书在版编目（CIP）数据

施雅风手迹／刘潮海，蒲健辰主编. --北京：科学出版社，2019.4

ISBN 978-7-03-060711-9

Ⅰ.①施… Ⅱ.①刘… ②蒲… Ⅲ.①冰川学—中国—文集 ②冻土学—中国—文集 Ⅳ.①P343.72-53 ②P642.14-53

中国版本图书馆CIP数据核字（2019）第039946号

责任编辑：彭胜潮　朱海燕／责任校对：何艳萍
责任印制：肖　兴／书籍设计：北京美光设计制版有限公司

科学出版社 出版
北京东黄城根北街16号
邮政编码：100717
http://www.sciencep.com

三河市春园印刷有限公司 印刷

科学出版社发行　各地新华书店经销

*

2019年4月第　一　版　开本：787×1092　1/16
2019年4月第一次印刷　印张：23
字数：550 000

定价：288.00 元

（如有印装质量问题，我社负责调换）

施雅风

（1919 ~ 2011）

N

N. [illegible] S

SW [illegible] NE

30m

《施雅风手迹》编委会

主　编　刘潮海　蒲健辰

编写组　（按姓氏汉语拼音顺序）

康世昌　李传金　李世杰　任贾文
沈永平　施建成　施建生　施建平
苏　珍　谭　蕾　谭明亮　杨　保
张景光　周尚哲

序　一

施雅风先生是我国杰出的地理学家、冰川学家、中国科学院院士，中国现代冰川、冻土学、泥石流等科学的开拓者和奠基人。岁月流逝，山河永存！施先生已离开我们近八年了。在纪念他百年诞辰之际，深深缅怀一代宗师的人生经历和他所做出的卓越成就与贡献，为他那崇高的爱国情怀，对科学的执着、奉献与创新精神所敬佩。

施雅风先生始终忧国忧民，1947 年在南京他参加了中国共产党的地下组织，冒着极大风险，把主要精力投入了革命工作。施老在南京解放前夕保护原中央研究院研究所和相关人才，为他们留下来做出了贡献。施老是地理研究所的一位老成员，1950 年中国科学院地理研究所筹备处成立时他担任所务秘书，参与创办《地理知识》（现名《中国国家地理》）杂志，并为该刊撰写了发刊词等文。施老 1953 年任中国科学院生物学地学部副学术秘书，20 世纪 50 年代参与全国第一次科学远景规划的编制和中国地形区划的研究。从 1958 年起开拓了中国现代冰川研究，1960 年组建了中国科学院兰州冰川积雪冻土研究所（筹），领导和开辟我国冰川、冻土学、泥石流、干旱水文研究新领域，并积极领导和推动青藏高原的科学考察，先后任兰州冰川冻土沙漠研究所副所长和兰州冰川冻土研究所所长。曾任中国科学院兰州分院副院长，中国科学院地学部副主任，中国地理学会副理事长、理事长、名誉理事长，英国皇家地质学会名誉会员，国际冰川学会、国际冻土协会理事，国际第四纪研究联合会名誉会员，国际山地学会顾问等。

我和施老接触都是 20 世纪 70 年代以后，青藏高原考察和我在院部的工作。在与他几十年的交往过程中，我深感施老不仅是一位伟大的杰出科学家，也是位优秀的研究所所长和许多重大研究项目的组织者和学科帅才。

首先施老作为一个科学家，具有不墨守成规，不断开拓、不断创新的精神。他善于把科学研究和国家发展的需要与目标结合起来，开辟新的学科研究领域和扶植新学科生长点。施老开辟、倡导和推动了我国现代冰川学、冻土学、泥石流、寒区旱区水文、冰芯与环境、冰雪灾害、第四纪冰川等方面的研究，系统地发展了中国冰川学理论和实践。施老组织领导了一系列冰川科学考察和研究，阐明了中国现代冰川特征、区域分异，填补了中国冰川科学的空白，完成的《中国冰川概论》和《中国冰川与环境——现代、过去与未来》两部专著标志着中国冰川研究和理论体系的成熟。施老组织领导的《中国冰川目录》的系统编制工作，历时 24 年，完成《中国冰川目录》12 卷 22 册，获得了近 5 万条冰川 30 多项参数的系统信息，摸清了中国冰川资源家底，使中国成为世界各冰川大国中唯一的全面完成冰川编目的国家。该成果对于全面认识中国冰川资源现状、变化和趋势具有重要的科学意义和应用价值，获国家科技进步奖二等奖。在施老的领导和推动下，他创建的兰州冰川冻土沙漠研究所为我国寒区旱区环境与工程研究奠定了坚实基础，已成为国内有科研实力、有国际影响的研究机构；兰州已成为中国地球科学研究的三大基地（北京、南京、兰州）之一和国际冰川冻土研究中心之一。中国冰川学在国际上占有一席之地，而且有些方面在国际上还是做的领先成果，这与施老多年的贡献是分不开的。

施老对我国冰川研究锲而不舍的同时，不断地开拓创新和扩大其研究范围，在全球气候变化、海平面上升等方面也有出色的贡献。施老与刘东生先生首先提出开展“青藏高原隆升及其对自然与人类活动影响的研究”，作为领导者之一组织了其后的一系列考察研究活动，完成了系列性的总结，将青藏高原研究推向了新的科学高度，对我国青藏高原研究领先于世界水平起到了重要作用，其成果荣获国家自然科学奖一等奖。

20 世纪 80 年代，随着国际上全球变化研究的兴起，气候变化对区域环境的影响也被广泛重视。施老学识渊博而具有敏锐的科研洞察力，在全球变化研究方面也提出了许多有见地的学术观点，完成了多项有影响的成果。他主持的“中国气候、湖泊与海平面变化及其趋势和影响”项目完成系列专著 5 本，是中国全球变化研究较为全面、系统化的研究成果，获得中国科学院自然科学奖一等奖，为提升我国气候环境变化研究水平做出了重要贡献。

20 世纪末，施老针对我国西北地区近十几年出现的气候及环境变化情况，敏锐地觉察到西北干旱区气候可能正在发生重大转折性变化。为此，他不顾年逾 80 多岁的高龄，亲自到新疆考察，并组织专家研讨，于 2002 年提出了“中国西北气候由暖干向暖湿转型”的科学推断，在学术界和国家决策层面上都产生了较大影响。

施老发展和丰富了中国第四纪冰川研究，他最先确认中国西部山区小冰期与末次冰期遗迹，并通过深入考察，广罗证据，与合作者共同提出多次冰期划分意见，明确地提出了古冰川存在的范围和冰期环境，在其代表性著作《中国东部第四纪冰川与环境问题》中纠正了已被认为是“定论”的中国东部中低山区存在古冰川的误解。施老还组织力量对中国以西部高山为主的第四纪冰川研究进行了系统研究和总结，出版了《中国第四纪冰川与环境变化》专著，得到国内外著名学者的高度评价，成果获国家自然科学奖二等奖。

第二点就是施老的研究工作始终以国家需求作为首要的出发点，这是值得我们科学工作者很好学习的。施老在从事地理研究工作时感觉冰川对水文等方面的影响，他虽已人到中年，仍奋起研究一个全新的科学领域——冰冻圈，创建冰川学研究。不管是泥石流、冻土、冰雪灾害及古气候研究，还是气候变化、环境的研究，施老都是从国家的需求出发，抓住科学问题进行研究。施老的很多工作，为我们国家经济发展的很多工作做出科学的指导。他还写了一些关于科学咨询报告直接上报中央，很多报告得到了国家的重视。施老先后组织和领导了一系列具有开创性和基础性的研究工作，为我国干旱区水资源合理利用、寒区道路工程建设起到了重要的科技支撑。其中河西水土资源合理利用、新疆水资源合理利用、冰川资源对水利水电工程影响及其合理开发利用、冰雪灾害防治技术、青藏输油管线建设、兰州—西宁—拉萨光纤工程建设、巴基斯坦巴托拉冰川前缘中巴公路修建方案、青藏公路、青藏铁路建设等方面均起到重要作用，社会、经济、生态效益十分巨大。鉴于施老对地方经济和社会发展做出的突出贡献，2006 年获得甘肃省“科技功臣奖”。

施老在人才培养和国际科技合作与交流方面都有着前瞻性和战略性的思考和实践，非常注意人才的培养和不同学科人才的引进，这对我国的冰川冻土学事业发展奠定了坚实的基础。经他亲自培养和选拔的著名科学家、两院院士有李吉均、程国栋、秦大河、姚檀栋和丁德文等，还有一批国内外知名的科学家。施老言传身教，鼓励了几代人的成长。

施老对年轻人是真正教导，我每次有问题向施老请教，他都是非常耐心地、仔仔细细地讲，使我深受教育。施老为人正直，刚正不阿，面对各种各样的社会舆论敢于提出自己的意见，完全不顾个人得失。他对一些不良现象敢于仗义执言、狠狠地批评、疾恶如仇的高尚品质，也给我们树立了很好的榜样。

总之，施老兢兢业业，潜心学术研究，卓越的领导才能，为地理学、地貌学、冰川学等科学事业做出了杰出的贡献。他不愧为地理学、地貌学、冰川冻土学的一代宗师，是我们尊敬的导师、学习的楷模。我们纪念施老百年诞辰，要学习他给我们留下的不断开拓创新、严谨求实和与时俱进的优秀学风，勤奋刻苦、谦虚谨慎和平易近人、为人谦和、胸怀宽广的高尚品德，正派为人、淡泊名利、爱党爱国的高尚情操等无比珍贵的精神财富。我们要把施雅风先生的奉献精神、优秀学风、工作作风和道德情操传承下去，促进我国地理科学和冰冻圈科学事业不断迈向新的高度。

孙鸿烈

2019 年 2 月

[illegible]

N

[illegible]

50 m

N. [illegible] S

SW [illegible] NE

[illegible]

30 m 90 m [illegible] 15 m

序　二

施雅风院士去世后，他的学生、亲友写了不少纪念文字，今将出版《施雅风年谱》《施雅风手迹》，施公子建成教授询我是否可以写个序，我回答说义不容辞。首先，施老是我的前辈学长，我们都是浙大毕业生，他当年就读的是史地系，我作为晚辈，读的是地质系，我俩入学时间尽管隔了三十几年，但专业上同属一脉。此外，我到中国科学院求学、工作后，我们在同一个领域做工作，即第四纪古气候古环境研究，尽管他主要做冰川研究，我则在刘东生先生指导下做黄土研究。为此，我从学生时代起，便经常有机会向施先生请益。还有，施先生同我的老师刘先生是同龄人，他们共同领导着中国第四纪研究理事会，两人既是好朋友，又相互尊重，互称对方为先生，老师辈的良好关系也惠及我们学生辈。

由于这些渊源，我当然得写点纪念文字。

如果有人要我谈谈对施先生的印象，我脑子里首先会冒出来的词是温和的长者、勤奋的学者、真理的斗士……

第一次领略施先生的斗士风采是在一次专业会议上，大概是 1986 年的冬天。那个时候，我已经完成了硕士学业，继续在刘先生指导下做博士论文。我读硕士时，论文的题目是水文地球化学方面的，做沙漠－黄土过渡带的地下水化学与当地居民氟中毒的关系。做博士论文时，刘先生给我定的方向是黄土－古土壤序列与冰期旋回，这是第四纪研究的主体问题了。因此，我从 1985 年秋天起，一直在苦读文献，希望对这个新进入的领域有个较全面的了解，其中中国东部的古冰川问题也在我关注的范围内。中国东部的古冰川以庐山为代表，由于电影《李四光》的广泛影响，“庐山冰川”在当时普通老百姓中也是一个耳熟能详的词汇。当年，李四光先生通过考察，把一些地质遗迹，如“漂砾”“擦痕”“冰川堆积物”等，解释为中国东部曾在第四纪时期发育过数次冰期，并认为同欧洲大陆的“四次冰期”可以对比。这个观点在当时也是有争议的，但新中国成立后，曾有一段时期，李四光先生的“三大学术理论”（其中之一是庐山冰川）在一些外力的推动下，竟成为神圣的教条，使很大部分国内学者深信不疑。施先生领导的团队是第一个站出来质疑或者说反对“庐山冰川”理论的，并且他从不顾及别人异样的眼光和议论，坚持深入探索，坚持用事实说话。

在那次学术会议上，坚持和反对的两派分别摆出自己的观点和证据，各不相让，有时还引起激烈的争论。我依稀记得施先生他们否定庐山冰川假设是从两条主线切入的：一是那些“冰川发育证据”并不是冰川作用造成的，比如擦痕可能来自构造作用，漂砾不应该孤立存在，应该有多个才可认定同冰川作用有关，至于那些“冰川堆积物”，他们认为同泥石流有关，是泥石流作用下的混杂堆积；二是从更广泛的古气候变化记录入手，认为第四纪冰期时，中国东部的降温幅度远不足以导致山地冰川的出现。在那次会议上，有的老先生提出，李四光是大家的老师，我们为什么要反对老师呢？这句话从今天听起来似乎有些怪异，但回溯到三十几年前，确实是不少有较长社会经历的先生们的内心想法。李四光先生是我们第四纪专业的早期领导人，并且做了不少具体的研究工作，除东部冰川研究外，中国黄土地层的“四分法”也是他指导刘东生先生等提出的。刘先生同我们谈话时，一直到晚年，提起李先生，都是以“李老夫子”称之，尊崇之心，可见一斑。李先生当时在地学界是“神一样的存在”，这样说并不为过，更不用说质疑他老人家的理论了。面对责难，施先生引用亚里士多德的话表明心迹：吾爱吾师，吾更爱真理。

回头看来，有关中国东部第四纪冰川的争论是我国地学界少有的一段“公案”，在当时的环境下，能对李四光先生提出挑战是需要勇气的，这种勇气植根于对科学的热爱、对真理的坚持。三十几年过去了，随着研究的深入，坚持东部冰川理论的专业人士已经很少了，但我们的第四纪学界也从来没有想到过是否需要对此段“公案”有个了断，给个结论。在当年的争论中，极大部分专业内的人士都没有公开表明态度，成为了“沉默的大多数”，后来成长的新一代，包括我本人，也很少有人愿意讲讲“过去的故事”。经常有人说，我国科学家缺少质疑精神，不喜欢参与争论，这或许是不利科学进步的特质。行文至此，我不禁扪心自问：比起施先生，我们身上是不是缺了些什么？

从那次会议以后，我同施先生也慢慢地熟悉起来。由于都毕业于浙大，我们之间的话题除了专业以外，听他谈谈老一辈浙江大学地学人才的掌故，也是我特别喜欢的题目。当年浙江大学史地系尽管规模不大，但集中了像竺可桢、叶良辅、张其昀等前辈大家，以及叶笃正、黄秉维、涂长望、施雅风、陈述彭、陈吉余等青年才俊，可谓人才济济。施先生在浙江大学求学数年，后来在竺可桢副院长的领导下，在中国科学院从事冰川冻土等方向的研究，对浙江大学地学相关的人与事是非常熟悉的，也乐意同我这样的晚辈讲讲，有时候也会同我讲起解放前夕，他在南京从事地下党组织的工作，如何迎接解放军渡江、如何保存中研院的财产迎接解放方面的事，使我对他的钦佩之情又进了一步。见得多了，我发觉施先生是个非常温和可爱的老头，喜欢嘿嘿嘿地笑，面带佛相……

曾经有一段时期，施先生每次同我见面，都要同我谈谈“岁差周期”。第四纪时期的260 万年间，最突出的特征是冰期—间冰期旋回，即表现为气候冷暖的大幅度波动，这个变化的背后原因是天文因素造成地球轨道参数作周期性的改变，从而引起地球接受太阳辐射沿纬度和季节作周期性的变化。从深海氧同位素记录和中国黄土记录看，在第四纪晚期，主要表现为10 万年准周期，由此我曾经提出过东亚季风区气候变化主要由北半球高纬地区的冰量变化控制，并进一步认为具体机制在于北半球冰盖的变化控制了西伯利亚高压系统的强弱变化。但施先生、姚檀栋等获得的古里雅冰芯记录却具有明显的 2 万年周期，同黄土记录差别很大。施先生便同我多次讨论这个“岁差周期”如何影响青藏高原的气候变化，为什么“冰量周期”对高原影响不明显。记得每次他开始同我谈这件事时，他都会笑眯眯地说，“这个岁差周期……”，每当这个时候，我都会在心底里感叹：老头真有探索劲儿啊！

说起“老头”的称呼，是我们这些晚辈对几位地学界“超级老头”的私下叫法。比如，我的导师刘东生先生、矿床学家涂光炽先生、大气物理学家叶笃正先生、遥感专家陈述彭先生，当然也包括施雅风先生，学生辈们都喜欢在背地里叫他们“老头”。这些“老头”的共同特点是学问好、精力旺盛、永不满足，对年轻人尤其好。

施先生一辈子做了很多事，花了他大部分精力的还是我国的西部冰川研究，从他到兰州组建冰川研究队伍起，他同几代科研人员一起为中国的西部冰川编了一本目录，工作之艰苦、工作量之大是超乎想象的。我个人一直认为，我们做地学研究的是非常幸福的一批人，因为有大量时间亲近自然，但长期出野外也有危险，其中最为危险的当数冰川研究。施先生同他的团队长期在危险的环境中孜孜探索，没有深厚的家国情怀，没有对科学的无限热爱，怎么可能坚持下来呢？我个人相信，会有那么一天，我们的后辈感佩于当年施先生等的工作，会用“冰川精神”来赞美他们。

是为序。

丁仲礼

2019 年 2 月

天气 196 年 8 月

[illegible]

N

1008米

50m

N. [illegible] S

SW [illegible] NE

30m

[illegible]

序　三

时光荏苒，岁月如梭，转眼间施雅风先生逝世已经八年，他的百年诞辰也将到来。

施雅风先生是我国老一辈地理学界的泰斗，不仅因他奠基和发展了我国现代冰川研究而被国内外誉为“中国冰川学之父”，他还开拓了冻土、泥石流、海平面变化等多个研究领域。

就中国冻土研究来说，施先生的奠基和推进作用首屈一指。20 世纪 60 年代初，在他的带领下，中国科学院建立了冰川冻土研究室，到 1965 年发展成为研究所。冻土研究的体系框架、人员招聘和人才引进、基础设施建设和重大研究项目，无一不是在他的主持下向前推进。虽然他的主要研究工作在冰川方面，但他仍然亲自带队前往青藏公路沿线进行冻土考察。科学发展的核心是人才问题，因而他特别关注引进各方面的人才。在他的努力下，至 1966 年，冻土研究室分成普通冻土、冻土力学、冻土热学、冻土物探等多个研究组，一大批青年学者聚集在一起，呈现出蓬勃向上的发展势头，形成了我国冻土研究的核心基地。

施先生特别重视年轻人才的培养，冰川冻土研究所的青年人才培养在他的领导下成效极为显著。他亲自培养和合作培养的研究生多达数十人。特别是刚恢复研究生制度后，冻土室主要研究人员按职称还不能招收研究生，他就以他的名义招收学生，让冻土室主要业务骨干与他合作培养，以便使人才断档能够尽快弥补。他大胆使用年轻人，即使初出校门的青年也能被委任研究组和研究室的负责人，让他们尽力发挥特长，在重压中锻炼成长。

施先生非常重视对外交流和合作。1978 年经过特别的努力，他得以率团参加国际冰川学术会议，从此打开了我国冰川研究与国外交流的大门。1983 年，施先生率领中国冻土代表团出席了在美国阿拉斯加召开的第四届国际冻土大会，这是中国冻土研究第一次成规模地参与国际学术活动。在这次大会上，中国与苏联、加拿大和美国一起发起成立“国际冻土协会”。施先生在大会上介绍了中国冻土研究的近况，并作为中国代表参与了“国际冻土协会”的筹备工作。从此中国的冻土研究正式走出国门，走上了国际舞台。20 世纪 80 年代初，不仅许多国外冻土研究专家前来访问交流，冻土室参加国际会议和向国外选派进修和留学人员也已呈常态。随着国际交流与合作的广泛和深入，我国的冰川冻土研究水平得到快速提升，国际影响和地位也得到增强。自 20 世纪 80 年代中期，我国科学家在国际冰川学会和国际冻土协会等国际学术组织都一直有任职，施先生本人也先后任国际冰川学会理事和终身名誉会员以及国际冻土协会首届理事。

施先生除了主持奠基冰川、冻土、泥石流等学科研究外，他自己致力研究的领域也很多，都取得了重大成果。比如天山乌鲁木齐河源冰川与水文研究、中国现代冰川基本特征、巴托拉冰川变化、中国东部第四纪冰川、青藏高原隆升、中国海平面变化、乌鲁木齐地区水资源、中国西部环境与古气候、中国西北气候暖湿化转型，等等，这些成果或者获得国家和省部级科技成果奖，或者为当地社会经济发展提供了重要科技支撑。

总之，施雅风先生对我国冰冻圈科学等学科的奠基和推动作用、在地球环境科学领域的科学建树以及在整个地球科学的影响是巨大而深远的。在施先生诞辰百年纪念日来临之际，有关人员编辑了《施雅风年谱》和《施雅风手迹》，这对我们缅怀和纪念施先生、传承和发扬施先生的精神非常有益。

愿施雅风先生的精神长存，激励后辈不断攀登科学高峰。

程国栋

2019 年 1 月

序　四

2019 年 3 月 21 日是著名科学家施雅风院士 100 周年诞辰纪念日，今将出版《施雅风年谱》《施雅风手迹》，这是一种很好的纪念方式。施建成研究员邀我作序，作为长期在施雅风先生领导下工作和成长的后辈，这个任务太艰巨了，感到既荣幸又“压力山大”！

施雅风先生是国内外著名地理学家，是中国冰川冻土事业的开创者，后人尊称为“中国现代冰川学之父”，他也是中国冰冻圈科学事业的先驱和奠基人。从 20 世纪 50 年代培养研究生起，他的门下有一大批地理科学和资源环境领域的硕士、博士和博士后人才，形成了梯队，活跃在国际和国内的科研、教育和经济、社会等多个领域，为人类福祉服务，为生态文明建设做贡献，为祖国发展建设出力流汗。这些人当中，许多成了学术领军人物，有的当选为院士，引领学科发展，培养更多专业人才。

施雅风先生出生在近代中国社会的重大变革时期。他出生的 1919 年，中国爆发了五四运动，青年学生们高举爱国主义旗帜，弘扬民主、科学的精神，促进了马克思主义在中国的传播。一代青年上下求索，追求民主和科学，探索救国救民的道路，振兴中华是他们的奋斗目标。在时代风云熏陶、涤荡中成长的施雅风，好学上进，品学兼优，很快就成了这个队伍中的一员。到 1949 年新中国成立时，三十而立的施雅风，不仅成长为一位地理学家，还是一名有着三年党龄的中国共产党党员，风华正茂的他将科学和理想完美地结合到了一起！

新中国成立初期，百废待兴，面对祖国山河和地理学的发展，他毫不犹豫地选择了现代冰川研究，义无反顾来到条件艰苦的大西北，在祁连山、天山考察现代冰川。1959 年元旦，附有多种图件的 43 万字考察报告《祁连山现代冰川考察报告》出版了；第二年他主持建立了“冰川积雪冻土研究所筹备委员会”，并毅然把全家从首都北京搬到兰州；科学家拳拳报国之心，践行理想信念，可见一斑！

施先生 20 世纪 50 年代后期开创的中国现代冰川考察研究，奠定了一支新的交叉科学的基础，即今天的冰冻圈科学。从冰川考察到冰冻圈科学，从 1959 到 2019 年六十年间，光阴一闪而过，他的学生、学生们的学生、……，从青藏高原、南极和北极（地球三极）到云贵高原、长江黄河，从冰川冻土积雪、气候环境变迁到第四纪冰川、海平面变化，从科研院所、高等院校到生产建设各领域各部门，从国内到国外，处处可见他们的身影。追随先辈，实现理想，施雅风的精神代代相传，延绵不断。

施雅风先生的一生，科学成就多彩辉煌，人格魅力高雅亮丽，毋庸置疑、无须赘述。他的另一个伟大贡献，就是提携青年，培养人才，他的精神熏陶、影响了几代学子、门生，他们继承和发扬“科学、求是、爱国、民主”的精神，在各自的岗位上为国效力，为民服务。文章延续学问，品格哺育贤达。具有这种精神的几代学人，是人类的瑰宝，是国家的财富，是实现中华民族伟大复兴的中坚力量！今天我们纪念施雅风院士百年诞辰，不仅要像他一样，活到老学到老，努力攀登科学高峰，更要学习和发扬他的精神，不断培养和造就“健康、勤奋、正派、友爱”的青年学者，为中华民族的伟大复兴和全人类福祉做更大贡献。

谨此，是为序。

秦大河

2019 年 2 月

序　五

转眼之间，先生已经离开我们八年之久了！但我的脑海中还依旧浮现着他和蔼可亲的面容、他热情爽朗的笑声和他充满激情的谈吐。我一直都有这样的感觉，先生没有走……

先生在科学研究中永远是一位严师。对学生，他要制定严格的学习计划，布置充足的参考文献和研究任务，需要提交每周口头和文字汇报，当面点评讨论，而且提供各种开阔视野的学术会议机会，不断提高学生研究水平；对科研人员，他组织多学科交叉的研究团队，按照各自的科学目标、研究方案和成果产出，紧抓不放。先生在生活中永远是一位挚友，他关注大家的生活，帮助解决大家的各种实际生活问题，使得大家能够专注于科学研究。正因为如此，他能够在当时贫穷落后的西北地区凝聚一批一流人才，开创独具特色的冰川学、冻土学、泥石流学、寒区水文学、第四纪冰川学，等等。先生所开创和所留下的这些科学资产正在不断发展壮大！所以先生没有走……

先生毕生奉献于科学研究。他最大的科学贡献是孜孜不倦地推动科学考察研究所产生的卓越成果。他在学生时代就不畏日本侵略险恶环境的威胁和当时极其艰苦的生活工作条件，开展科学考察研究，撰写毕业论文。从 20 世纪 50 年代开始，先生组织进行了一系列科学考察研究。从 1958 年开始，他率队开展了祁连山冰川科学考察研究，由此开启了中国冰川科学考察研究的序幕。从 1964 年开始，先生与刘东生先生共同率队开展希夏邦马峰科学考察研究，产生了重大科考研究成果。1966 ～ 1968 年，先生与刘东生先生再度联手，率队开展了珠穆朗玛峰科学考察研究，一系列基础资料的获得填补了我国地质地理研究的空白。从 1974 年开始，先生率队开展对喀喇昆仑山巴托拉大冰川的科学考察研究，创立了“波动冰量平衡计算方法”，成功地为中－巴公路修建提出科学实施方案。20 世纪 80 年代初，先生带领一大批国内外科学家在庐山地区进行科学考察研究，他上车就睡觉、下车就干活的状态让同行的青壮年科学家仰望兴叹。80 年代中期，先生组织了对乌鲁木齐河流域水资源的大规模系统科学考察研究，并在 1985 年他 65 岁高龄之际，带领我们到乌鲁木齐河源 1 号冰川考察。乌鲁木齐河流域水资源考察研究为解决乌鲁木齐市缺水提出了科学解决方案，发挥了重大经济和社会效益，也对西北水资源利用和研究发挥了重要指导作用，同时将我国西北内陆河流域水资源研究提高到一个新的水平。先生不抽烟、不喝酒、没有其他业余爱好，唯一的乐趣就是出野外、做科考、做研究。先生常说，冰川事业是一项豪迈的事业，是勇敢者的事业，这是他一生科学考察研究的总结，也是他对后继者科学考察研究的期望。先生所铸就和所留下这种攀登科学高峰的探险精神和坚定不移的科学信念不断激励我们后来人！所以先生没有走……

先生一生谦虚做事，诚恳待人，乐善好施，广纳贤士，许许多多的亲人、朋友、同事、学生乃至于一面之交的人，或惠受于他的恩泽、或感动于他的美德。在先生诞辰 100 周年之际，这么多的学界专家和亲朋好友，共同回忆先生生平的点点滴滴、风风雨雨，赞颂先生的慈范懿德。这是缅怀先生道不远人、恒久与我们同在的科学精神聚会。先生所留给我们科学研究共同体的科德雅风永远是弘扬科学研究正能量的动力！所以先生没有走……

第二次大规模青藏高原综合科学考察研究的帷幕已经拉开。先生无私奉献、执着追求、不畏艰险、不断创新的精神将激励着我们，在青藏高原科学事业新的征途中砥砺前行。在我们心中，先生从来不曾离开！所以先生没有走……

先生永远和我们在一起。

姚檀栋

2019 年 2 月

前　　言

施雅风先生是我国杰出的地理学家、冰川学家、中国共产党优秀党员、中国科学院院士、中国现代冰川科学的开拓者和奠基人。

施雅风先生是江苏海门人，生于1919年3月21日。1942年毕业于浙江大学史地系，1944年获浙江大学研究院硕士学位。1944年在重庆中国地理研究所任研究助理。1947年加入中国共产党，作为地下党员参加情报收集工作，为南京解放做出了贡献。1949年任中国科学院地理研究所所务秘书，参与创办《地理知识》杂志。1953年任中国科学院生物学地学部副学术秘书，参与国家“十二年科学规划”和《中国自然区划》工作。从1958年开始，先生先后领导了西北地区和青藏高原的冰川科学考察，成果颇丰，开创和发展了中国冰川学。在他的领导下，1960年组建了中国科学院兰州冰川积雪冻土研究所（筹），组织开展了冻土科学和泥石流灾害防御的研究。1965年任兰州冰川冻土沙漠研究所副所长，1978年任兰州冰川冻土研究所所长，1980年当选为中国科学院学部委员和地学部副主任。先后兼任南京大学、兰州大学、华东师范大学、河海大学、南京师范大学等多所大学的教授、中国地理学会名誉理事长，国际冰川学会理事、国际第四纪协会与英国皇家地质学会名誉会员等。是中国科学院寒区旱区环境与工程研究所研究员、名誉所长和南京地理与湖泊研究所研究员。

一、施雅风先生是我国地球科学领域卓越的开拓者，在冰冻圈科学等许多方面取得了杰出的研究成果

1. 施雅风院士是我国冰川科学事业的创始人

施雅风先生开创和推动了我国冰川物理、冰川水文、冰芯与环境、冰雪灾害、第四纪冰川等方面的研究，系统地发展了中国冰川学理论和实践，把中国冰川学研究推向世界。

（1）发展和完善了冰川学理论体系

从20世纪50年代末开始，在极其艰苦的条件下，施雅风先生率队先后对祁连山、天山、喜马拉雅山、喀喇昆仑山等地的现代冰川进行了一系列科学考察和研究，创造性地提出了中国冰川分类理论、大陆型冰川运动机理，阐明了中国区域现代冰川变化对气候变化的敏感性及未来变化趋势，填补了中国冰川科学的空白，完成的《中国冰川概论》和《中国冰川与环境——现代、过去与未来》两部专著标志着中国冰川研究和理论体系的成熟。成果获中国科学院自然科学奖二等奖。

（2）摸清中国冰川资源家底——中国冰川编目

施雅风先生在1978年敏感地抓住国际冰川编目全面启动的良好机遇，组织领导了《中国冰川目录》的系统编制工作，历时24年，完成《中国冰川目录》12卷22册，获得了49 206条冰川包括名称、位置、长度、面积、储量等30多项参数的系统信息，使中国成为世界各冰川大国中唯一全面完成冰川编目的国家。成果对于全面认识中国冰川资源现状、变化和趋势具有重要的科学意义和应用价值。该成果获2006年国家科技进步奖二等奖。

（3）领导推动冰雪灾害理论与防治研究，产生显著的经济社会效益

施雅风先生积极组织和推动冰川泥石流、冰湖溃决洪水、雪崩、风吹雪等冰雪灾害的研究，解决了一系列在西部建设中的相关灾害科学和防治问题。如在1974年，通过对喀喇昆仑山巴托拉大冰川的考察研究，创立了“波动冰量平衡计算方法”，其创新的计算方法和准确的预报结果，不仅在冰川学理论上取得突破，而且成功地为该段中 - 巴公路修建提出实施方案。先生领导推动的风吹雪和雪崩及其防治研究也取得重要成果，如天山道路风吹雪防治研究为国家创造数十亿的经济效益，成果获2003年度国家科技进步奖二等奖。

（4）发展和丰富了中国第四纪冰川研究的科学成果

施雅风先生最先确认中国西部山区小冰期与末次冰期遗迹，并与合作者共同提出多次冰期划分意见，结果被广泛引用，已成为西部山区第四纪冰川研究对比的基准。先生通过深入考察，广罗证据，明确地提出了古冰川存在的范围和冰期环境，纠正了已被认为是“定论”的中国东部中低山区存在古冰川的误解，其代表性著作《中国东部第四纪冰川与环境问题》已成为经典之作。

先生对中国以西部高山为主的第四纪冰川研究进行了系统研究和总结，发现了3万～4万年前中国全境盛行暖湿气候，出版了专著《中国第四纪冰川与环境变化》，得到国内外著名学者的高度评价，成果获2008年国家自然科学奖二等奖。

（5）高度重视科学观测试验，创建了天山冰川试验研究站

施雅风先生在中国冰川事业起步之初，就高度重视野外观测工作，并于1959年在天山乌鲁木齐河源1号冰川建立了长期定位观测站，于1965年出版了《天山乌鲁木齐河冰川与水文研究》专著，随后的成果，使中国冰川监测研究受到国际上的高度关注。天山站被中国科学院评审为首批开放台站、被科技部认定为首批国家台站、天山1号冰川被国际学术组织确定为国

际十条重点监测冰川。

（6）开拓创新，敏锐地将中国中纬度山地冰芯研究推向世界前列

20 世纪 80 年代，先生以国际合作为契机，与国际同步发展中国的山地冰川冰芯研究。在他的推动和关怀下，中国的中纬度山地冰芯研究从无到有，迅速发展，不仅成为中国全球变化的一支重要力量，而且也成为世界冰芯研究的生力军。冰芯与寒区环境实验室从 20 世纪 90 年代初期创建到 2007 年成为冰冻圈科学国家重点实验室，是国际上冰冻圈科学研究领域具有重要影响的研究机构之一。

2. 施雅风院士是我国冻土研究的开拓者

先生 1960 年组织和领导我国首支冻土考察队，对青藏高原多年冻土开展了研究，这是填补我国冻土研究空白的重要标志。1965 年他主编的我国第一本冻土方面的专著《青藏公路沿线冻土考察》出版，这一开拓性的成果为我国后来的青藏公路和铁路建设起到了重要的科学指导。此后，我国冻土与工程研究不断发展和壮大，先生在学科方向、人才培养、软硬件环境建设等方面都起到了关键的领导作用。

3. 施雅风院士是我国泥石流研究的奠基人

先生 20 世纪 60 年代倡导并成立了泥石流研究室，开始了我国泥石流理论和防治的系统研究。他亲自组织和参与了川藏公路与成昆铁路线泥石流研究，为铁路通过西昌泥石流区提出解决方案并被采纳。在他的协调和促进下，将泥石流研究中心转移到我国泥石流频繁发生的西南地区，在成都建立了专门的泥石流研究机构，有力地推动了我国泥石流和山地灾害研究和防治水平的提升，体现了先生的前瞻性眼光和从大局出发的坦荡胸怀。

4. 施雅风院士是我国西北内陆河水资源系统研究的倡导者

伴随着中国冰川学研究的发展，以冰川水文和冻土水文为代表的我国寒区水文研究也在先生倡导下先后开展起来，并在天山站和祁连山冰沟先后建立了冰川水文和冻土水文观测系统。20 世纪 80 年代中期，组织了对乌鲁木齐河流域水资源的系统研究，将我国西部内陆河流域水资源研究提高到一个新的水平，对西北水资源利用和研究具有重要的指导意义。同时为解决乌鲁木齐市缺水提出解决方案，被采纳实施，经济和社会效益十分显著。成果获得中国科学院科技进步奖二等奖。

5. 施雅风院士是提升中国气候环境变化研究水平的主要贡献者

施雅风先生与刘东生先生首先提出开展“青藏高原隆升及其对自然与人类活动影响的研究”，项目实施后，作为领导者之一，组织了其后的一系列考察研究活动，完成了系列性的总结专著，将青藏高原研究推向了新的科学高度，对我国青藏高原研究领先于世界水平起到了关键作用。成果荣获国家自然科学奖一等奖。

先生在全球变化研究方面提出了许多有见地的学术观点，完成了多项有影响的成果。其中由他主持的“中国气候、湖泊与海平面变化及其趋势和影响”项目完成系列专著 5 本，是中国全球变化研究较为全面、系统化的研究成果，获得中国科学院自然科学奖一等奖。针对我国西北地区近十几年出现的气候及环境变化情况，先生敏锐地觉察到西北干旱区气候可能正在发生重大转折性变化，为此，他不顾年逾 80 多岁的高龄，亲自到新疆考察，并组织专家研讨，于 2002 年提出了“西北西部气候由暖干向暖湿转型”的科学推断，在学术界和国家决策层面上都产生了较大的影响。

二、施雅风先生的科技贡献产生了重要的社会影响

先生开创的我国寒区旱区科学研究始于甘肃，在惠及西部、产生国际影响的同时，也为甘肃经济建设做出了重要贡献。他先后组织和领导了一系列具有开创性和基础性的研究工作。鉴于对地方经济和社会发展做出的突出贡献，甘肃省于 2006 年授予先生“科技功臣奖”。

先生开创的冰川冻土事业在近 60 多年的历程中，为我国干旱区水资源合理利用、寒区道路工程建设起到了重要的科技支撑。其中河西水土资源合理利用、新疆水资源合理利用、冰川资源对水利水电工程影响及其合理开发利用、冰雪灾害防治技术、青藏输油管线建设、兰－西－拉光纤工程建设、青藏公路、青藏铁路建设等方面均起到重要作用，社会经济生态效益十分巨大。

先生创建了兰州冰川冻土沙漠研究所，奠定了我国寒区旱区环境与工程研究的坚实基础。在他的领导和推动下，兰州已成为中国地球科学研究的三大基地（北京、南京、兰州）之一和国际冰川冻土研究中心之一。目前以寒区旱区环境与工程研究所为代表的我国西部生态环境研究已形成集冰川、冻土、沙漠、高原大气、水土资源、生态农业和遥感信息为一体的研究体系，已成为国内有科研实力、有国际影响的机构。作为这一事业的开拓者和创始人，先生的贡献所产生的社会效益显著，利在当代，功在未来。

三、施雅风先生诲人不倦，治学严谨，具有良好的科研道德

施雅风院士还十分关注人才的选拔和培养。经他亲自培养和选拔的著名科学家有两院院士李吉均、程国栋、秦大河、姚檀栋和丁德文等，还有一批国内外知名的科学家。先生言传身教，鼓励了几代人的成长，目前一批显露头角的青年科研人员正活跃在相关研究领域，其中有国家基金委“杰出青年基金”获得者和中国科学院“百人计划”入选者等学术骨干。先生还关心边远地区贫困学生，用获得的奖金和自己的积蓄支持希望小学建设和颁发奖学金，并出资建立科学基金以表彰和鼓励为冰冻圈科学做出贡献的科技工作者。

先生气度宽宏、胸怀若谷、兼容并蓄、淡泊明志、宁静致远、注重大局、注重团队，把国家、民族和学科的利益置于个人之上。在数十年的科研实践中，团结起国内一大批科技工作者学者共同开拓创新，数十年持之以恒，创造出一项又一项优秀成果。

施雅风先生 70 年如一日，兢兢业业，潜心学术研究，卓越的领导才能，为地理学、地貌学、冰川学等科学事业做出了杰出贡献。他不愧为地理学、地貌学、冰川冻土学的一代宗师，是我们尊敬的导师、学习的楷模。

施雅风先生是中国地理科学、特别是自然地理学等领域的创建者、领导者、开拓者，他有一种值得大家学习的“无私奉献、不断创新和勤恳实践的精神”。先生具有严谨求是的工作作风、为人正直的高贵品质、睿智而有远见的科学目光、慈祥而朴实的人格魅力。先生是一位始终将生活高度融入自己热爱事业的师者，是一位始终执着坚持研究工作的科学家，是一位传递优秀科学家品质的践行者！

我们要学习先生不断开拓创新、求真务实和与时俱进的优秀学风，勤奋刻苦、谦虚谨慎和平易近人的高尚品德，正派为人、淡泊名利、爱党爱国的高尚情操，把施雅风先生的奉献精神和道德情操传承下去，促进我国冰冻圈科学和地理科学研究事业不断迈向新的高度！

中国科学院西北生态环境资源研究院

2019 年 3 月

N.

S

SW

NE.

目　　录

第一部分　科学研究

第二部分　科学活动

第三部分　纪念追忆

第四部分 野外记录

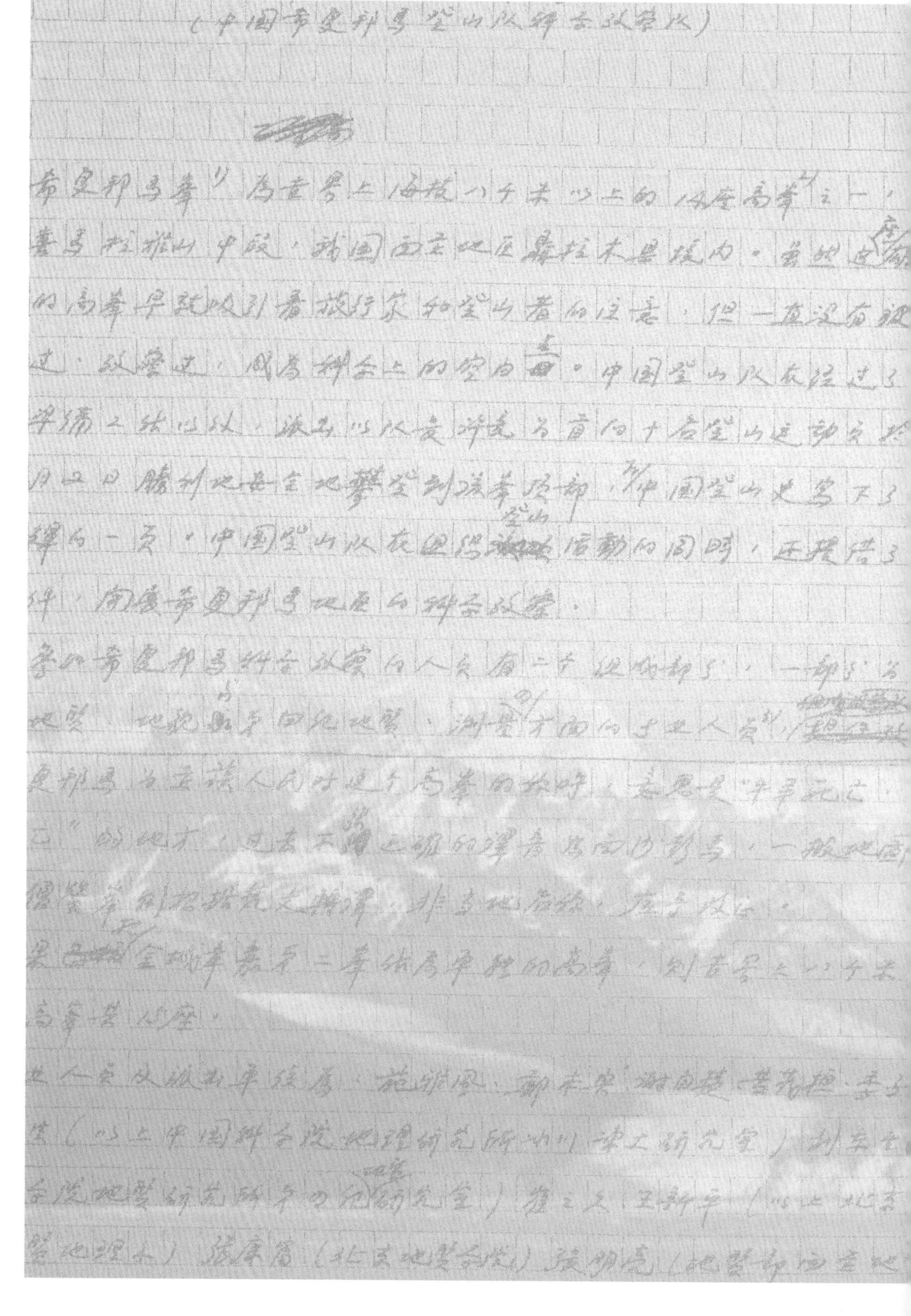

（中国希夏邦马登山队科学考察队）

希夏邦马峰为世界上海拔八千米以上的14座高峰之一，位于喜马拉雅山中段，我国西藏地区聂拉木县境内。当地这座的高峰早就吸引着旅行家和登山者的注意，但一直没有被攀登过、考察过，成为科学上的空白点。中国登山队在经过了几年准备之后，派出队员于今年四月二日胜利地安全地攀登到该峰顶部，为中国登山史写下了辉煌的一页。中国登山队在组织登山活动的同时，还组织了对希夏邦马峰地区的科学考察。

参加希夏邦马峰科学考察的人员有十几位科学工作者，一部分为地质、地貌、自然地理、测量方面的专业人员。希夏邦马为藏族人民对这个高峰的称呼，意思是"牛羊死亡"的地方（因为天气恶劣，气候寒冷的影响，一般地区很难到达，非当地居民，难于攀登）。它是全世界第十四座被攀登的高峰（八千米以上高峰共14座）。

参加人员及姓名为：施雅风、郑本兴、谢自楚、黄茂桓、季子修（以上中国科学院地理研究所冰川冻土研究室）刘东生（中国科学院地质研究所第四纪研究室）崔之久、王富葆（以上北京大学地理系）张康富（北京地质学院）张明亮（地质部西藏地

第一部分

科学研究

施雅风毕生论著颇丰，据统计，发表的专业论文达 400 多篇，出版专著 38 部，还有诸多文字散见于其他科普期刊和报纸上。

施雅风开创冰川考察研究，先后开展祁连山、天山和喜马拉雅山冰川考察，出版了《祁连山现代冰川考察报告》《希夏邦马峰地区科学考察报告》《珠穆朗玛峰地区科学考察报告》和一系列首创论文；其后又主持喀喇昆仑山巴托拉冰川考察研究，其成果汇集于《喀喇昆仑山巴托拉冰川考察与研究》和系列论文中，创造性地发展了冰川学理论，提高了冰川变化的预报水平；施雅风十分关注青藏高原隆升与环境变化的科学问题，主持了“青藏高原晚新生代以来的环境变化”攀登计划课题，出版了《青藏高原晚新生代隆升与环境变化》专著，将青藏高原研究推向了新的科学高度；施雅风组织领导的中国东部第四纪冰川作用及其地貌过程的考察和总结第四纪冰川考察研究成果，出版了《中国东部第四纪冰川与环境问题》《中国第四纪冰川与环境变化》和《中国第四纪冰川新论》三部专著，发展和丰富了中国第四纪冰川研究的科学成果；施雅风不断开拓创新，瞄准国际科学前沿，积极开展全球气候变化与环境响应的系列研究，组织完成《中国西北气候由暖干向暖湿转型问题评估》，并对受气候变暖影响的冰川融水径流和长江洪水演变等科学问题做出评估；施雅风是最早密切关注全球变暖对海平面上升影响的科学家，主持了“中国气候与海平面变化及其趋势和影响研究”的重大项目，主编《中国全新世大暖期的气候与环境》《气候变化对西北华北水资源影响》等五部专著和一系列创新论文，被国内外广泛引用。

施雅风非常重视科研与生产相结合，结合实际服务国家需求。主持中国科学院重点项目“乌鲁木齐地区水资源若干问题研究”，其研究成果汇集在《柴窝堡——达坂城地区水资源与环境》等四部著作中，为跨流域调水和乌鲁木齐河流域水资源合理利用提供了科学依据；开创寒旱区水文研究，大力开展冰雪水资源调查；组织领导完成《中国冰川目录》12 卷 22 册的编制；积极倡导和推动冰雪灾害及泥石流的调查研究与防治；开创冻土学研究，组织完成青藏公路沿线冻土综合考察，推动低温实验室和冻土工程国家实验室建设。

施雅风以高超的跨学科组织才干、公正无私的高尚品德和海纳百川的开放精神，团结和吸引国内外科研机构和大专院校的科学工作者，组成跨学科的重大科研课题，取得了多项有重大影响的创新成果。施雅风作为多单位多学科重大课题首席科学家或科研项目负责人，在总结科研成果时，善于组织协调，思想先行，反复讨论，确定编写提纲，委托合适者担任执行主编，出版了多部永载科学史册的巨著。

施雅风科学论著大多影响深远，被国内学者广泛引用，仅 1995 ~ 2002 年在《冰川冻土》发表的被中国科学引用数据库（CSCD）引用次数在 35 次以上的高影响力的论文 4 篇，总引用 416 次。10 项科学研究成果获奖，其中，国家自然科学奖和科技进步奖 4 项，中国科学院自然科学奖和科技进步奖 5 项，甘肃省科学技术进步奖 1 项。还获得 2004 年香港何梁何利科技进步奖、2004 年中国地理学会地理科学成就奖、2006 年甘肃省科技功臣奖。施雅风组织编写的《中国第四纪冰川与环境变化》引用率达 4 133 次，得到 9 种学报和国内外著名学者的高度评价，获得 2008 年国家自然科学奖二等奖。施雅风领导完成的《中国冰川目录》编制的系列成果，引用频次达 3 500，获得 2005 年甘肃省科技进步奖一等奖和 2006 年国家科学技术进步奖二等奖。

这里刊出的施雅风论文和著作手稿，仅是其毕生论著的很少一部分，而 2000 年以后发表的大量论著，又是他在计算机的写字板上或由其同事输入完成，所遗存的书面和电子文档更为珍贵。

鉴于施雅风科学研究领域非常广泛，我们将其论著的手稿分为地貌与地形区划、现代冰川研究、第四纪冰川与环境研究、气候变化与环境研究和冰雪资源与灾害研究等五个部分依次刊出。限于篇幅，每份论著手稿，只刊登首页，其余部分叠覆刊印。我们对每篇论著写作背景材料加以简要说明，以便读者阅读。

地貌与地形区划

施雅风早期研究侧重地貌，在浙江大学就读地理学，以遵义南部地形为题，撰写“贵州遵义附近之地形”的毕业论文，被当时的教育部评为优秀论文奖，其后又撰写“三峡鹞子砾岩成因探讨”等十多篇论文。

中华人民共和国成立到1958年开创冰川考察研究的10年，施雅风研究的重点仍然是地貌及其区划，与陈述彭合作撰写了“大别山区一剖面”；与陈梦熊等合作撰写了“青海湖及其附近地区自然地理（着重地貌）的初步考察”等论文；与周廷儒、陈述彭合作编写的“中国地形区划草案”发表于1956年科学出版社罗开富主编的《中国自然区划草案》内，首次将山地分为中山和高山，划分出东部区（气候湿润，流水侵蚀与堆积为主）、蒙新区（气候干燥，风力侵蚀占有重要地位）和青藏区（气候寒冷，冰川和冰缘作用盛行）三个一级地貌区；参加《中国地貌区划》的编写，主写“中国地貌形成的构造条件”与“中国地貌形成的外营力初步分析”二节，并编辑了分区说明中的华北、西北、四川等部分。施雅风有关地貌及其区划的系列成果，奠定了中国地貌及其区划研究的基础，被国内外学者广泛引用。

施雅风也非常关注冰川地貌的研究。在祁连山、天山、喜马拉雅山和喀喇昆仑山巴托拉冰川考察中，都配有地貌专业的科研人员，也都取得了冰川地貌研究的相应成果。他与任炳辉合作为《中国自然地理 · 地貌卷》所撰写的“中国西部地区的冰川地貌”，按晚更新世以来的冰川地貌、中、早更新世冰川作用遗迹及其冰期划分、冰川规模及其地貌演进探讨三节论述，详尽地显示了冰川地貌特征、分布与影响。“中国西部地区的冰川地貌”是中国冰川地貌研究的系统总结，奠定了中国冰川地貌研究的基础，被国内外广泛引用。

施雅风与多人合作撰写的“长江中游田家镇深槽的特征及其泄洪影响”，对江底最深处低于黄海基准面90 m，江面束窄至650 m，做出了成因说明，并指出深槽对长江大于50 000 ～ 60 000 m^3/s 洪水排泄有壅阻作用。

中国地形区划草案

施雅风与周廷儒、陈述彭合作撰写的“中国地形区划草案”，作为一章编入罗开富主编的《中国自然区划草案》（科学出版社，1956 年）中，该书后在苏联被翻译成俄文出版。

1953年提出的地形区划初稿为7大区25小区，以后邀请南京大学、北京大学、北京师范大学、北京地质学院、中国科学院地质研究所和地理研究所等有关科研人员参加的座谈会，获得许多宝贵意见，对地形分区原则与各区特征逐步明确起来，最后举行“中华地理志划分自然区划”座谈会，又得到若干修正意见，最终由施雅风等汇总修订，提出了3个大区、29个基本区的“中国地形区划草案”。

三大区为：东部湿润地貌区（下分16区）、蒙新干燥地貌区（下分6区）和青藏高寒地貌区（下分7区）。在翁文灏提出的五大地形（平原、盆地、高原、丘陵、山地）基础上，将山地区分为中山与高山。中山海拔在500 ~ 3 000 m间，化学风化与生物风化作用极盛，流水是主要的外营力，造山时期一般较古，山形圆浑；海拔超过3 000 m定为高山，成山时代最新，上升量最大，若干高山海拔已在雪线以上，寒冻风化作用与冰川侵蚀作用盛行，尖峰峭壁，山顶类似锯齿。

为中国地形区划草案编写搜集资料，施雅风参加了有关的野外考察。其中他和陈述彭步行横穿大别山考察，撰写了“大别山区一剖面”一文，论述了大别山地貌特征；施雅风和陈梦熊等考察青海湖一个月，撰写了“青海湖及其附近地区自然地理（着重地貌）的初步考察”，阐述了青海湖的自然特征、地貌演化历史，指出了青海湖面正在收缩变小；施雅风与唐邦兴等还对河西地区的酒泉、安西、敦煌和疏勒河等地进行考察，所收集的资料记录在“甘、青、川地理（侧重地貌）考察纪要”的手稿中，又留下了论述“戈壁、砂丘、黄土关系问题”的手稿。

施雅风为中国地貌区划的东部湿润地貌区下分的中央山地（相当于29个基本区中的秦岭淮阳中等山地和许逸群方案中的中央山地丘陵）撰写了专文，论述了中央山地在地理上的意义，又对其下的8个第三级区分别进行了论述（见“中央山地”手稿）。

为撰写《中国地貌区划草案》提供参考，施雅风还留下了“中国自然分区对照表”和“中国地形区划对照表”等手迹。

中國科學院地理研究所　有关中国的自然分区的对照　　本文第　　頁

張其昀	黄秉維	羅開富	周廷儒	李承三
1. 西藏高原	1. 西藏高原	1. 西藏高原		1. 北部(羌塘)高原
	2. 青海高原			2. 藏南谷地
2. 西南三大峡谷区	3. 大雪山地		八. 四川陷落带	3. 康滇纵谷地
3. 塔里木盆地	4. 塔里木盆地	2. 中亚草原及沙漠		4. 塔里木盆地
4. 准噶尔盆地	5. 准噶尔盆地			5. 准噶尔盆地
5. 蒙古草原	6. 蒙古高原			6. 内蒙草地
6. 东北平原	7. 北部高原 8. 北部山地	3. 蒙古高原山地	1. 西满高原	7. [illegible]草地
7. 内蒙边区	9. [illegible]草地 10. 东部山地	4. 满洲平原	2. 满洲平原	8. 北满山地 9. 东满山地
	11. 北满平原	5. 内蒙及东北山地	3. 中国东北高原(东满丘陵)	10. 满洲平原
8. 东北二大平原	12. 南满平原 13. 辽东地块及	6. 东满山地		11. 辽东及山东丘陵
9. 黄河三角洲	山东地块	7. 华北平原	4. 中国大平原	12. 中国大平原
10. 淮河流域	14. 北中国平原	8. 黄土高原	5. 黄土高原	13. 山西山地
11. 山西高原	15. 山西山地 16. 渭水盆地		6. 渭水谷地	14. 渭水盆地 15. 黄河上游区
12. 陕甘盆地	17. 甘肃地域			
13. 黄河上游区				
14. 秦岭汉水区	18. 汉中盆地	9. 中央山地带	7. 中央山地	16. 中部山地
15. 四川盆地	19. 四川盆地	10. 四川盆地	8. 四川盆地 9. 中部盆地	17. 四川盆地
16. 两湖区域	20. 两湖盆地	11. 扬子江平原	10. 扬子三角洲	18. 两湖盆地
17. 长江三角洲	21. 鄱阳盆地 22. [illegible]平原	12. 江南丘陵		19. 鄱阳盆地 20. 下江平原
18. 东南沿海区	23. 东南沿海	14. 东南沿海	11. 扬子南丘陵(东南沿海)	21. 东南沿海山地
19. 岭南山地	24. 珠江三角洲	15. 两广盆地		22. 两粤盆地
20. 珠江三角洲	25. 云贵高原	16. 西南高原	12. 中国南部高原	23. 海南岛
21. 海南岛			13. 云南高原及江河峡谷 14. 西江三角洲	24. 云贵高原
22. 云贵高原				

▲　有关中国自然分区的对照

中國科學院地理研究所　　　　本文第　　頁

▲ 中国地形区划

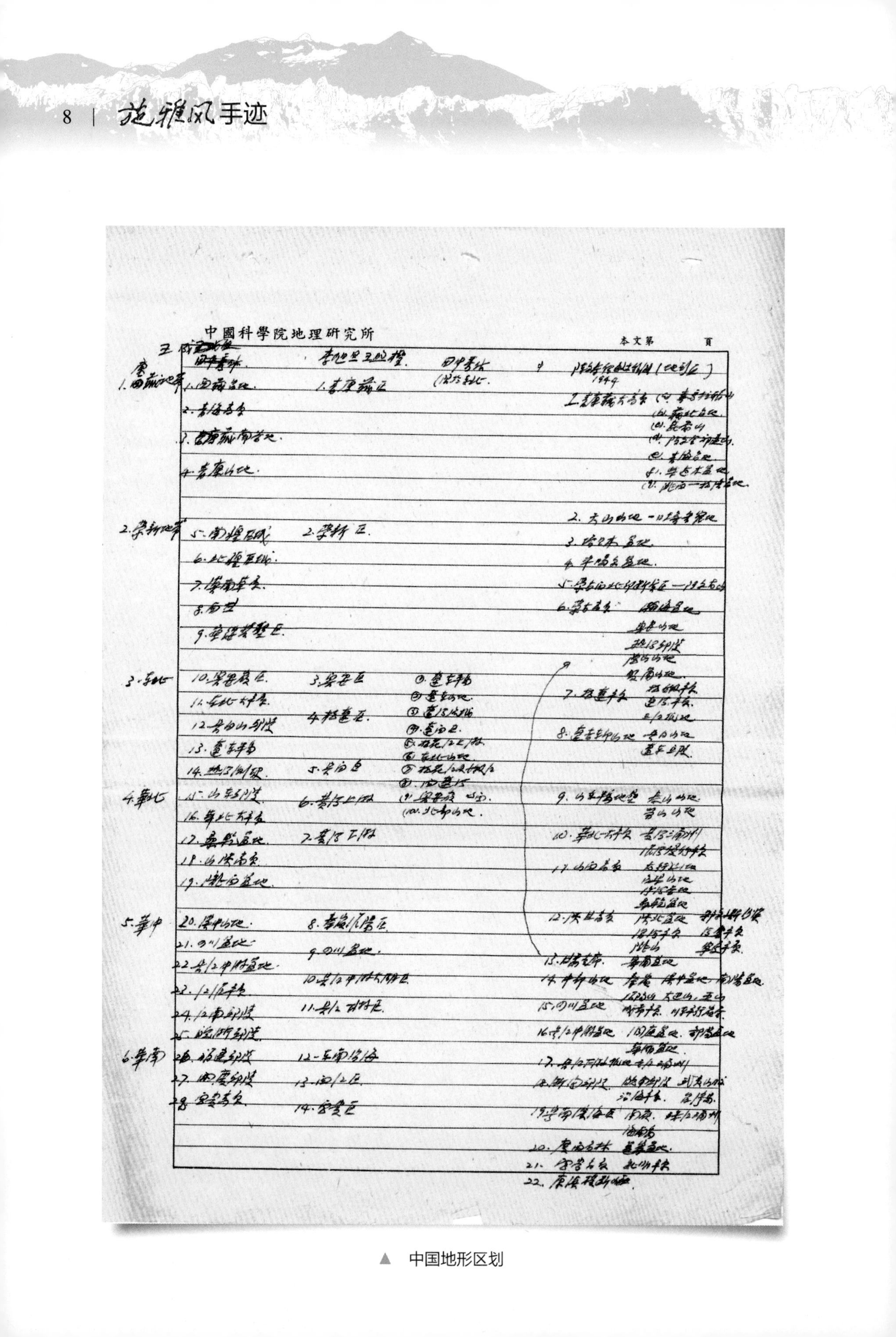

中國科學院地理研究所

本文第　　頁

▲ 中国地形区划

中國科学院中華地理誌編譯部　　　　本文第 1 頁

▲　甘、青、川地理（侧重地貌）考察纪要

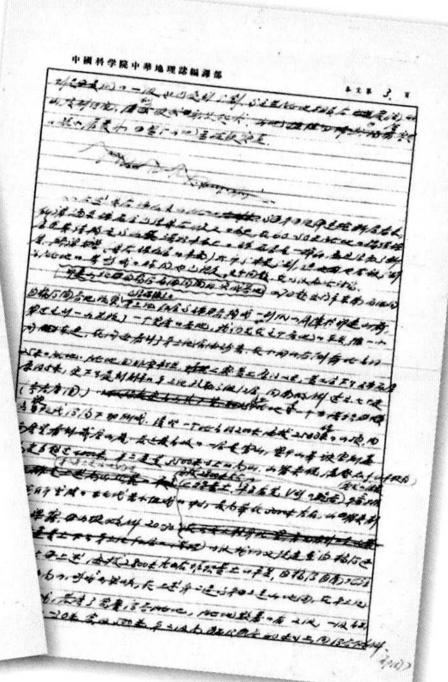

▲ 甘、青、川地理（侧重地貌）考察纪要

▲ 甘、青、川地理（侧重地貌）考察纪要

中國科學院地理研究所　　　　本文第　　頁

30×25=750　　　　本期第　　頁

▲ 戈壁、砂丘、黄土关系问题（提纲）

秦巴山地

中國科學院地理研究所　　　　本文第　　頁

中央山地　　　　9页

提纲

一、範圍——中央山地在地理上的意義

二、分区描述

1. 川北甘南的岷山山地
2. 陝西南部的秦嶺
3. 川陝鄂豫邊界上的大巴山
4. 漢水谷地——(包括漢中盆地與安康盆地)
5. 豫西南的伏牛山(與桐柏山、大別山)
6. 南襄谷地
7. 桐柏山與大別山
8. 江漢間的丘陵

一、中央山地的範圍與它在地理上的意義

[illegible]

[illegible]

[illegible]

▲　中央山地

▲ 中央山地

▲ 中央山地

地貌形成的构造条件和外营力初步分析

1956 年，地貌区划改由沈玉昌主持后，组织了更多科研人员参加，其中施雅风参加拟订的地貌分类分区研究，分工负责地貌形成的构造条件和外营力分析、若干区域的地貌区划说明及地图样图的编制，所撰写的“中国地貌形成的构造条件”和“中国地貌形成的外营力初步分析”，分别编入中国科学院自然区划工作委员会地貌区划组（以沈玉昌为首）编著的、1959 年科学出版社出版的《中国地貌区划》（初稿）第二章的第二节和第三节。

在研究地貌构造条件时，结合大地构造单元，引入了新构造运动因素，依据新构造运动强度在地貌形态上的表现，将其分为最强隆起区、强烈隆起区、中等挠曲隆起区、轻微至中度的参差隆起区和沉降区等五种类型。在地貌形成的构造条件分析中，还对形成平地的构造条件（4 种）和形成山地的构造条件（12 种）在地貌形态上表现出的类型逐一进行了论述。

气候、水文、植被、土地利用等外营力因素，对于地貌形态与景观形成有着决定性作用。在分析这些外营力因素时，着重于气候、水文条件和古气候地貌痕迹。根据地貌分类与区划的需要，将外营力综合分为三个一级区，即侵蚀作用占优势的地区、干燥作用占优势的地区和冰川霜冻泥流作用占优势的地区。

为“地貌形成的构造条件和外营力分析”一文搜集资料，施雅风组织了河西地区和祁连山北麓的科学考察，在所撰写的“几个综合性地貌问题”的手稿中，着重荒漠地貌的外营力分析，指出风化作用特别是机械风化作用和风蚀与风积作用是荒漠地貌形成的主要外营力因素。在分析地貌形成的构造条件时，着重对河西走廊特别是祁连山北麓的新构造运动及其在地貌形态上的表现做了详细描述。

1957 年，施雅风偕同唐邦兴等考察了甘肃北山，贯穿祁连山和柴达木盆地，所得资料记录在“甘、青、川地理（侧重地貌）考察纪要”的手迹中，也为撰写的中国地貌形成的构造条件和外营力分析的论文提供了参考。

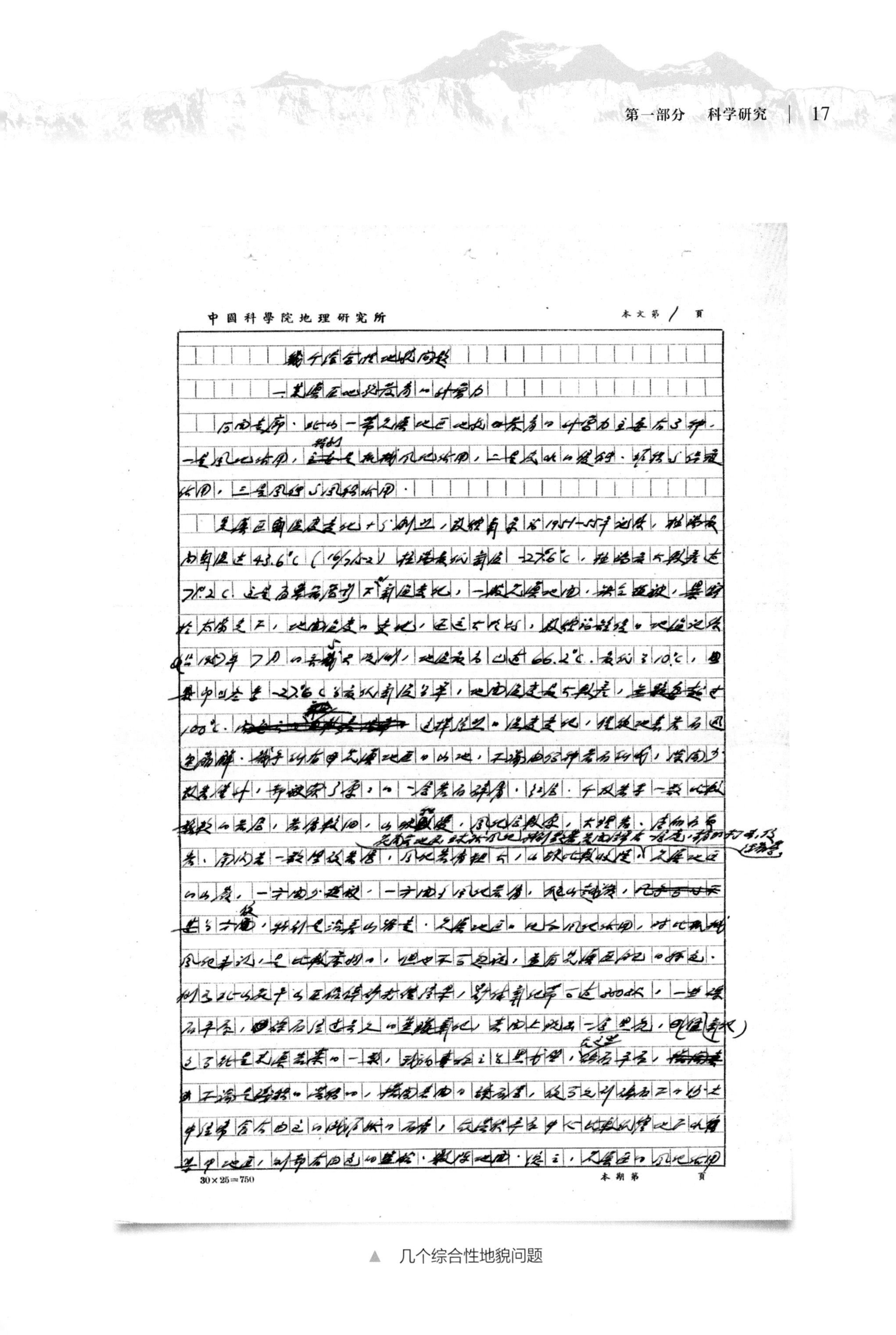

中國科學院地理研究所　　　　　　　　本文第 1 頁

几个综合性地貌问题

30×25=750　　　　　　　　本期第　　頁

▲　几个综合性地貌问题

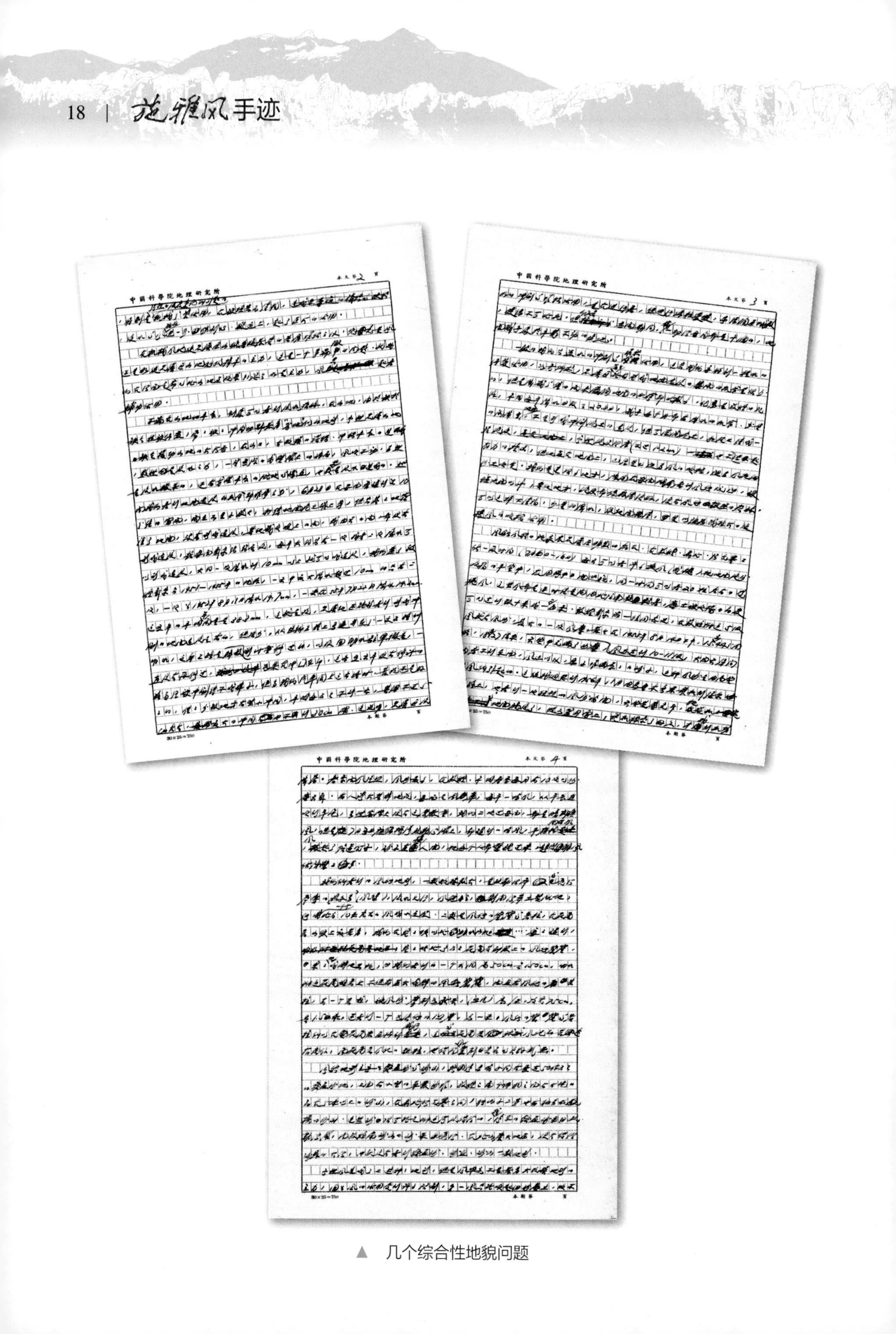

中国科学院地理研究所　本文第2页

中国科学院地理研究所　本文第3页

中国科学院地理研究所　本文第4页

▲ 几个综合性地貌问题

▲ 几个综合性地貌问题

中国西部地区的冰川地貌

20 世纪 70 年代后期，中国科学院决定编写《中国自然地理》系列专著，其中地貌卷中的“西部冰川地貌”要施雅风承担。施雅风与任炳辉合作，按晚更新世冰期以来冰川地貌，中、早更新世冰川作用遗迹及其冰期划分，冰川规模及其地貌演进探讨三节叙述，尽可能显示冰成地貌特征、分布与影响。

中国西部有巨大的高山和高原，提供了现代和古代冰川发育的有利条件。北起阿尔泰山，南至喜马拉雅山，西自帕米尔高原，东到川滇横断山的 14 座山系，冰川及其塑造的地貌，星罗棋布，分布相当广泛。

我国西部山地现在常见的比较清晰的冰川地貌，主要是晚更新世冰期到现代冰川所形成的。在现代冰川末端不远处，普遍有 16 ~ 19 世纪“小冰期”最盛期遗留的三道新终碛和侧碛，和距今 2 000 ~ 3 000 年的新冰期终碛垄和侧碛垄。冰斗、角峰和冰川槽谷等冰川侵蚀地貌十分显著。

中、早更新世冰川作用遗迹，由于年代久远，又受到后期构造运动抬升和各类外营力破坏，保存较少，分布零星，一般在地貌上不能有大面积的表现，因而很难确定其冰川规模。晚更新世早期冰川规模最大，许多地点都形成山麓冰川，晚更新世晚期的冰川地貌，不论冰川侵蚀地貌还是堆积地貌，都保存完好，据此恢复的冰川规模和雪线的下降值都比较准确。依据早、中、晚更新世冰川作用遗迹，将我国西部山区划分出四次更新世冰期。

第四纪发育的冰川，按照冰前期的地形组合，可能分为三种情况：①相对高差巨大的高山深谷地区，冰期时发育了大规模的山谷冰川；②高山与高盆地相结合的地区，冰期时高山上的冰川流出谷口，在山麓平原处伸展扩大，形成山麓冰川或宽尾山谷冰川；③有大面积高山夷平面或构造平台高出冰期雪线以上的地段，在冰期时形成局部冰帽乃至小冰盖。

中国西部地区的冰川地貌作为《中国自然地理》地貌卷的一章，1980 年由科学出版社出版。施雅风有关冰川地貌和第四纪冰期划分的研究，奠定了第四纪冰川和冰川地貌研究的基础，被国内外冰川研究者广泛引用。

1

我国西部山区的冰川地貌

（《中国自然地理》地貌章中的一节）

我国西部广大的高山和高原，提供了冰川地貌形成冰川发育的有利条件。北起阿尔泰山、南至喜马拉雅山，西自帕米尔高原，东抵藏川滇横断山系，冰川塑造的地貌星罗棋布，随处可见。西部山区的现代雪线，随着降水、温度和山势条件的差别出入于3,000－6,000米间，耸峙于现代雪线以上最高山带，白雪皑皑，玉龙飞舞，积雪经过一系列的变质作用转化为厚达数十米至数百米的冰川冰，沿着冰床，作缓慢的塑性流动和块体滑动。冰川在运动过程中的刨蚀、搬运和堆积作用，配合着寒冻风化、雪崩、融冻泥流等作用，在雪线以上的积累区（多数情况下为粒雪盆）雕琢出围椅形的冰斗、尖削的刃脊、突兀的角峰和裸露的碎石覆盖的山坡；在雪线以下的消融区（即冰舌）塑造出比一般流水河谷为宽深的U形槽谷，堆积了庞杂状的丘状垄状的多种冰碛地形，冰碛厚至数

20×20=400

▲　我国西部山区的冰川地貌

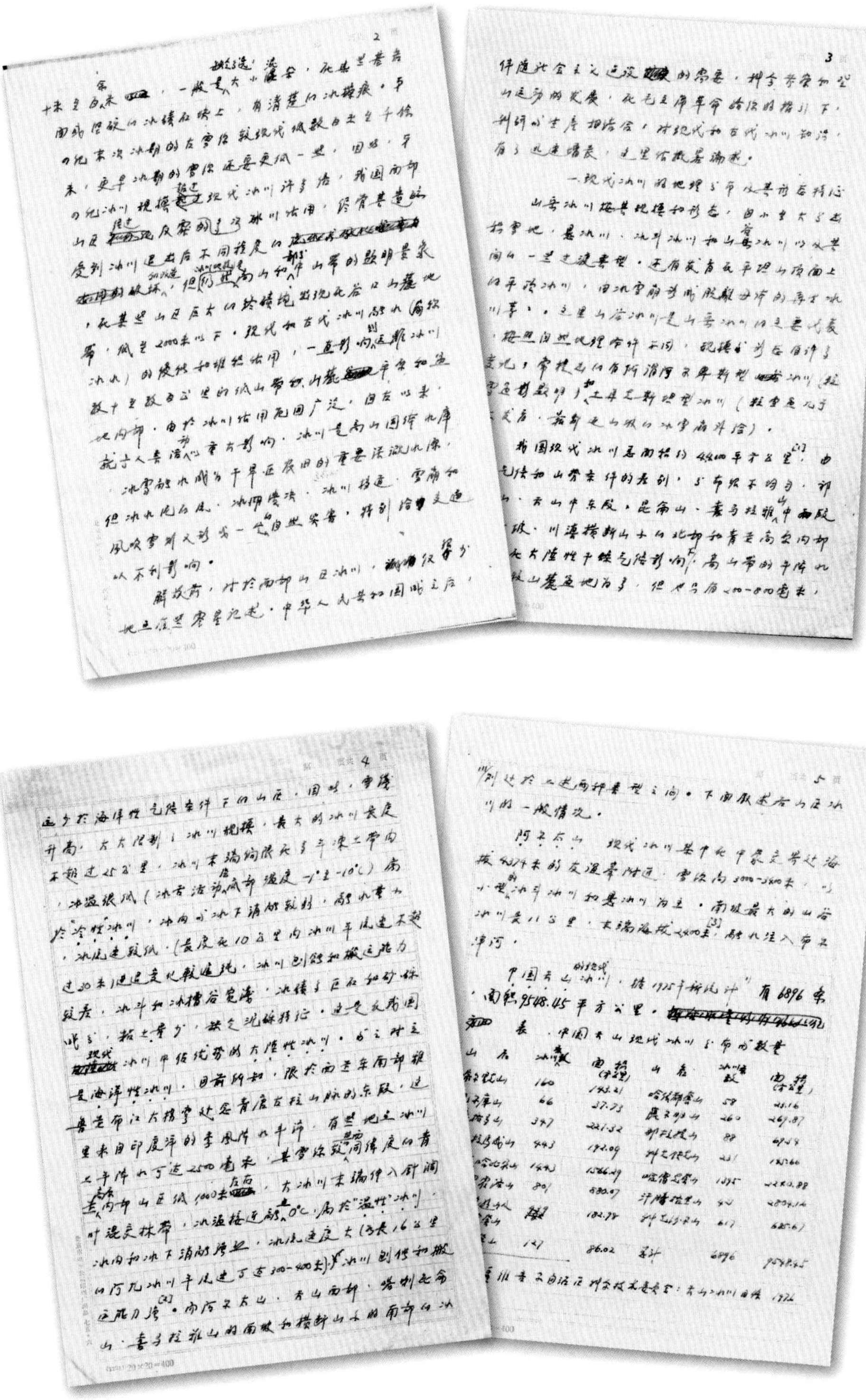

▲ 我国西部山区的冰川地貌

▲　我国西部山区的冰川地貌

▲ 我国西部山区的冰川地貌

现代冰川研究

施雅风主持的1958年祁连山冰川考察，开启了我国系统的冰川研究，总结、出版了由他主编的《祁连山现代冰川考察报告》，这是我国具有开创意义的第一部区域性冰川著作，也是一册有关现代冰川及其开发利用的文献；其后施雅风又主持了天山和喜马拉雅山冰川考察，由他汇编的《天山冰川积雪考察报告》和《天山冰雪水资源利用意见书》，其丰富的考察资料与研究成果，为天山冰川变化监测和冰雪水资源合理利用奠定了良好基础；喜马拉雅山科学考察的丰富成果，汇集于《希夏邦马峰地区科学考察报告》《珠穆朗玛峰地区科学考察报告》和一系列首创论文中，揭示了低纬度高山冰川若干独有特征，找到了喜马拉雅山四次冰期演化的地貌证据和上新世晚期以来喜马拉雅山上升3 000 m的高山栎化石。该成果作为青藏高原考察的一部分，获得1987年国家自然科学奖一等奖；施雅风领导进行的喀喇昆仑山巴托拉冰川考察，为中巴公路修复提供了可靠的科学依据。在其后主编的《喀喇昆仑山巴托拉冰川考察与研究》和撰写的系列论文，创造性地发展了冰川学理论，提高了冰川变化的预报水平，标志着中国冰川学研究水平的新提高，获得1982年国家自然科学奖三等奖。

在乌鲁木齐河源1号冰川进行冰川、气候和水文观测研究，其成果汇集于施雅风主编的《天山乌鲁木齐河冰川与水文研究》和与谢自楚合作撰写的“中国现代冰川的基本特征”论文中，首次创造性地提出了中国冰川分类理论，将中国冰川划分出极大陆型、亚大陆型和海洋型，长期指导了中国冰川学的研究，被国内外非常广泛地引用，获中国科学院优秀成果奖；1988年，施雅风组织编写的《中国冰川概论》，是对中国现代冰川30年来的科学考察研究成果的系统总结，主要内容有冰川的发育条件与区域分布、冰川物质平衡和能量平衡、冰川物理和地球化学性质，以及冰川融水径流等，是一部完整的中国现代冰川专著，获得中国科学院自然科学奖二等奖；2002年，施雅风与多人合作主编《中国冰川与环境——现在、过去和未来》中、英文版专著，首次汇集了冰芯与环境、冰雪化学、冰川与气候变化等研究成果，获得了国家图书奖。

施雅风组织领导完成了《中国冰川目录》12卷22册的编制，建立了《中国冰川目录》数据库，主编了中、英文版的《简明中国冰川目录》，首次获得了中国冰川条数、面积和储量等34项形态指标的较准确数量，使得中国成为四个冰川发育大国中唯一按国际冰川编目规范首先完成冰川目录编制的国家。《中国冰川目录》及其系列成果被广泛应用于水资源调查与评价、冰川融水径流计算和冰川灾害防治等方面，并为国际冰川组织和研究机构收录与应用，收到良好的社会效应和经济效益，获得2005年甘肃省科技进步奖一等奖和2006年国家科技进步奖二等奖。

施雅风主持“乌鲁木齐地区水资源若干问题研究”中国科学院重点项目，开展博格达山冰川观测和柴窝堡湖的水量平衡计算，所提出的调水方案被采用，其科研成果汇集在施雅风与曲耀光主编的《柴窝堡—达坂城地区水资源与环境》中，在乌鲁木齐河径流形成区开展降水观测与系统误差改正，冰川热量平衡分析、冰川径流形成过程与模拟计算等，其成果汇集于施雅风与多人合作编著的《乌鲁木齐河山区水资源形成和估算》；施雅风与曲耀光等主编的《乌鲁木齐河流域水资源承载力及其合理利用》详尽而深入地论述了乌鲁木齐河流域水资源形成与转化、数量与质量、开发利用程度、开源与节流及其承载力，并提出了水资源供需矛盾的解决途径。上述工作获中国科学院科技进步奖二等奖。

施雅风非常重视冰川学科建设与发展。把寒旱区水资源形成与利用研究作为冰川学研究的主要方向，组建了水文研究室；为将卫星遥感及地理信息系统等新技术应用于冰川积雪变化监测，组建了遥感室；组建冰芯与寒区环境实验室，积极开展冰川、气候与环境的综合研究，开辟了环境冰川学的研究方向；选派科技人员赴南极考察，开辟了南极冰盖研究新领域。施雅风在主持冰川冻土研究所工作期间，开创和推动了我国冰川物理、冰川水文、冰川气候、冰芯与环境、冰雪灾害、第四纪冰川等方面的研究，系统地发展了中国冰川学理论与实践，引领中国冰川研究走向国际前沿。

祁连山现代冰川考察报告

1958 年在甘肃兰州成立的中国科学院高山冰雪利用研究队，应甘肃省发展河西经济、摸清祁连山冰川资源的要求，组织中国科学院地理研究所、地球物理研究所、兰州大学、西北大学、北京大学以及甘肃省水利厅和气象局等 18 个单位 120 人组成七个分队，每队由地貌、气候、水文和测量等专业人员组成。经过三个月艰苦的野外工作，全面完成祁连山冰川考察，当年加快总结，于年底出版了由施雅风主编的《祁连山现代冰川考察报告》(1959 年 4 月第二次印刷)，这是我国具有开创性意义的第一部区域性冰川著作。

《祁连山现代冰川考察报告》包括论文七篇。书中综合地（第一篇）与分区地（第二至第七篇）论述祁连山现代冰川的分布、类型、储水量，以及论述冰川积累与消融特征、冰川构造与运动特征；总结人工黑化冰雪促进消融的主要结果和群众性融冰化雪经验，并对各冰川区的利用价值进行评价，是我国第一册有关现代冰川及其开发利用的文献。

施雅风主笔第一篇“祁连山现代冰川分布、储量、发育及利用问题”的综合报告。利用不完整的航空像片与地形图和分散的气象水文资料，推算祁连山平衡线（雪线）出入于海拔 4 200 ~ 5 200 m，高山带降水量 360 ~ 700 mm；经过考察的 10 个冰川区 940 条冰川，面积共计 1 207.76 km^2，估计储水量 $332.22\times10^8\ m^3$，年融水量约 $10\times10^8\ m^3$；人工黑化冰雪促进消融的温度下限为 –5℃或雪面温度 –8℃，撒用碳黑效果最好，煤粉次之；对 7 个冰川区经济利用进行了综合评价。

综合报告篇的手迹仅存第五节“现代冰川融水观测与冰川对河流的补给”，分冰川融水变化规律、冰川融水量估算和冰川融水补给河流的比重、渗漏问题三个小节论述；在第六节“各冰川区域的经济评价”中，分柴达木北缘山地冰川区、党河南山冰川区、野马山冰川区、疏勒南山冰川区、托来南山与托来山冰川区、走廊南山中段冰川区和冷龙岭七个冰川区进行综合利用评价。

《祁连山现代冰川考察报告》的出版，标志着我国现代意义上的冰川科学研究的开启，具有重大的里程碑意义，对于全球变化与冰冻圈变化监测、保护和全面合理利用祁连山冰雪水资源有重要参考价值。

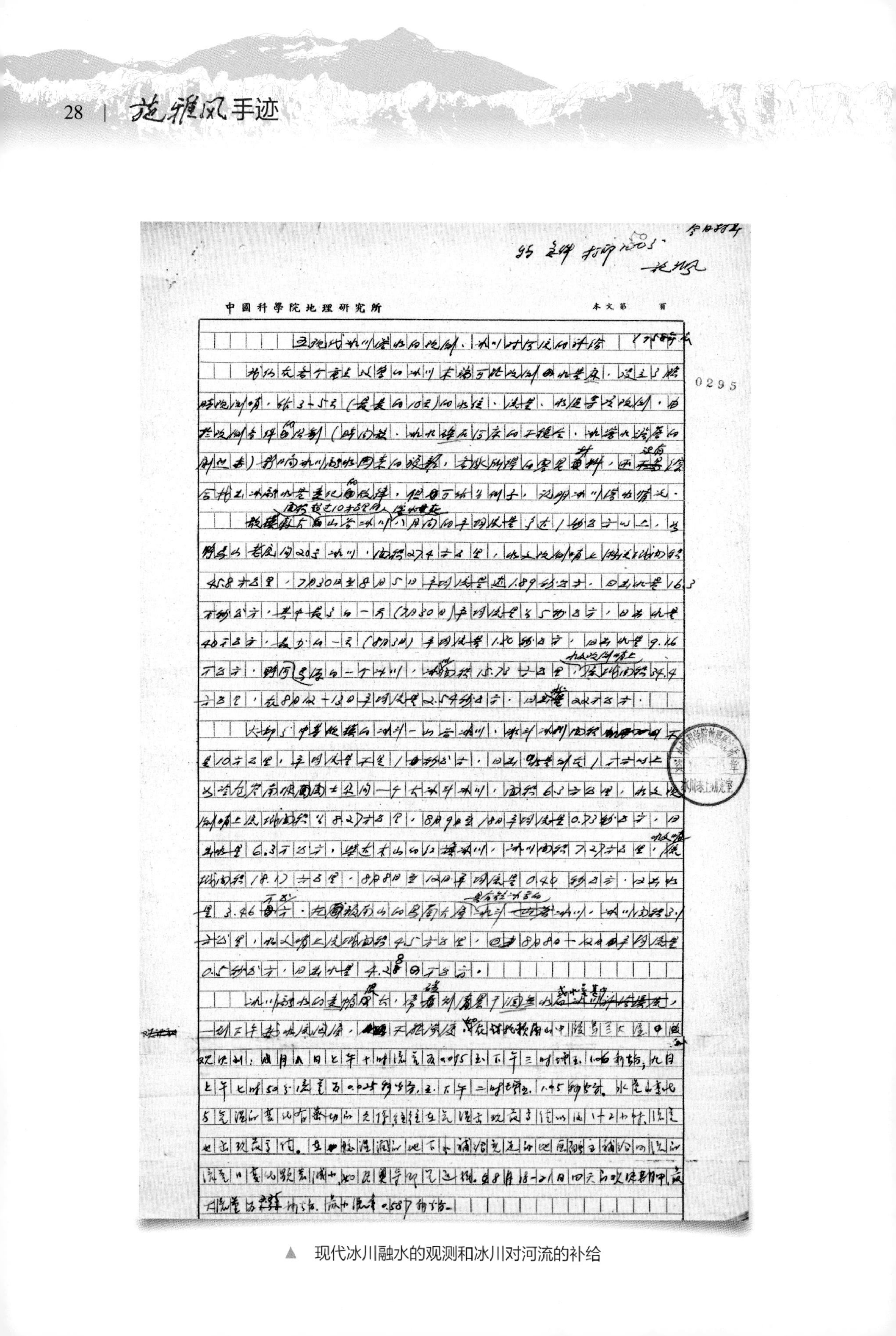

中國科學院地理研究所　　　　本文第　　頁

0295

▲ 现代冰川融水的观测和冰川对河流的补给

中國科學院地理研究所　　　本文第　　頁

本期第　　頁

中國科學院地理研究所　　　本文第　　頁

30×25=750　　　本期第　　頁

▲　现代冰川融水的观测和冰川对河流的补给

中國科學院地理研究所　　　　本文第 1 頁

六、各冰川区域的经济评价

1. 柴达木北缘山地冰川区（大雪山 18、党河南山、哈尔腾 15）

[illegible]

30×25=750　　　　本期第　　頁

▲ 各冰川区域的经济评价

▲ 各冰川区域的经济评价

天山冰川积雪科学考察

1959 年，施雅风主持组建天山冰雪考察队。在新疆水利厅、地方农垦、气象部门与空军航测队的支持下，组成中国科学院有关研究所和高等院校科技人员参加的汗腾格里山、木扎尔特河谷、玛纳斯河源、开都河、博格达山、哈尔雷克山与巴尔库山等 6 个分队；还在乌鲁木齐河源 1 号冰川设立定位观测站，并对卡拉格玉勒冰川进行半定位观测。1961 年又对哈尔克他乌山与木扎尔特冰川进行了补点考察。

通过考察了解到天山冰川区年降水量为 500 ~ 1 000 mm，雪线高度出入于 3 600 ~ 4 400 m；根据当时可能获得的航空像片和地形图，统计到天山冰川总面积 4 865 km^2，储水量为 1 800 × 10^8 m^3；发现了汗腾格里山汇与哈尔克他乌山等长度达 30 km 以上的山谷冰川，其冰舌区均被厚层表碛所覆盖，称为典型的土耳其斯坦型冰川，后因托木尔峰区这类冰川特别发育，中国学者改称为托木尔型冰川；根据各分队和站点的冰川融水测验，估算天山冰川年融水量为 50 × 10^8 ~ 60 × 10^8 m^3，并据此计算了天山有关河流的冰川融水补给比重；汗腾格里山汇和所考察的山区都发现了第四纪冰川的多处遗迹和地貌证据，并对其冰期进行划分和环境重建。

各分队考察的结果，由施雅风等汇编为《天山冰川积雪考察报告》（油印本，1959 年）；1961 年又由施雅风等编写《天山冰雪水资源利用意见书》（油印本，1961 年），并为该书编写了提纲，撰写了第一章前言和第三章天山的冰雪水利资源。上述考察报告虽未能公开出版，但其丰富的考察资料与研究成果，为天山冰川变化监测和冰雪水利资源合理利用奠定了良好的基础。

1962 年，中国科学院地理研究所兰州冰川冻土研究室对天山乌鲁木齐河源 1 号冰川进行了较深入和系统的观测研究，包括测绘乌鲁木齐河源 1 号冰川精密地形图和测量冰流速，观测计算太阳辐射与热量平衡，系统研究雪变质成冰过程与冰川物质平衡观测，观测冰雪表层温度与冰结构，冰川融水测验及其对河流补给比重的计算，论述乌鲁木齐河水文特征及其下游地表水与地下水相互转化规律。观测研究成果总结出版了施雅风主编的《天山乌鲁木齐河冰川与水文研究》专著（科学出版社，1965 年），并为该书撰写了“天山乌鲁木齐河源 1 号冰川的形态特征与历史演变”一文。通过这项基础性工作，冰川观测研究水平有较大的提高，标志着冰川由定性考察向定量深入研究的转变。

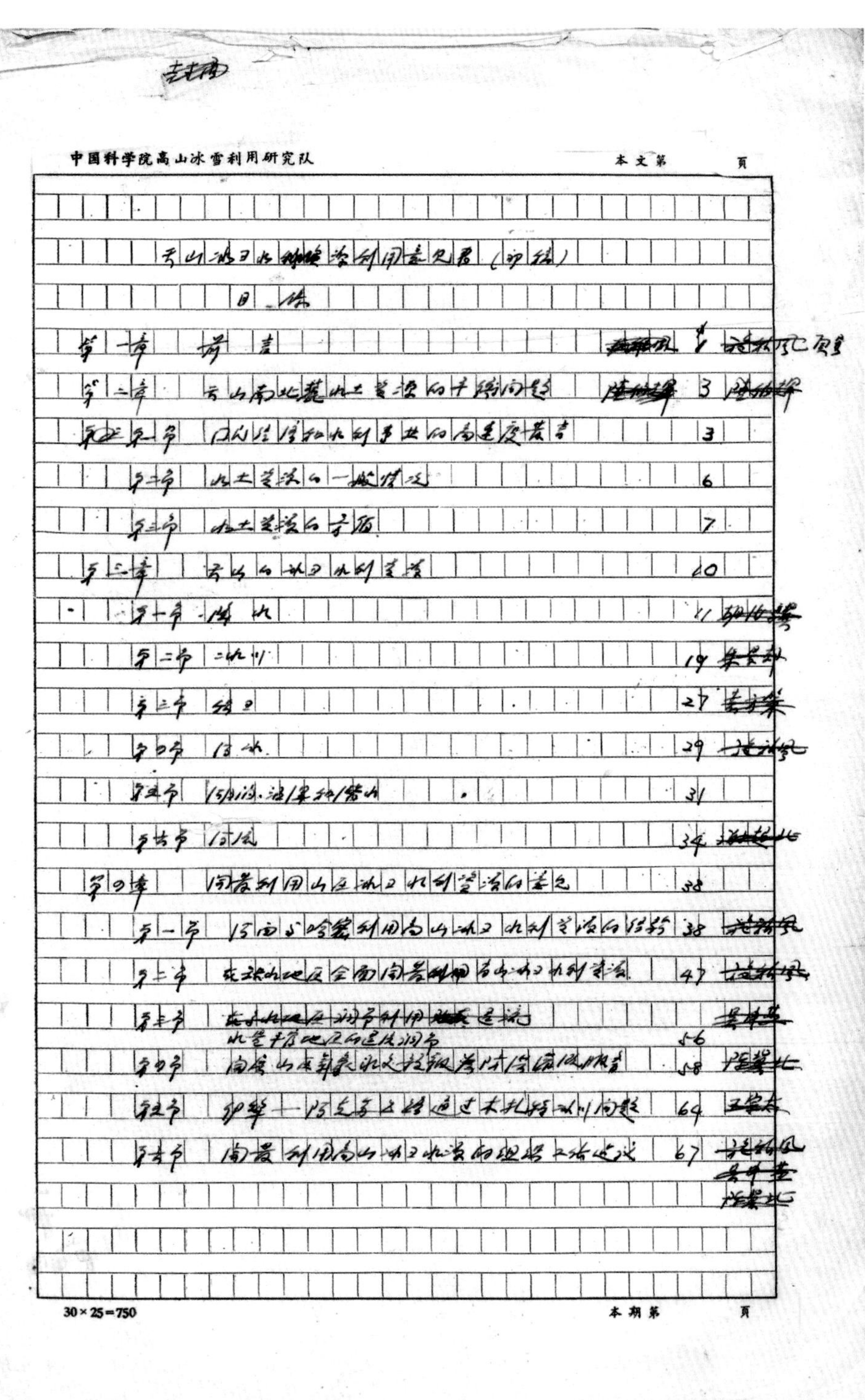

中国科学院高山冰雪利用研究队　　　　本文第　　页

天山冰雪水资源利用意见书（初稿）

目录

30×25=750　　　　本期第　　页

▲　天山冰雪水资源利用意见书

▲ 天山冰雪水资源利用意见书

第三章　天山的冰雪水利资源

天山是亚洲最大山系之一，横跨中苏两国境，中国境内的天山西南起阿图什西北（75°东经），东至伊吾以东（东经95°30′），全长1700公里，南北宽自100多里（东段）至400公里（西段），面积约237,000平方公里。

天山是一个著名的褶皱断块山，由二十多个山脉组成，这些山脉或作偏东北走向，或作偏西北走向，间夹着许多菱形的块断陷落盆地，主要山脉的高度达到4000—7000米（中苏边界胜利峰海拔7439米），两侧平原海拔则多不足1000米，这使得天山特别显得巍峨高峻。

根据地貌构造和构造在地貌上的表现，天山可分为北、中、南三带。北天山靠准噶尔盆地，又被乌鲁木齐至达坂城山间盆地分为东西二段，东段依次为博格多山、巴尔库山（南为盆地）、哈尔里克山、巴里坤—伊吾盆地和巴尔库北山。各山峰的海拔不足4000米，只博格多山和哈尔里克山主峰分别达到5600米和4900米。北天山西段比较复杂，从达坂城往西，依次为喀拉乌成山、伊林—哈比尔尕山、婆罗科努山、赛里木湖盆地和准噶尔阿拉套山。在玛纳斯和奎屯河源地区出现海拔5000米以上的山结。

南天山靠塔里木平原，以中苏边界的汗腾格里山结为中心，这里最高峰（胜利峰）达海拔7439米，为许多冰川发育着的大河：阿克苏河、渭干河和特克斯河的供水区，山结以东为哈尔克他乌山、额尔宾山、霍拉山，终于博斯腾湖盆地附近。山结以西为绵延中苏边界上的科克沙勒山、玛依坦塔格山。

中天山由若干高度不超过3500米的山地，和宽度数十至数百公里的盆地组成。在伊犁河流域自北向南为喀什河平原、阿布拉勒山、伊犁河—巩乃斯平原、伊什基里克山、昭苏—特克斯平原、比底克的

▲ 天山的冰雪水利资源

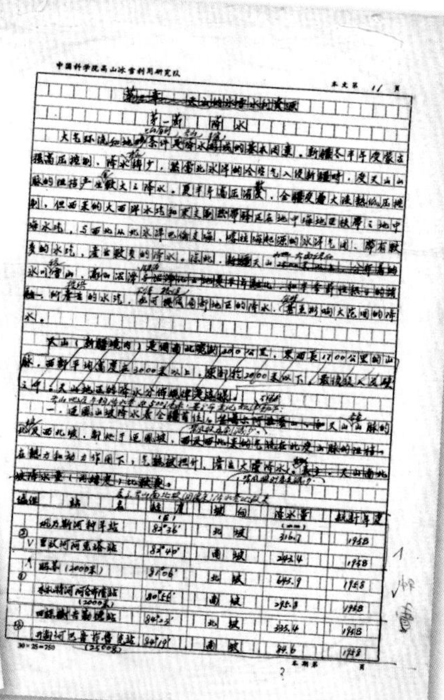

▲ 天山的冰雪水利资源

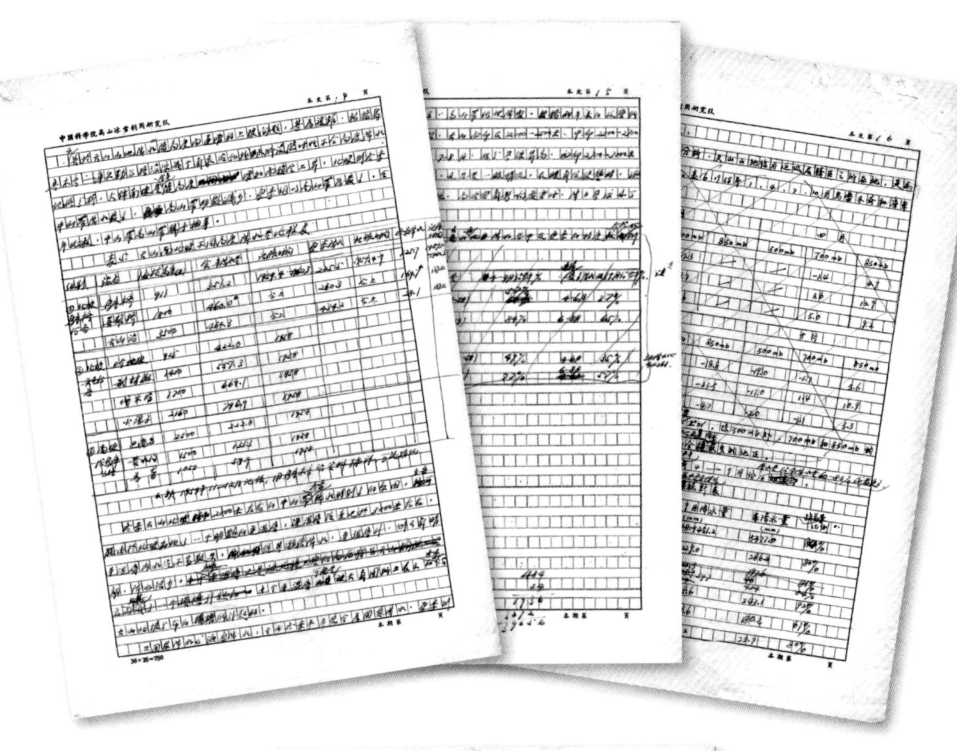

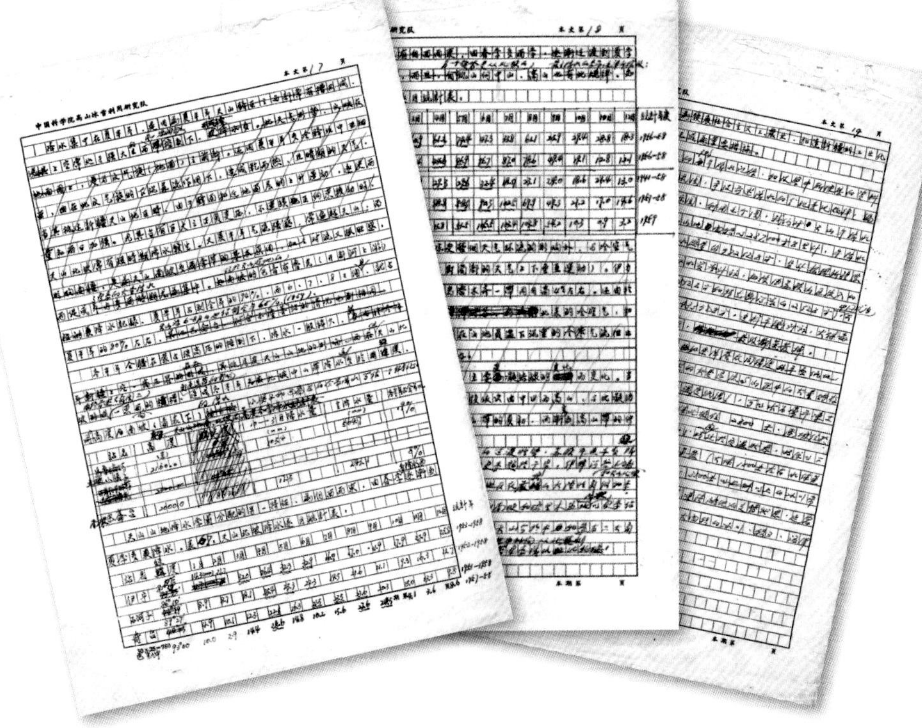

▲　天山的冰雪水利资源

三、高山冰雪的积累和消融

1.（高山冰雪区）积累消融的季节变化

高山地区冰雪积累和消融的季节变化，基本上决定于降水和气温的综合条件。冬季整个山区处于负温状态，消融很弱，但这个时期的降水也不多，两相比较，有少量的纯积累。夏季，温度升高，消融加剧，这时降水也迅速增加，边积累、边消融，但积累数量仍不敌消融量，全年计算，还是入不敷出，由此而产生冰川萎缩退缩的趋势。

全年冰雪积累和消融大体可以分为4个阶段：

(1)冬季10月至次年3月的半年是消融弱、积累少，但有少量纯积累的阶段。根据海拔3500米的天山冰川站资料，58年10月至59年3月降水量仅52.6毫米，约占全年降水11%，[illegible]（[illegible]12.0）高山降水主要来自西来气流带来的降水，山区天气晴朗，有时高山寒冷高达半年之久的明显的负温条件，冰川在太阳的辐射和风的作用下，仅有相当的蒸发作用，冰雪面出现消融迹象。但因气温过低，消融时间很短，亦不能持续，冰川仍可以处于积累状态。中低山带，降水稍多，消融很弱，形成[illegible]积雪覆盖。

(2)春末夏初4—6月是降水迅速增加而温度上升迟缓，积累量大于消融量的阶段。如天山站59年4—6月降水量达168.8毫米，约占全年降水量的36%，其中4月为15.8毫米，6月增至105.5毫米。但温度升高很慢，徘徊在0℃上下，（4月平均-2.9℃，6月为+2.3℃），使整个山区降水仍以固态的形式为主，形成较厚的积雪覆盖，（59年5月初积雪在部分地区深度，厚达1米左右）这时期消融很微弱，中山带与高山带有明显差别。高山带的冰川表面中午太阳辐射强烈时，气温升至0℃以上，可以引起微弱的消融，但由于平均温度尚低，冰面[illegible]

（59年4月下旬天山站最高气温达12.7℃）

▲ 高山冰雪的积累和消融

▲　高山冰雪的积累和消融

中国科学院地理研究所 本文第 6 页

中国科学院地理研究所 本文第 7 页

中国科学院地理研究所 本文第 8 页

▲ 高山冰雪的积累和消融

西北高山冰川的基本特征

施雅风总结祁连山、天山及慕士塔格—公格尔山等的冰川考察和乌鲁木齐河源天山冰川站及祁连山大雪山站的冰川定位观测研究成果，撰写了“西北高山冰川的基本特征”一文，并于1963年在中国科学院地理研究所学术委员会上做了报告。

中国西北高山处于远离海洋的内陆荒漠地区，降水稀少，且集中于暖季的5～9月，从而使雪线高于其周边山地，冰川主要依赖丰富的冷储而发育；随着冰川所在纬度的降低、海拔高度及干燥度的增加，冰川热量收入各成分中，太阳辐射热居主导地位，乱流交换热相应较弱，凝结潜热无足轻重；热量支出各成分中，蒸发耗热较多，相对地削弱了冰川消融；冰川积累量与消融量均小，冰川规模小、冰层薄、冰温低，反映在冰川流速上相对较小，冰川能量也相应较低，必然使冰川的地质地貌作用较中纬度其他冰川区为弱；雪的变质成冰过程以渗浸—冻结成冰作用为主，新雪成冰的年限一般为1～5年。由于渗浸—冻结作用所形成的附加冰的存在，使粒雪线一般高于积累与消融等值的零平衡线；在西北高山所考察的冰川均处于衰退状态，这是由其负物质平衡累积结果所引起，但与中纬度其他山地冰川相比较，负物质平衡水平较小，表明西北山地冰川具有较大的稳定性，衰退的速度也不大；冰川衰退收缩反而使其融水量增加，这是气温升高和雪线上升所造成的消融区面积扩大的结果。

施雅风总结的西北高山冰川的若干大陆性特征，汇入次年与谢自楚合作撰写的“中国现代冰川的基本特征”一文中，这是我国现代冰川第一次系统总结的综合性论文，简要叙述现代冰川地理分布、冰川发育的水热条件、成冰作用、冰川的运动及构造、冰川表面辐射与热量平衡、冰川积累与消融、冰川的物质平衡与进退变化、冰雪融水径流与河流水文特征，最后提出了中国现代冰川的区划，将其划分为海洋型（暖渗浸成冰为主）和大陆型（冷渗浸成冰为主），后者又划分为极大陆型和亚大陆型。该论文发表于1964年《地理学报》，受到广泛引用。这篇物理概念清楚、理论性较强的论文次年被中国科学院授予优秀成果奖。

西北高山冰川的现代特征~~和历史演变~~*

施雅风

（中国科学院地理研究所冰川冻土研究室）

一、前言

中国西北部高山（祁连山、天山、昆仑山、阿尔太山等）的现代和古代冰川作用，很早就受到人们的注意。这不仅是因为冰川是西北干旱区最重要的淡水水利资源，还由于某些冰川适当中国到西方的通路上。十世纪时（唐朝）杜环随高仙芝西征，对位于阿克苏至伊犁通路上的木扎尔特冰川，有生动的描述。根据杜环所记通过上下木扎特冰川的里程（50里许），而现在只20里许，说明这条冰川一千年来已缩短了15公里左右。杜环所著经行记不仅是中国也可能是世界上最早的冰川学文献之一。

近代科学意义上的冰川研究，始自十九世纪结束时，许多中外学者对西北高山的冰川作用、特别古冰川遗迹，零星的片断的进行记述研究，其中贡献较大的有В.А.奥勃鲁契夫（1951）、Р.Х.克里斯勃格（1949）、Б.М.西尼村（1947、1949、1954、1958、1959）、Е.Н.塞里葛诺夫（1957、1959）对西北山区冰川作用的综合论述；李承三（1943）、翁文波（1946）、刘增乾（1946）关于祁连山的古冰川；G.梅茨巴赫（1904、1905、1910、1916）、В.В.勃赛尼察柯（1928）、黄汲清（1944）、袁复礼（1956）、Б.А.费多罗维契和藏高基关于天山的现代和古代冰川；Б.Б.波波尔科夫、周廷儒、徐近之关于阿尔泰山的古冰川；斯文赫定、Г.Н.巴巴里克斯基、E.那林、E.诺宁克里斯和　别列茨基关于昆仑山和喀喇昆仑的冰川。

1958年，西北高山冰川研究进入了新的大范围的系统观察阶段。这年在社会主义建设总路线、大跃进、人民公社三面红旗的指引下，中国科学院成立高山冰雪利用研究队，在祁连山、天山和东帕米尔进行考察一

* 本文曾在1963年2月地理研究所学术委员会上报告，承黄秉维、吕炯、周廷儒、陈述彭、罗来兴、郭敬辉、赵松乔等同志提示意见，谨此谢志。

西北高山冰川的现代特征

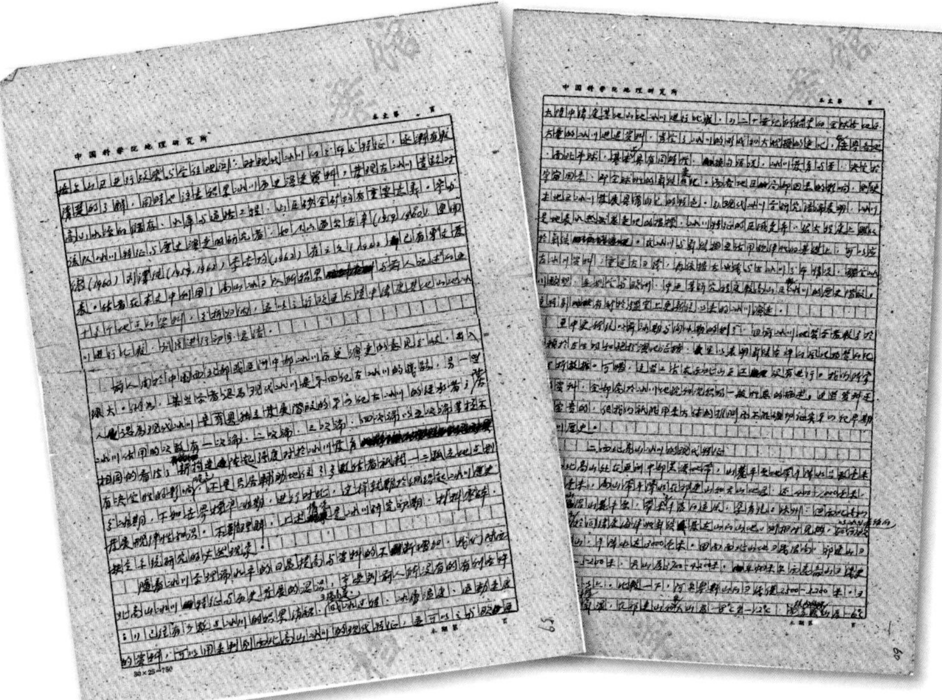

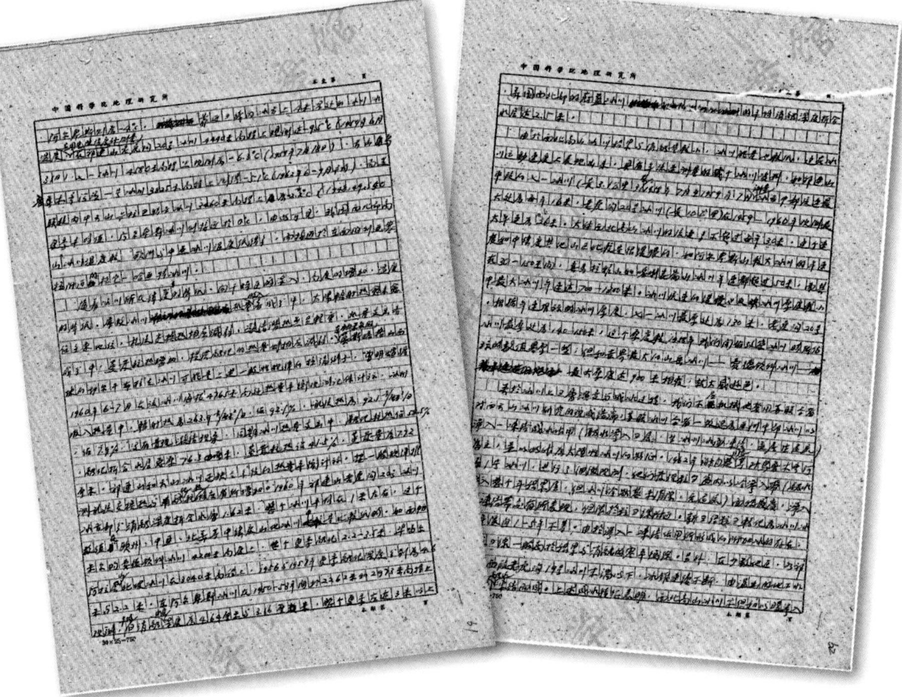

▲ 西北高山冰川的现代特征

▲ 西北高山冰川的现代特征

喜马拉雅山科学考察

施雅风和刘东生共同主持了 1964 年希夏邦马峰登山科学考察和 1966 ~ 1968 年珠穆朗玛峰地区综合考察。

考察发现低纬度极高山冰川若干独有特征。强烈的太阳辐射和其他条件相配合，使雪线以上的冰川积累区广泛存在渗浸—冻结成冰作用；雪线以下的冰川消融区，辐射差别消融与冰川运动相结合，形成异常美丽的冰塔林景观。珠穆朗玛峰周围 5 000 km^2 内，统计到冰川 548 条，总面积 1 457 km^2，北坡最大的绒布冰川长 22.2 km，面积 86.8 km^2，小于天山、西昆仑山、念青唐古拉山和喀喇昆仑山冰川作用中心的冰川规模，可能与喜马拉雅山山脊南北两侧较窄地形有关；喜马拉雅山南坡降水量远大于北坡，出现了南坡雪线反而低于北坡的异常现象；随着近百年来的气候变暖，冰川萎缩主要表现为冰川变薄、冰塔林末端上移，但在厚表碛覆盖下的冰舌下段，近 40 ~ 50 年来呈现较稳定状态。

地貌与第四纪冰川考察的主要成果是找到四次冰期演化的地貌证据；喜马拉雅山北坡比较干旱，末次冰期雪线下降值只有 300 m，而南坡较湿润，雪线下降值达 1 000 m；经过反复的冰川作用和寒冻风化，现代高峰区呈现出壮年期冰川地貌，如金字塔形大角峰、冰川谷首的大冰斗、分水岭似梳状刃脊；在希夏邦马峰北坡海拔 5 900 m 发现的高山栎化石，证明上新世晚期以来喜马拉雅山上升了 3 000 m 左右，为古气候与环境演变研究提供了极有意义的证据。

喜马拉雅山希夏邦马峰和珠穆朗玛峰地区科学考察及其所取得的系列创新成果，作为青藏高原综合考察研究的一部分，获 1987 年国家自然科学奖一等奖，为全球变化及青藏高原形成与演化、环境变迁与生态研究提供了重要参考。

施雅风编写的希夏邦马峰和珠穆朗玛峰地区科学考察报告和论文汇总如下：

施雅风，刘东生，1963. 希夏邦马峰科学考察初步报告 . 中英文，科学通报 .

施雅风，刘东生，1982. 希夏邦马峰地区科学考察报告 . 北京：科学出版社 .

施雅风，1967. 珠穆朗玛峰地区科学考察报告（1966 ~ 1968），现代冰川与地貌 . 北京：科学出版社 .

施雅风等，1974. 我国西藏南部珠穆朗玛峰地区冰川的基本特征 . 中、英文，中国科学 .

施雅风，1982. 希夏邦马峰附近的山文水系 . 见：希夏邦马峰地区科学考察报告 .

施雅风，季子修，1982. 希夏邦马峰地区现代冰川的分布和形态类型 . 见：希夏邦马峰地区科学考察报告 .

施雅风，季子修，1982. 希夏邦马峰北坡的冰塔林及有关消融形态 . 见：希夏邦马峰地区科学考察报告 .

郑本兴，施雅风，1976. 珠穆朗玛峰地区第四纪冰期探讨 . 见：珠穆朗玛峰地区科学考察报告（1966 ~ 1968），第四纪地质 .

中國科学院地理研究所冰川冻土研究室　　本文第 1 頁

希夏邦马峰科学考察简报（初稿）

（中国希夏邦马登山队科学考察队）

希夏邦马峰[1]为世界上海拔八千米以上的14座高峰[2]之一，位于大喜马拉雅山中段，我国西藏地区聂拉木县境内。虽然这座险峻的高峰早就吸引着旅行家和登山者的注意，但一直没有被人攀登过、考察过，成为科学上的空白点。中国登山队在经过了周密的准备工作以后，派出以队长许竞为首的十名登山运动员于1964年5月2日胜利地安全地登到峰顶部，为中国登山史写下了新的光辉的一页。中国登山队在组织登山活动的同时，还提供了一定条件，开展希夏邦马地区的科学考察。

参加希夏邦马科学考察的人员有二个组成部分，一部分为冰川、地质、地貌、第四纪地质、测量方面的专业人员[3]，

1）希夏邦马为当地藏族人民对这个高峰的称呼，意思是"牛羊死亡、青稞枯亡"的地方，过去不够正确的译音为高沙彭马，一般地图等注高僧赞峰则根据梵文之转译，非当地名称，应予改正。

2）如果把金城章嘉第二峰作为单独的高峰，则世界上八千米以上的高峰共15座。

3）专业人员及派出单位为：施雅风、郑本兴、谢自楚、黄茂桓、李子修、朱德生（以上中国科学院地理研究所冰川冻土研究室）刘东生（中国科学院地质研究所第四纪地质研究室）崔之久、王新平（以上北京大学地质地理系）张康富（北京地质学院）张明亮（地质部西藏地质大队）熊潜德（地质部西昌地质大队）周季清、于吉康（以上国家测绘总局第八地形测量队）

25×28=700　　本期第　頁

01

▲ 希夏邦马峰科学考察简报

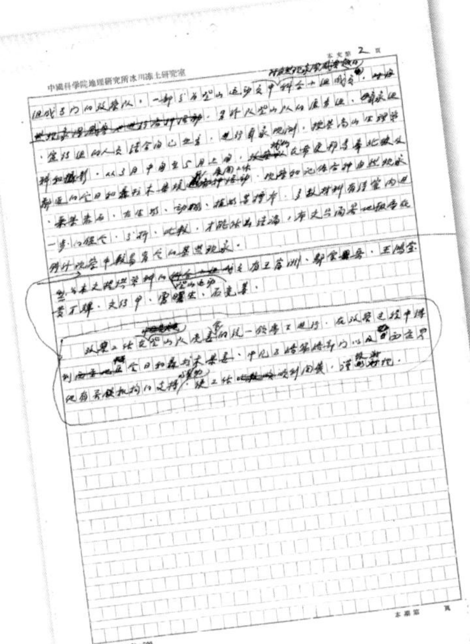

▲ 希夏邦马峰科学考察简报

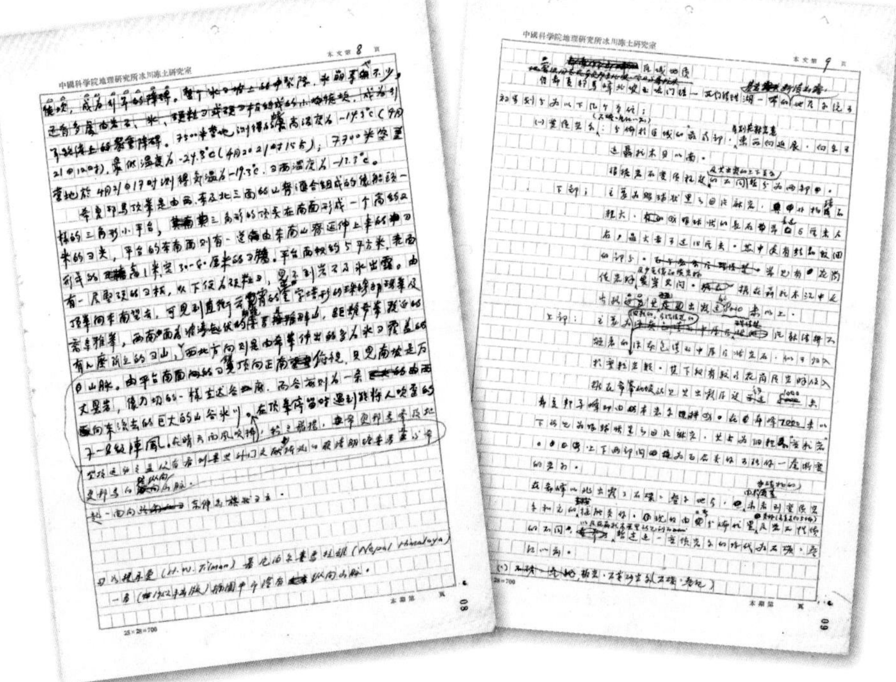

▲ 希夏邦马峰科学考察简报

▲ 希夏邦马峰科学考察简报

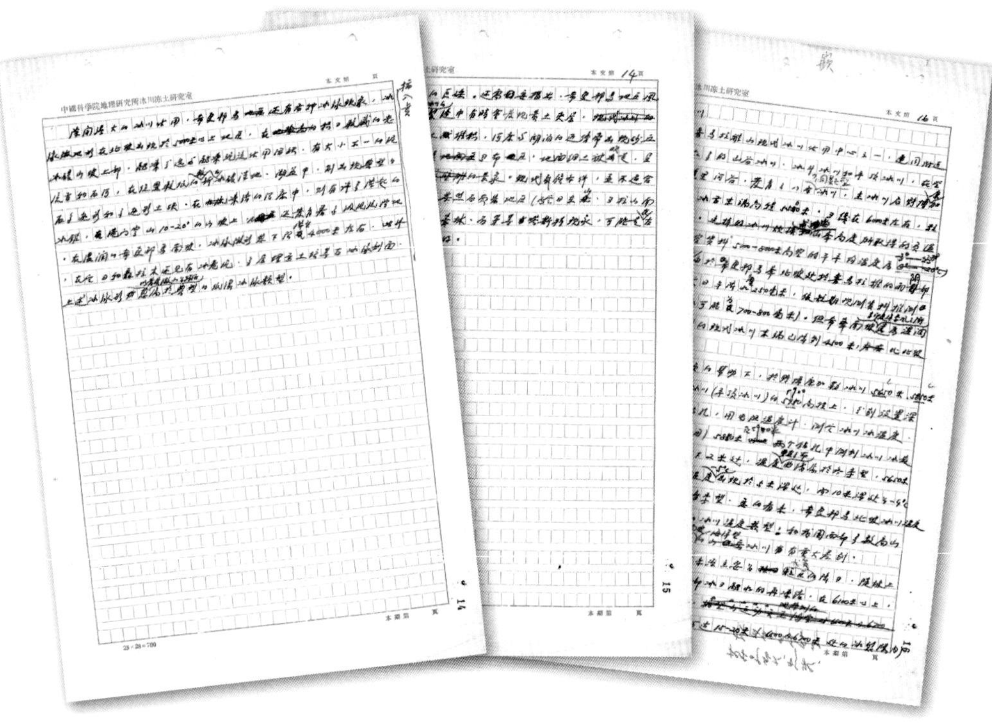

▲ 希夏邦马峰科学考察简报

希夏邦马峰地区现代冰川的分布和形态类型

施雅风　季子修

（中国科学院地理研究所冰川冻土研究室）

希夏邦马峰位于喜马拉雅山系中段，西藏聂拉木县境内，在世界最高峰——珠穆朗玛峰——北西西方向120公里处，海拔8,012米[1]，为世界第十四高峰，喜马拉雅山系中的第十高峰[2]，现代冰川的中心之一。

希夏邦马峰的雪线，在北坡朋曲上游的那克多拉河谷，位于6,000米左右，南坡雪线没有经过实测，根据降水丰富和冰川末端较低（4,500米）的情况估计，可能稍高于5,000米。以希夏邦马主峰为中心，发育了已知四条长度超过10公里的山谷冰川、数量较多而规模较小的冰斗冰川、悬冰川以及其他地区难得看到的平顶冰川。

一、希夏邦马峰地区的山文和水系

在较小的地区内，山文是影响冰川分布的主要因素（同一山区的冰川，又多分布于不同流域），因此，本文首先要在讨论冰川分布状况之先，简要地叙述山文和水系情况（图1）。

大喜马拉雅山脉自珠穆朗玛峰向西，过聂拉木的波曲河谷后，称兰坦喜马尔(Langtang Himal)，是中国和尼泊尔的界山，大体作北西西走向。

1) 希夏邦马峰的高度在一般地图上作8,013米（或26,291呎），不同文献上还有8,014米、8,018米、8,020米、8,073米等（见中国科学院地理研究所编：关于希夏邦马峰的若干资料）。8,012米系我国新测的高出黄海平面的数字。

2) 喜马拉雅山系中的十座高峰为珠穆朗玛峰(8,882)、干城章嘉峰(8,579，第二峰8,474)、洛子峰(8,501)、珠穆伦错峰(8,460)、马卡鲁峰(8,477)、卓奥友峰(8,189)、库塘峰(8,125)、南迦帕巴峰(8,125米)、安纳普尔纳峰(8,075米)、希夏邦马峰(8,012米)。世界上超过8,000米的十四座高峰，除以上这十座外，另加喀喇昆仑山系的乔戈里峰(K2 8,611米)、迦舍布鲁木一峰(K5，8,068米)、迦舍布鲁木二峰(K4，8,034米)。

▲ 希夏邦马峰地区现代冰川的分布和形态类型

▲ 希夏邦马峰地区现代冰川的分布和形态类型

▲　希夏邦马峰地区现代冰川的分布和形态类型

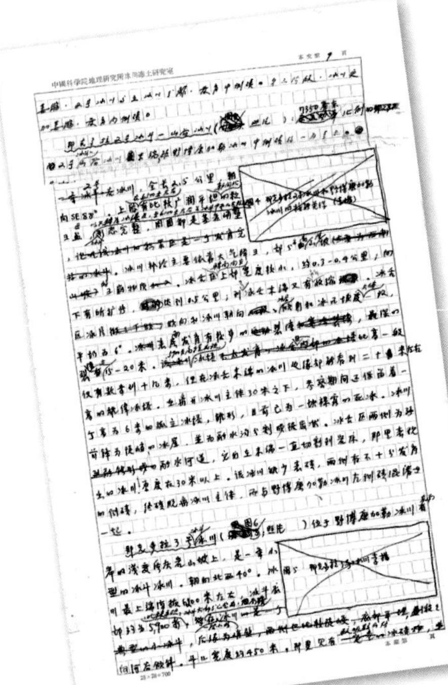

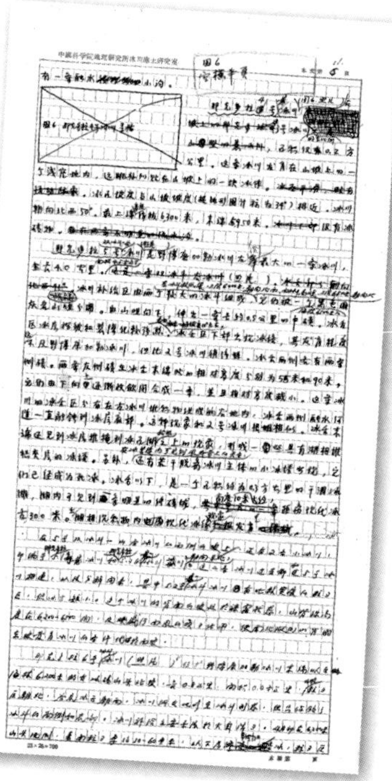

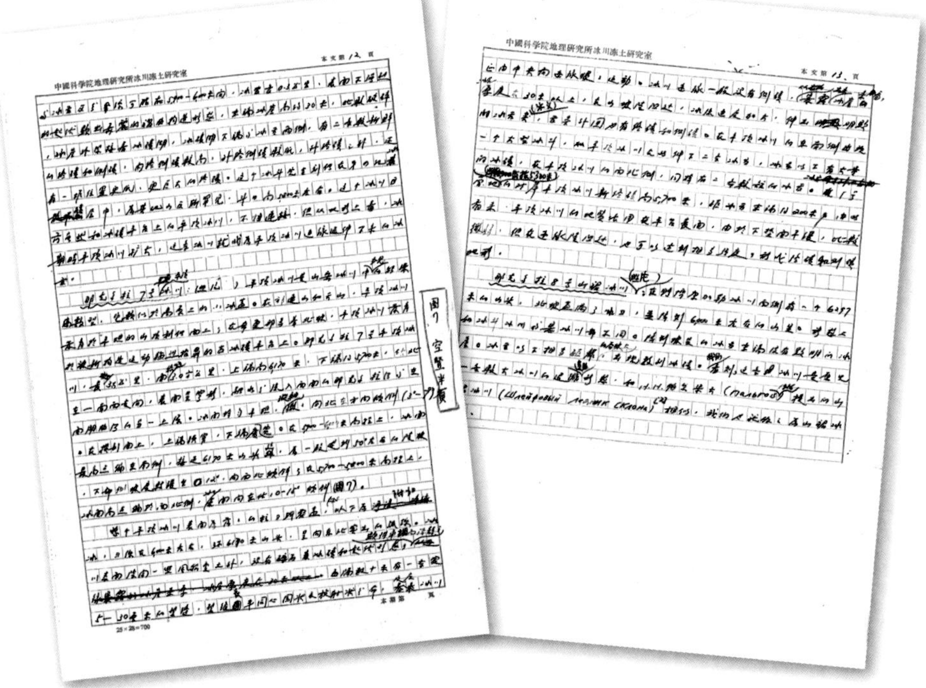

▲ 希夏邦马峰地区现代冰川的分布和形态类型

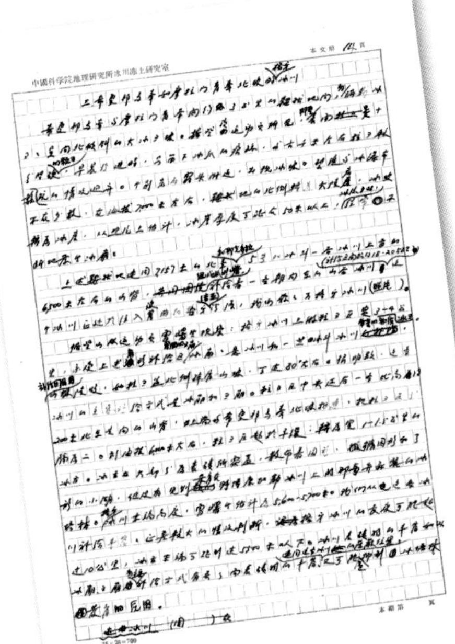

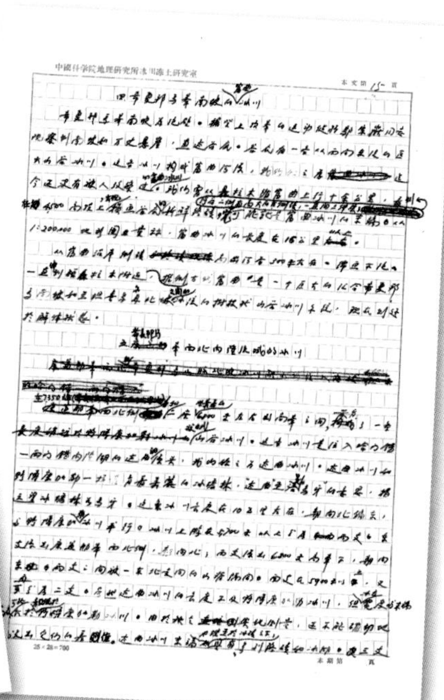

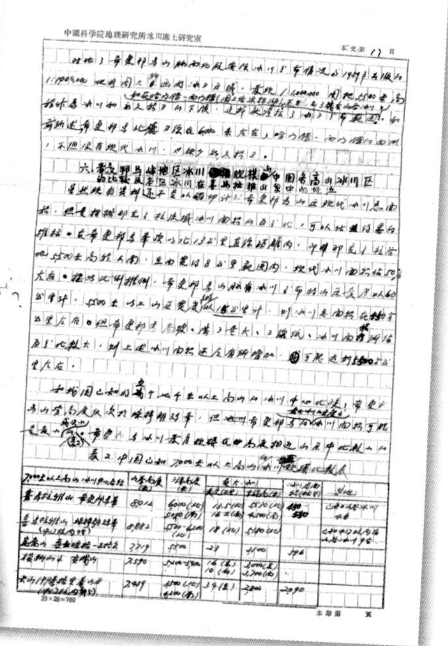

▲ 希夏邦马峰地区现代冰川的分布和形态类型

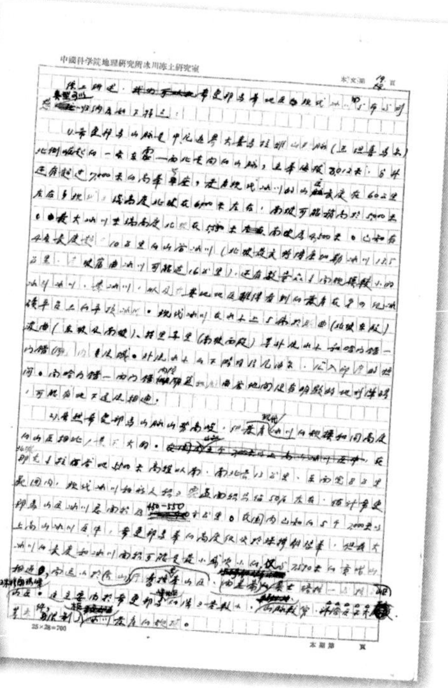

▲ 希夏邦马峰地区现代冰川的分布和形态类型

喀喇昆仑山巴托拉冰川科学考察

巴托拉冰川末端的中巴公路被 1972 年和 1973 年冰川洪水冲毁以后，是循洪扎河右岸冰川末端下方的原线修复，还是改道洪扎河左岸避开冰川建新线。为解决这一问题，不仅要弄清冰川洪水特征，准确估算设计洪水流量，而且要判明巴托拉冰川目前正在发展的前进趋势是否会危及公路原线而被迫改道。因此，对巴托拉冰川前进的定量预测是确定公路修复方案的关键，而对 21 世纪冰川变化的趋势预测，又能为修复原线或改道新线提供较长远的利益比较。

考察组详细、重复观测冰川运动、消融及重力法测定冰川厚度，创造波动冰量平衡计算方法与传统的冰川末端流速衰减法相结合，预报冰川继续前进最大值不超过 180 m，终止时间不晚于 1991 年，其后转为后退。判断冰川融水改道的原因是冰川前进的冰层挤压使冰内水道南迁至冰川边缘，运用洪水痕迹调查、气候流量相关、中巴境内水文站流量相关三种不同方法估算百年一遇的巴托拉冰川最大洪水量可达 578 m^3/s 或 692 m^3/s。据此，公路可循原线修复，适当变动桥位和放大桥孔。经国家交通部审查批准，巴基斯坦方同意，这段公路已于 1978 年修复通车。经过近 30 年验证，没有出现任何故障，可以说研究方案完全成功。

20 世纪 90 年代初，巴托拉冰川转入后退，衰退时间到何时终止，有无可能再出现新的大规模前进而威胁到公路桥梁呢？考察组继续应用波动冰量平衡计算法，并结合从树木年轮反映的历史气候变化与冰川进退相关分析表明，巴托拉冰川后退时间将持续到 21 世纪 20 年代或 30 年代。假如 20 世纪 50 年代起的降温导致巴托拉冰川的再次前进，估计要到 21 世纪中期 40 年代后才会出现前进的最高潮。由于 20 世纪 50 年代起的降温幅度小，其将导致的冰川前进的幅度不会超过上次冰川前进值。因此，从现在到 21 世纪上半叶，冰川的前进不会危及公路桥梁。

巴托拉冰川考察成果汇集于施雅风主编的《喀喇昆仑山巴托拉冰川考察与研究》专著和系列论文中，受到国内外冰川学者的高度重视和好评。美国著名冰川学家、时任国际水文协会主席的 M. F. Meier 评论：“中国冰川学者在野外没有计算机条件下能做出这样精密的预报是非常出色的成就。”1982 年国家授予自然科学奖三等奖，标志着中国冰川学水平的新提高，也是施雅风生平原始创新冰川研究中最好的工作之一。

中国科学院冰川冻土沙漠研究所专用稿紙

巴托拉冰川本世纪内前进的定量预测和下世纪内变化的趋势预测

一、问题的提出

喀喇昆仑公路通过巴托拉冰川末端被1972和1973年冰川洪水冲毁以后，是循洪扎河右岸冰川末端下方的原线修复，还改道到洪扎河左岸避开冰川造新线？后者的工程量比前者大许多倍。为解决这个问题，不仅要弄清冰川洪水特征，正确地估计设计洪水流量；弄清巴托拉河道的稳定性，是否有再改道的可能；而且要判明巴托拉冰川目前正在发展的前进趋势是否会危及公路原线而强迫改道？巴托拉冰川河道的稳定和冰川进退变化是联系着的，因此，对冰川前进趋势的正确预测是确定公路修复方案的关键。这项工作又分为两步：第一步是对本世纪内的冰川前进作出定量预测，如果公路原线有二、三十年的安全期就值得加以修复；第二步作出下世纪冰川前进的趋势预报，以便对修复原线或改道新线进行长远利益的比较。

20×20=400　　第 1 页

▲ 巴托拉冰川 20 世纪内前进的定量预测和 21 世纪内变化的趋势预测

中国科学院冰川冻土沙漠研究所专用稿紙

第 2 页

中国科学院冰川冻土沙漠研究所专用稿紙

第 3 页

中国科学院冰川冻土沙漠研究所专用稿紙

第 4 页

中国科学院冰川冻土沙漠研究所专用稿紙

第 6 页

▲ 巴托拉冰川 20 世纪内前进的定量预测和 21 世纪内变化的趋势预测

▲ 巴托拉冰川 20 世纪内前进的定量预测和 21 世纪内变化的趋势预测

中国科学院冰川冻土沙漠研究所专用稿紙

中国科学院冰川冻土沙漠研究所专用稿紙

中国科学院冰川冻土沙漠研究所专用稿紙

中国科学院冰川冻土沙漠研究所专用稿紙

▲ 巴托拉冰川 20 世纪内前进的定量预测和 21 世纪内变化的趋势预测

▲ 巴托拉冰川 20 世纪内前进的定量预测和 21 世纪内变化的趋势预测

▲　巴托拉冰川 20 世纪内前进的定量预测和 21 世纪内变化的趋势预测

中国科学院冰川冻土沙漠研究所专用稿纸

来以高冰丘为标志的前缘呈鳞状的一个新的弧形突起带，冰面裂隙发育。它与B带间的差别不及B带与A带间的差别那样显著，但仍然是清楚的，冰流速增至50米/年以上。主流线上冰流速的递减率在C带内的IIIG5—II7间为1.2米/100米·年，而从C带的II7至B带的IIG6激增至4.38米/100米·年。

(2) C带上游的II断面至B带的II断面间的冰量平衡计算出有较大的余冰量，当其影响到达冰川末端，势必导致末端加快前进的第二波。

断面	距末端冰距(公里)	截面积(万米²)	截面平均冰流速(米/年)	冰通量(万米³/年)	区间消融量(万米³/年)	盈亏数(万米³/年)
IV		33.6	46.10	1077	395	-408
III		16.05	67.94	1090	419	+319
II		14.54	24.24	352	216	+136
冰崖						

从上表可知，冰通量和消融量平衡后，冰量在II断面间，II—III断面段均有较大的余冰量，特别II—III断面段，余冰量大，必然导致冰厚度增加，冰流速加快，使冰川末端出现加快前进的第二波。但III—IV断面段的冰量亏损状态，至II断面是很亏的，反应了第二波后继无力。

第 21 页

20×20=400

中国科学院冰川冻土沙漠研究所专用稿纸

当III—IV断面段所呈现的亏损状态影响到冰川末端时，就会使冰川转为后退，结束1966年或稍前开始的前进。

上面肯定了第二波的存在，如果能够得到第二波对冰川末端的影响，包括冰流速和厚度变化计算清楚，即能解决了第二波输入末端的冰量。在具体进行计算之前，必须述清为国际原状的冰川区不同于河流系统中的若干特征。

(1) 河川水流从河源到河尾由于流行较速，基本上是同年的。但冰川流速缓慢，上下断面的冰年令有数十至数十年的差别。当1974年通过巴托拉冰川II断面的冰体以68米/年的流速，运行到其下游6.2公里的III断面，需91年之久，即要至2066年，才到达III断面。1974年通过V断面的冰体以平均46米/年的冰流速，运行到其下游900米的II断面需196年之久。进行分段冰量平衡计算时有几十年的实测资料，但这是很少有的。1974—75年观测的冰流速资料只反映了巴托拉冰川运动过程中的"瞬时"状态，而不是代表一般状态。应用时必须谨慎小心，注意估计到它的局限性。

20×20=400

第 22 页

中国科学院
兰　　州　冰川冻土沙漠研究所专用稿纸

(2) 冰川运动中运动波的传递。当冰川上游积累量显著增加，冰层加厚，表面坡度变陡，势能增大，冰流速加快，形成一种行波往下游传递，这种行波称为运动波(Kinematic wave)，也是冰的介质中扰动，其传递速度远大于冰流速。根据实测的和理论计算资料，运动波速是冰流速的2~7倍，是不可逆的。运动波又称膨胀波(Wave of intumescence)，它通过冰层厚度、冰面坡度和冰流速都起明显的变化。运动波前缘冰体因拉伸而变薄，传递后侧冰体因压缩而增厚，后侧冰流速合而为一。当运动波到达冰川末端，并因冰流速的增长，使末端出现较快的前进。有几十年北部的涅斯冠莱冰川(Nisqually Glacier)的观测资料，实测运动波速为冰流速的2~6倍，运动波通过一个断面的时间为5~6年，又长径6.5公里的冰川上，同时有二个波在传递。[ ] 前述巴托拉冰川末端1966年或稍前开始的前进，至1975年，已基本上经过了第一运动波。而我们现在要研究的是第二运动波的传递。由于我们观测年限较短(2年)和断面间距较大，未能直接测定运动波速和冰川上下游间同时存在几个运动波。

20×20=400

第 23 页

中国科学院
兰　　州　冰川冻土沙漠研究所专用稿纸

运动波速和冰川上下游间同时存在几个运动波。但根据本文树木年轮与冰川进退关系一节中所述历史上冰川最大前进滞后于树木年轮所反映的气候冷湿期为50—70年，这就是运动波从积累区传递到冰川末端的时间。按1974—75年间巴托拉冰川主流线上的冰流速，冰体从雪线附近流至冰川末端，以最近的冰流为准，需340至400年，以最近的巴托拉第一冰流为准，需183年以上至200年左右，若此，运动波速为1974—75年的冰流速4~6倍。接近冰川末端运动波速超过冰流速的倍数要小一些，按今大的贝编设冰川距冰川末端600米以上运动波速约按冰流速的3倍计算的前例，我们考虑II—III断面段运动波速估计为主流线上冰流速的3倍左右，是恰当的。

(3) 涌出流(Emergency flow) 冰流速的纵向变化，多数情况是上游冰流速快于下游，由此形成压缩流(Compressive flow)，由于下层受阻，冰流内中的一个分量是向上突起的，称为涌出流。当冰川上游后地开宽，下游束狭，也会迫使冰流向上爬升，这在冰层构造的纵断面上可清楚地

20×20=400

第 24 页

▲ 巴托拉冰川 20 世纪内前进的定量预测和 21 世纪内变化的趋势预测

中国科学院冰川冻土沙漠研究所专用稿紙

20×20=400　第 24 页

中国科学院冰川冻土沙漠研究所专用稿紙

20×20=400　第 25 页

中国科学院冰川冻土沙漠研究所专用稿紙

20×20=400　第 26 页

中国科学院冰川冻土沙漠研究所专用稿紙

20×20=400　第 27 页

▲　巴托拉冰川 20 世纪内前进的定量预测和 21 世纪内变化的趋势预测

▲ 巴托拉冰川 20 世纪内前进的定量预测和 21 世纪内变化的趋势预测

▲　巴托拉冰川 20 世纪内前进的定量预测和 21 世纪内变化的趋势预测

第四纪冰川与环境研究

在开启现代冰川考察研究的同时，施雅风就非常关注青藏高原隆升与环境变化的科学问题和第四纪冰川与环境研究。

施雅风组织的希夏邦马峰科学考察中，在海拔 5 900 m 高度处发现的高山栎植物化石，证明上新世晚期以来这里上升了 3 000 m，这是对喜马拉雅山隆升问题发表的最早和最重要的观点。施雅风等主持的攀登计划课题“青藏高原晚新生代以来的环境变化”，通过冰芯、湖泊岩芯和天然剖面的密集采样、精确测年和多指标分析，获得了青藏高原不同地区的高分辨率、长时间序列的环境与气候变化的第一手资料，重建了青藏高原晚新生代特别是 15 万年以来的气候与环境，出版了《青藏高原晚新生代隆升与环境变化》专著，发表了其为第一作者的论文 7 篇。这些创新性系列成果将青藏高原研究推向了新的科学高度，对我国青藏高原研究领先于世界水平起到了关键作用。

第四纪冰川与环境研究的成果非常丰富，其主要的综合性成果有以下方面。施雅风组织领导的中国东部第四纪冰川作用及其地貌过程的考察，成果汇集于《中国东部第四纪冰川与环境问题》著作和多篇论文中，明确了中国东部只有太白山、长白山和台湾高山存在确切的第四纪冰川，而包括庐山在内的中国东部其他中低山地没有第四纪冰川发育。这一系列创新研究成果，获得中国科学院自然科学奖二等奖；黄汲清院士和丁骕先生评论该书“内容丰富，论证精祥，他们的结论基本上否定了李四光学派的成果和观点，这是一件好事”；施雅风组织编写的《中国第四纪冰川与环境变化》巨著，是近 50 年第四纪冰川研究的系统总结，全面、广泛和综合地论述了第四纪冰川与环境变化的过程与特点。中国第四纪冰川与环境变化的集成创新成果，被国内外学者引用达 4 133 次，获得 2008 年国家自然科学奖二等奖；为了对中国第四纪冰川与环境变化的最新研究成果进行系统总结与集成，同时兼顾第四纪冰川知识的科学普及，施雅风等于 2011 年主编了一部篇幅较小、图文并茂、表达生动的《第四纪冰川新论》，这是他在病榻上完成的人生最后一部第四纪冰川与环境研究的著作。中国第四纪冰川与环境变化的系列研究，发展和丰富了中国第四纪冰川研究的科学成果，被国内外学者广泛引用与好评。

历史上的木扎尔特冰川谷道和中西交通

木扎尔特冰川谷道位于天山汗腾格里峰东侧，北起昭苏县的夏塔，南至温宿县的克孜拉克，全长 120 km。北段为流向特克斯河的北木扎尔特河，南段为流向渭干河的南木扎尔特河。南、北木扎尔特冰川槽谷，比较宽展低缓，其间的木扎尔特大坂、什波雷克大坂和木孜大坂，海拔均低至 3 600 m 以下，成为穿越天山南北疆的捷径。

施雅风在天山台兰河与木扎尔特谷口的第四纪冰川遗迹的考察中，查阅了木扎尔特冰川古道的大量历史文献，与王宗太合作撰写的“历史上的木扎尔特冰川谷道和中西交通”一文，旨在对该区的冰川进行系统的科学研究，为在木扎尔特冰川谷道修建现代化的交通提供科学依据。

木扎尔特河流域现代冰川十分发育，共计有冰川面积 1 219.3 km^2，面积大于 100 km^2 的冰川有木扎尔特冰川（137.70 km^2）、卡拉格玉勒冰川（184.95 km^2）和土格别里齐冰川（313.64 km^2）。木扎尔特河的冰川融水十分丰富，是塔里木河重要的水源地。木扎尔特冰川仅是天山西南塔里木内流区 6 条面积大于 100 km^2 的冰川中最小的一条，但其储水量达 260×10^8 m^3，比新疆全部 50 多座水库库容的 5 倍还多，可见冰川融水资源之丰富。

木扎尔特河谷的古冰川遗迹也非常丰富，冰川侵蚀地貌和堆积地貌到处可见。施雅风等在“天山托木尔峰 - 汗腾格里地区第四纪冰期探讨”一文中指出，该区遗留有现代冰川末端的“小冰期”终碛、全新世新冰期土格别里齐终碛、晚更新世晚期的破城子冰期终碛、晚更新世早期台兰冰期的冰碛平台和冰碛残丘、中更新世柯克台不爽冰期的高冰碛平台和早更新世阿合布隆冰期的冰碛冰水砾岩等。

关于记载木扎尔特冰川古道的历史文献也很多。唐代玄奘去印度求经，于公元 630 年前后途经天山木扎尔特冰川对其所作的生动描述，远早于 11 世纪冰岛文献中关于冰川的描写。19 世纪初徐松撰著的《西域水道记》中所描述的“木素尔岭……冰有三色，一种浅绿，一种白色如晶，一种白如砗磲”，是最早成冰作用类型的划分。1816 年，木扎尔特冰川末端距塔木格塔什，不过五六百米。但从 1970 年版 1 ∶ 10 万地形图量算，木扎尔特冰川末端距塔木格塔什为 1.5 km。由此可以推断，1816 年到 1970 年间的 150 年，木扎尔特冰川后退了近 1 km，平均年退缩 6.6 m。据刘振中推算，1909 ~ 1959 年的 50 年间，木扎尔特冰川又后退了 750 m，年平均后退 15 m，可见 20 世纪以来冰川退缩速度加剧。

文章和文件都应当具有这样三种性质：准确性、鲜明性、生动性。 毛泽东

第二节 冰川与交通

位於高峻山区的现代冰川，一般都不在交通线上，人迹罕至。但天山冰川众多，在绵亘数百公里、高达四、五千米的高山峻岭之间，刻蚀出较低的山口和宽展的槽谷，成为横越天山的通道。界於汗腾格里山汇和哈雷克套山之间的木扎尔特冰川谷道，自古以来，是为连接南疆与伊犁以至中亚细亚的捷径，在中国和西方的古代交通史上，占有重要位置。解放以后，随着新疆工农业的发展，天山山区道路迅速建设，不少新建公路通过冰川、积雪地区，需和雪崩、风吹雪等自然灾害，进行斗争。至於利用冰川槽谷，沿古冰碛区修路，更为众多，需要注意冰川作用地区一些特殊工程地质问题。

一、历史上的木扎特冰川谷道与中西交通

以汗腾格里山汇为中心的南天山，从托克沙勒至哈雷克套，绵亘七百公里，山脊高

新疆地震队革命委员会稿纸 20×18=360 第 1 页

▲ 历史上的木扎尔特冰川谷道与中西交通

▲ 历史上的木扎尔特冰川谷道与中西交通

▲ 历史上的木扎尔特冰川谷道与中西交通

文章和文件都应当具有这样三种性质：准确性、鲜明性、生动性。

毛泽东

新疆地震队革命委员会稿纸　20×18=360　第　页

文章和文件都应当具有这样三种性质：准确性、鲜明性、生动性。

毛泽东

新疆地震队革命委员会稿纸　20×18=360　第 10 页

文章和文件都应当具有这样三种性质：准确性、鲜明性、生动性。

毛泽东

新疆地震队革命委员会稿纸　20×18=360　第　页

文章和文件都应当具有这样三种性质：准确性、鲜明性、生动性。

毛泽东

新疆地震队革命委员会稿纸　20×18=360　第　页

▲ 历史上的木扎尔特冰川谷道与中西交通

▲ 历史上的木扎尔特冰川谷道与中西交通

文章和文件都应当具有这样三种性质：准确性、鲜明性、生动性。
毛泽东

细粒物质，形成了白色的混浊水流。

5. 关于冰川末端的位置，根据明显，现代木扎特冰川末端正在向后退却中，1959年刘据中国冰雪考察访问，50年前即1909年左右冰舌前端在塔木格塔什附近一个岩洞附近（海拔2740米），至1959年冰舌前端升高至2770米，50年距离后退875米，即每年大约以15米的速度后退。这样后退的趋势是否还在继续呢？从1970年出版1:100,000地形图上量测，现代木扎特冰川末端距塔木格塔什为1.5公里，而在1816年经过该地的徐松记述，从木扎特冰川末端的白龙口，"西行里许至塔木格塔什军台"。就是说，那时的木扎特冰川末端距塔木格塔什不过五六百米，一百五十年左右的变化还不到1公里，而主要退缩是在二十世纪。

新疆地震队革命委员会稿纸　20×18=360　第　页

▲ 历史上的木扎尔特冰川谷道与中西交通

中国晚第四纪的气候、冰川和海平面的变化

中国具有地球上最大的高原和最高的山地，现代冰川广泛分布，其面积分别占世界和亚洲山地冰川面积的 14.5% 和 47.6%，在全球冰水循环和气候变化研究中占有重要地位。更新世期间，中国西部山地发生过四次冰川作用，其中末次冰期的冰川侵蚀和堆积形态保存完好，因而有可能较明确、较概括地重建晚第四纪中国的冰川、海平面与气候波动历史，探寻其相互关系和区域特征。

依据孢粉、古土壤、冰芯和海岸带变化等资料综合分析，距今七万年前的末次间冰期结束时的海平面比现代高 10 m 左右，海岸线在今渤海岸西 80 ~ 110 km 处。距今约 18 000 年前的大理晚冰期，气候寒冷，降水量减少，大量降水以固态形式存储在山地冰川和冰盖上，在其面积扩大的同时，海平面下降，海岸线移至长江口东 600 km 大陆架边缘水深 155 m 处。冰后期气温升高，冰川和冰盖消融加剧，导致大规模的海侵。全新世高温期最盛时（5 000 ~ 6 000 年前）的暖湿气候，又使海岸线移至天津和上海以西。3 000 年前开始的新冰期和近 600 ~ 100 年前的小冰期比现代可能有 1 ~ 2℃的降温，导致冰川普遍前进。“小冰期”结束后的 19 世纪末以来的气温波动上升，特别是 20 世纪 70 年代以来的全球变暖，冰川后退加剧，冰川规模不断缩小，海平面显著上升，海岸线缓慢东移。

20 世纪 80 年代以来，施雅风开始注意全球气候变暖导致海平面上升的影响，是国内较早关注全球气候与海平面变化研究的学者。施雅风与王靖泰合作撰写的“中国晚第四纪的气候、冰川和海平面的变化”一文，在 1979 年澳大利亚首都堪培拉举办的第 17 届 IUGG 大会上宣讲，其英、中文论文分别发表于 1981 年和 1982 年《第三届全国第四纪学术会议论文集》（科学出版社）。

随后，施雅风组织了“中国气候与海平面变化及其趋势和影响研究”的重大项目，有 16 个单位 200 多人参加，发表了 300 多篇论文，出版了 5 本专著，其中由施雅风主编《中国全新世大暖期气候与环境》《气候变化对西北华北水资源的影响》和《中国气候与海平面变化研究进展（一）、（二）》四部。关于全新世大暖期研究的系列创新论著被广泛引用，并获得中国科学院自然科学奖一等奖。1993 年，施雅风参加中国科学院地学部海平面上升影响考察组，发表了多篇论文，预测到 2050 年全球和中国海平面的上升值，提出了应对海平面上升的防治对策，并对海岸带灾害与海岸防护提出了建议。

11

根据第四纪学术会议的要求，全文2508字，请打印2708字，当大会单独汇编印刷。（会议6月5日在33号公报刊）[illegible]

第四纪学术会议论文

中国科学院地理研究所　　本文第 1 页

中国晚第四纪的气候、冰川和海平面的变化（初稿，纪要稿）

施雅风（中国科学院兰州冰川冻土所）　王靖泰（上海同济大学海洋地质系）

近二十年来中国在冰川、海洋第四纪地质和气候变化各方面研究的进展，有可能较明确地概括地重建晚第四纪中国地区的冰川、海平面和气候波动历史，探寻其相互关系和区域特征。

一、末次冰期时的中国冰川、气候和海平面

中国西部具有地球上最高最大的高原和山地，如青藏大高原和喜马拉雅山、喀喇昆仑山、昆仑山、天山、阿尔泰山等。现代冰川广泛分布，总面积约计在44000平方公里左右。现代雪线受降水量从边缘山地向高原内部不均匀地急剧减少的影响，作不规则的同心圆状（表1）阿尔泰山雪线高度3000-3400米，内陆地区和喜马拉雅山北坡雪线升至6000-6200米，是北半球最高雪线所在，喜马拉雅山南坡雪线又降至4600-5000米。

表1. 中国西部山地的现代冰川和雪线分布参数

根据已发现的第四纪冰川遗迹，中国西部山地至少有四次冰期，其中末次冰期（即相当于欧洲玉木冰期的大理冰期）的冰川侵蚀和堆积形态保存良好，易于辨认和比较。在多数山区，大理冰期的冰川是山谷冰川，其中天山南木扎特冰川长达96公里，而喜马拉雅山珠穆朗玛峰北坡的绒布冰川长仅35公里，在某些山谷较宽而山麓平缓宽高的山区，冰川下伸出谷口成为宽尾冰川或山麓冰川，但整个中国西部都不存在大面积的冰盖。

大理冰期的雪线高度在中国西部山地外围的两侧要低。阿尔泰山、横断山东南部下降1000-1200米，在祁连山和天山东段为600-800米，青藏高原内部山地为500米，[illegible]珠穆朗玛峰和希夏邦马峰北坡为

30×25=750　　本期第　页

▲ 中国晚第四纪的气候、冰川和海平面变化

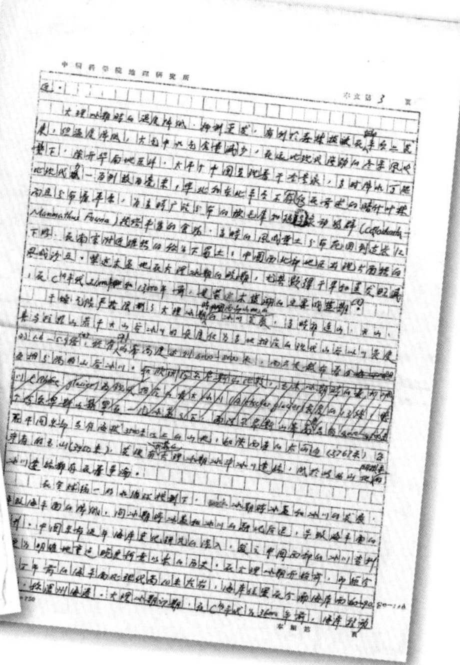

▲ 中国晚第四纪的气候、冰川和海平面变化

▲ 中国晚第四纪的气候、冰川和海平面变化

青藏高原晚新生代隆升与气候变化研究

1992 ~ 1996 年国家科学技术委员会与中国科学院共同设立攀登计划项目“青藏高原形成演化、环境变迁与生态系统研究”。施雅风与李吉均、李炳元共同主持其中第二课题“青藏高原晚新生代以来环境变化”。经过 9 个单位 95 名科技人员的多年努力，圆满完成课题所设任务，取得了一系列重要成果。该手稿是施雅风向青藏项目总负责人孙鸿烈院士书面汇报青藏项目的研究进展，也是青藏项目第二课题的系统总结和系列成果的展示。

第二课题是通过 3 处天然剖面、2 处湖泊岩芯和 1 处冰芯密集采样，精确测年和多指标分析，获得青藏高原不同地区的高分辨率、长时间序列的气候与环境变化的第一手资料。施雅风组织的希夏邦马峰科学考察中，在海拔 5 900 m 高度处发现的高山栎植物化石，证明上新世晚期以来这里上升了 3 000 m，这是对喜马拉雅山隆升问题发表的最早和最重要的观点。综合冰芯、湖泊岩芯和天然剖面的专题研究成果，结合国内外有关文献的综合研究，系统总结了青藏高原晚新生代以来的隆升演化和 15 万年以来的气候与环境变化。出版了由施雅风、李吉均和李炳元主编的《青藏高原晚新生代隆升与环境变化》（广东科学技术出版社，1998）专著，发表了施雅风为第一作者的论文 7 篇，依发表年代顺序简汇如下：

- 青藏高原中东部最大冰期时代、高度与气候环境探讨（《冰川冻土》，1995）；
- 青藏高原末次冰期最盛时的冰川与环境（《冰川冻土》，1997）；
- 青藏高原二期隆升与亚洲季风孕育关系探讨（《中国科学》，1998）；
- 第四纪中期青藏高原冰冻圈的演化及其和全球变化的联系（《冰川冻土》，1998）；
- 晚新生代青藏高原的隆升与东亚环境变化（《地理学报》，1999）；
- 距今 40 ~ 30 ka 青藏高原特强夏季风事件及其与岁差周期关系（《科学通报》1999）；
- 近 2000 年古里雅冰芯 10 年尺度的气候变化及其与中国东部文献记录的比较（《中国科学》，1999）。

施雅风等上述专著和系列论文展示了青藏高原隆升与环境变化深入研究的创新性成果和最新突破，将青藏高原研究推向了新的科学高度，对我国青藏高原研究领先于世界水平起到了关键作用，是对地球系统科学研究的重大贡献。

中国科学院南京地理与湖泊研究所
NANJING INSTITUTE OF GEOGRAPHY & LIMNOLOGY
ACADEMIA SINICA

73 EAST BEIJING RD. NANJING 210008 CHINA
TELEPHONE (025) 631510 302936
CABLE: 1472 NANJING
TELEX: 34025 [illegible]
FAX: (025) 714759

Fax: 010－64889769　孙鸿烈院长

汇报1997～2000年参加青藏项目的研究进展．施雅风（不能到会，由[illegible]替代）

1. 发现在22 Ma前，青藏高原隆升到接近现代高度一半左右，改变了环流形势，与热带洋面增暖、亚洲大陆向西扩张，副特提斯海萎缩（亚洲东侧边缘海扩大等因素耦合，激发和加强夏季风，替代了老第三纪控制东亚的行星风系，导致东亚环境大变化，湿润区和森林带扩大，干旱区向西北萎缩，为人口密集的东亚文明，提供了生存条件。（施雅风、汤懋苍、马玉贞1998a，1999a）

2. 发现在80～60万年前，青藏高原升高至3500 m左右与冰期向轨道转型相耦合，青藏高原出现最大冰期，冰川面积超过50万km^2和几乎覆盖整个高原的冬季积雪，增强了反射率，高原由夏天的热源一度变成冷源，削弱夏季风，增强冬季风，促进了西北干旱的加剧与大沙漠的形成，黄土堆积的加厚与沉积区的扩大，长江流域暴雨泥石流的大发展。（施雅风1998）

3. 古里雅冰芯记录、多个湖泊变化记录与孢粉记录共同揭示2万年左右的岁差周期和4万年左右的轨道倾斜周期所导致的低纬地带日射变化，决定了青藏高原和其相邻地区的季风强弱和冰期、间冰期变化。发现30～40 ka前，青藏非常暖湿，温度高于今2～4℃，众多高湖面的淡水大湖，揭示特强夏季风带来大降水，对长江与黄河发育也有重大影响。这时正是岁差周期导致的低纬度日射最强时期。16～30 ka前末次冰期晚阶段，高原温度低于现代6～9℃，冰川面积35万km^2，多数湖泊萎缩，森林退出高原东、南边缘，气候干冷，这时正是岁差、轨道倾斜和偏心率共同决定低日射时期。低纬度气候变化有一套不同于高纬度的特征，有待于深入阐明。（施雅风等1997，1999a，1999b）

▲ 青藏项目研究进展

中国科学院南京地理与湖泊研究所
NANJING INSTITUTE OF GEOGRAPHY & LIMNOLOGY
ACADEMIA SINICA

73 EAST BEIJING RD. NANJING 210008 CHINA
TELEPHONE (025) 631510 302936
CABLE: 1472 NANJING
TELEX: 34025 ISSAS CN
FAX: (025) 714759

4. 比较古里雅冰芯与东部文献记录中十年际气候变率，发现中世纪暖期只存在于中国东部与青藏高原东北部，而未见于青藏高原西部和南部，近1千年来西部呈降温趋势。古里雅冰芯记录到升温趋势。若干次重大气候事件出现时间，东西部是一致的，如东汉末至南北朝的持续变冷和隋唐的气候变化，1220~1230年代西部由冷转暖，东部由暖变冷的重大转折等（施雅风等1999.6）。

4. 全球变暖，青藏高原升温速度高于全球变暖平均值。研究小冰期以来升温趋势和海洋性、亚大陆性、极大陆性三类冰川的不同响应情况，预估至2100年较今升温3℃情景下，中国冰川将减少45%，其中海洋性冰川减75%，亚大陆性冰川减48%，极大陆性冰川减22%。（施雅风等1999.6）今年为庆科学时报撰一短文《万年来的青藏高原环境大变化》为英文China daily (July 5.2000)所摘引。

关于青藏高原隆升与季风演变综合研究结果，参见郑度主编的论文集。

发表的文献.

1. 青藏高原末次冰期最盛时的冰川与环境（与郑本兴、姚檀栋合作）冰川冻土 19(2) 97~113 1997

2. 青藏高原二期隆升与亚洲季风孕育关系探讨（与汤懋苍、马玉贞合作）中国科学(D) 28(3) 263~271 1998.
Linkage between the second uplifting of the Qinghai-Xizang (Tibetan) plateau and the Initiation of the Asia Monsoon System. Science in China

与湖泊研究所
PHY & LIMNOLOGY
NICA

……变化的考据 冰川冻土 20(3)

……a yuzen) 1999.

73 EAST BEIJING RD. NANJING 210008 CHINA
TELEPHONE (025) 631510 302936
CABLE: 1472 NANJING
TELEX: 34025 ISSAS CN
FAX: (025) 714759

……s'

……、杨保合作）中国科学(D) 29增刊

……Guliya Ice Core and Comparison
……from East China (Coauthor Yao Tandong
……a (D) 42 Supplement 91~100 1999

5. 距今30~40 ka BP青藏高原特强夏季风事件及其与岁差周期关系（与刘晓东、李炳元、姚檀栋合作）科学通报 44(14) 1475~1480 1999.
A very strong summer Monsoon event during 30~40 ka BP in the Qinghai-Xizang plateau (Tibetan) and its relation to preccesional cycle. Chinese Science Bulletion 44(20) 1851~1857 1999.

6. 中国冰川对21世纪全球变暖响应的预估（与刘时银合作）科学通报 45(4) 434~436 2000.
Estimation on the response of glaciers in China to the global Warming in the 21st Century. (Co-author Liu Shiyin) Chinese Science Bulletin 45(7) 668~672 2000.

7. Discussion on Monsoon Evolution in Relation to uplift of the Qinghai-Xizang plateau. Formation, and Evolution, Environmental Change and Sustainable Developement on the Tibetan plateau. (Ed. Zheng Du et al) 149~165. Academy Press. Beijing 2000.

▲ 青藏项目研究进展

中国第四纪冰川与环境变化研究

施雅风在开创现代冰川考察的同时，也开始注意第四纪冰川问题。在开展的祁连山、天山、喜马拉雅山和喀喇昆仑山冰川考察，均有第四纪冰川研究内容，在其总结出版的科学报告或著作中也有论述第四纪冰川研究的章节。1964 年，施雅风等撰写的《希夏邦马峰地区冰期探讨》一文，是他首次系统论述第四纪冰川作用及其冰期划分的论文。1966 ~ 1968 年珠穆朗玛峰地区科学考察，施雅风等撰写的《珠穆朗玛峰地区第四纪冰期探讨》，首次将喜马拉雅山北坡的第四纪冰川划分为四次冰期。

多年的第四纪冰川研究，需要加以系统总结。施雅风为此组织了长期从事第四纪冰川研究的诸多科学家，编写《中国第四纪冰川与环境变化》计 19 章近百万字的巨著（河北科学技术出版社，2006），施雅风担任主编，并撰写第三章“第四纪冰川、冰期间冰期旋回与环境变化”和第五章“小冰期以来的冰川变化及其对水资源与灾害的影响”等综合论述，又合作撰写分区论述的第六章“喜马拉雅山系第四纪冰川”、第十五章“青藏高原大冰盖假说的提出与扬弃”和第十六章“天山山系第四纪冰川”等。施雅风所撰写的有关中国第四纪冰川研究的大量手稿，仅存有“天山山系第四纪冰川”一章的手稿。《中国第四纪冰川与环境变化》专著受到 9 种学报的高度评价。时任国际冰川学会主席的 A. Ohmura 致函，认为该书“全面、广泛和综合地指出中国第四纪环境变化的过程与特征，在国际上已出版的第四纪研究的书中，具有顶级水平著作。”在次年国际《冰川学报》发表详细介绍，该书“无疑是中国近半个世纪的丰实成就。”刘东生院士在《第四纪研究》第 27 卷第 3 期评论：“专著是老中青几代著名学者对过去几十年工作的系统理论总结，对中国第四纪冰川作用和环境变化的关键性问题，提出了非常重要和有价值的观点，极大地推动我国第四纪研究，对国际第四纪科学发展具有重大特殊意义”。此项成果被评为国家自然科学奖二等奖。

托苏珍校 455 337

中国科学院兰州冰川冻土研究所

11.2.3. 天山

天山第四纪冰川研究始于G. Merzbacher 1906-1916对汗腾格里山彙和博格达山的考察。黄汲清(1944)对阿克苏北面台兰河谷冰川沉积与冰期划分的研究，有突出贡献。50年代以来考察者众多，主要集中于托木尔—汗腾格里山彙和乌鲁木齐河谷及博格达山区。现就这两处山区研究结果，简述如后：

11.2.3.1. 托木尔—汗腾格里山彙

托木尔—汗腾格里山彙位于中国和哈萨克斯坦边界，有6000m以上高峰20多座，其中托木尔峰高7435m，是天山最高峰，其北面的汗腾格里峰6995m，以此二座的高峰为中心，形成天山最大的冰川作用区。60—110km的宽厚山体上保存有4500m左右一级山顶夷平面，但由于山地分水线偏于北侧，南坡

▲ 天山第四纪冰川

▲ 天山第四纪冰川

中国科学院兰州冰川冻土研究所

第 6 页

中国科学院兰州冰川冻土研究所

第 7 页

中国科学院兰州冰川冻土研究所

第 8 页

中国科学院兰州冰川冻土研究所

第 9 页

▲ 天山第四纪冰川

中国科学院兰州冰川冻土研究所

15×20=300　第 10 页

中国科学院兰州冰川冻土研究所

15×20=300　第 11 页

中国科学院兰州冰川冻土研究所

15×20=300　第 12 页

▲ 天山第四纪冰川

气候变化与环境研究

施雅风瞄准国际科学前沿，关注全球气候变化的影响和区域响应，取得了一系列重大成果。施雅风是首先关注全球气候与海平面变化研究的学者，1979 年就撰写了“中国晚第四纪的气候、冰川和海平面变化”的研究论文，并在澳大利亚首都堪培拉举办的第 17 届 IUGG 大会上宣讲；随后又参加了“中国气候与海平面变化及其趋势和影响研究”的重大项目（1987 ~ 1992），并负责其中“气候变化对西北、华北水资源影响及趋势研究”课题，联系湖泊萎缩与冰川后退现象，解释亚洲中部的暖干化趋势，阐述气候变化对西北干旱区地表水资源的影响和未来趋势。施雅风主编《中国全新世大暖期的气候与环境》《气候变化对西北华北水资源的影响》两部专著和与多人合作撰写的多篇论文。研究认为，全新世大暖期由于夏季风增强，华北至中亚的降水远比现代为多。未来气候持续增暖，季风降水可能增加，我国西北和华北的降水量可能会显著增多。该成果被非常广泛地引用，获得中国科学院自然科学奖一等奖。

1993 年，施雅风参加中国科学院地学部组织的海平面上升影响考察组，发表了多篇论文，预测到 2050 年全球和中国海平面上升值，提出了应对海平面上升的防治对策，并对海岸带灾害与海岸防护提出了建议。

施雅风提出 20 世纪亚洲中部气候暖干化，并由暖干化向暖湿转变，他与沈永平和胡汝骥合作撰写的“西北气候由暖干向暖湿转型的信号、影响和前景初步探讨”论文（2002 年《冰川冻土》第 24 卷第 3 期），开启了西北气候转型问题的讨论和深入研究。其后组织完成了《中国西北气候由暖干向暖湿转型问题评估》报告和多篇论述文章，不仅引起科学界的兴趣，而且也得到政府及各界人士的重视，对西部大开发战略具有十分重要的现实意义。

施雅风积极开展气候变暖的环境响应的系列研究。在研究气候变暖的冰川径流响应时，提出了冰川变薄退缩对冰川融水径流先增后减的概念模式，并对中国有关水系的冰川融水径流变化做出了科学评价。其成果汇集于“2050 年前气候变暖冰川萎缩对水资源影响情景预估”（《冰川冻土》第 23 卷第 4 期）和“中国冰川对 21 世纪全球变暖响应的预估”（《科学通报》第 45 卷第 4 期）等论文中。该成果引起广泛重视，对充分利用先期增加的冰川融水资源提供了可靠的科学依据；气候变暖使受季风影响的长江中下游地区夏季降水特别是暴雨增多，是引发长江洪水频次增高的主要原因，而洪水成灾规模和受损程度也与人为因素影响有关。为此，施雅风等学者撰写了“1840 年以来长江大洪水与气候变化关系初探”（《湖泊科学》第 16 卷第 4 期）和“长江中下游西部地区洪水灾害的历史演变”（《自然灾害学报》第 15 卷第 4 期）等多篇论文。

通过 1840 年以来长江大洪水与气候变化的分析，预期 21 世纪初期降水减少、大洪水发生频率下降，2020 ~ 2030 年则可能再次进入多降水和大洪水频发期。根据实地考察和水文观测资料，辅以大量历史文献的考证，对长江中游武穴段田家镇深槽特征及其对洪水下泄的影响，撰写了“长江中游田家镇深槽的特征及其泄洪影响”（《地理学报》第 60 卷第 3 期）。这一系列成果，拓展和强化了长江演变研究领域；针对全球不断加剧的变暖趋势及我国频发的自然灾害，施雅风又及时组织了气候变化与中国自然灾害趋势研究，对气候变暖背景下我国旱涝灾害、海岸灾害、冰雪灾害与北方沙尘暴灾害的形成演变及未来可能趋势进行了深入分析研究，得到了不少有价值的结论。由其撰写的“全球和中国变暖特征及未来趋势”“中国海岸灾害加剧发展及防御方略”“全球变暖影响下中国自然灾害发展趋势”等论文被广泛引用。

从高山冰川与湖泊变化看西北气候干暖化趋势

施雅风在 66 岁之际，兼任中国科学院南京地理与湖泊所研究员，为他提供了查阅湖泊资料的便利，他又有长期冰川研究的积累，因而有可能将冰川与湖泊一起作为指示气候变化的研究对象。

冰川物质平衡的时空变化与气候变化密切相关，又能影响冰川一系列物理特征及其冰川规模的变化，因而是气候与环境变化的良好指示器。选择同处亚洲中部的天山乌鲁木齐河源 1 号冰川和图尤克苏冰川作为指示亚洲中部气候变化的研究对象。天山乌鲁木齐河源 1 号冰川自 1959 年以来一直处于后退变薄状态，这是气温升高和降水量减少导致的物质平衡长期亏损的结果。图尤克苏冰川也有同样的变化趋势。在其恢复的冰川物质平衡系列中，1879 ~ 1914 年间，降水充沛，温度较低，物质平衡以正值居优；1915 ~ 1972 年降水量减少，夏季温度上升，物质平衡以负值居多；1973 ~ 1986 年，冰川物质负平衡居绝对优势，这主要是气温升高导致的冰川消融量增加的结果。

少受人为干扰的山地湖泊，指示其变化的水量平衡，其蒸发量大体与降水量和径流量呈反相关，而主要收入项的入湖径流量则与降水量的多寡有关。因而山地湖泊与冰川一样，也是气候变化的指示器。同处亚洲中部山区的青海湖和伊赛克湖的观测研究表明，20 世纪 30 年代到 80 年代，湖水水位下降，湖泊面积缩小，这主要是气温升高导致的蒸发量大于降水量和入湖径流量之和的亏损状态有关，清楚地反映了气候干暖化趋势，这与全球性气候变暖是一致的。

受全新世高温期亚洲中部延续数千年暖湿气候的启示，施雅风预估，随着气温上升，降水量、冰川消融量和河水径流量连续多年增加，内陆湖泊水位上升，在不远的将来，气候将由暖干转向暖湿。在其后施雅风等主编的《中国西北气候由暖干向暖湿转型问题评估》一书和系列论文中得到证实。如果以降水量增加超过蒸发量所导致的河水径流量增大及湖泊水位上升作为气候转型的主要标准，我国西北大部分地区在 20 世纪 80 年代末已由气候的暖干转向暖湿。

施雅风等撰写的“从高山冰川与湖泊变化看西北气候干暖化趋势”一文的手稿，题目改为“山地冰川与湖泊萎缩所指示的亚洲中部气候干暖化趋势与未来展望”发表，当年参加国际冰川学会举办的“冰川与气候大会”，又以英文发表在次年的《冰川学年刊》上。

中国科学院南京地理研究所稿纸　No 1

从高山冰川与湖泊变化看西北

气候的干暖化趋势

施雅风

（中国科学院兰州冰川冻土所、南京地理与湖泊所

研究员、地学部委员）

高山冰川与湖泊是气候变化的指示器。冰川的进退和湖泊的扩张或收缩敏感地反应着山区水热平衡变化。西北水资源主要来源于天山、昆仑山、祁连山等高山地带，可以说，出山径流量的多寡决定了西北水资源量，制约着国民经济的发展。西北气象台站多在山麓平原地带，缺乏代表山区，而且系列也较短，很难从现有气象资料的分析，判断未来数十年的变化趋势，而冰川与湖泊资料的利用可能提供某些解决问题的助力。

一、冰川变化

20×15＝300　910201.82.9

从高山冰川与湖泊变化看西北气候的干暖化趋势

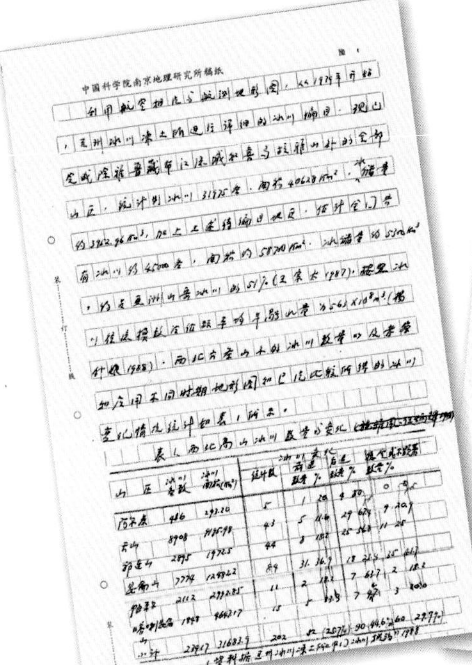

▲ 从高山冰川与湖泊变化看西北气候的干暖化趋势

中国科学院南京地理研究所稿纸　第5

20×15=300

中国科学院南京地理研究所稿纸　第6

20×15=300

中国科学院南京地理研究所稿纸　第7

20×15=300

中国科学院南京地理研究所稿纸　第8

20×15=300

▲　从高山冰川与湖泊变化看西北气候的干暖化趋势

▲ 从高山冰川与湖泊变化看西北气候的干暖化趋势

▲ 从高山冰川与湖泊变化看西北气候的干暖化趋势

青海湖萎缩与西北气候演变及其未来趋势的初步探讨

青海湖海拔 3 200 m，面积 4 300 km^2，是青藏高原面积最大的内陆湖。1956 年起，青海湖有湖面蒸发、降水量和入湖径流量的观测记录，又有湖相沉积所指示的湖水位及其古气候资料。施雅风以青海湖为研究对象，分析其近代萎缩原因，追溯末次冰盛期以来的变化过程，并对今后可能的变化趋势进行预测。

1956 ～ 1986 年，青海湖水位下降 3.35 m，面积收缩 264 km^2。上溯至 1908 年，柯兹洛夫考察队报告所示湖水位资料分析显示，青海湖水位较 1986 年高出 11 m，面积增大 676 km^2。以 1950 年为界，20 世纪上半期的水位下降和湖面萎缩程度超过下半期，由青海湖区的过度放牧与大面积开垦均发生在 20 世纪 50 年代以后判断，青海湖 20 世纪初以来的萎缩主要是自然因素，即气候变化影响的结果。

青海湖水量平衡分析表明，湖面蒸发量超过降水量与地表水、地下水入湖径流量之和，是青海湖近代萎缩的根本原因。湖面蒸发量的年际变化与平均温度变化呈正相关，而与年降水量变化呈反相关。青海湖流域气温有波动上升趋势，而径流量变化所反映的降水变化则存在波动下降趋势，代表着 20 世纪气候变化过程中的干暖化。

湖相沉积所示的湖泊状态和气候状态主要有以下阶段。18 000 年前末次冰期最盛时，气候干冷，青海湖水位下降，湖面大幅度收缩。距今 6 860 ± 130 年前，湖面高出现代 65 m，面积达 6 800 km^2，是气候暖湿影响的结果。公元 16 ～ 19 世纪的小冰期，湖面明显高于现代，是冷湿气候的反映。

施雅风在分析青海湖变化的两种可能性的基础上认为，全新世大暖期亚洲中部延续数千年的暖湿气候，比较倾向于接受 CO_2 倍增后降水量有较大幅度增加，亚洲中部气候有可能由暖干变得暖湿的推论。这一推论被其后施雅风一系列论著所证实。

施雅风和范建华等合作撰写，题目改为“青海湖萎缩原因分析与未来趋势预测”一文，发表于 1990 年海洋出版社出版的《中国气候与海平面变化研究进展》（一）。

中国科学院南京地理研究所稿纸　　No 1

青海湖萎缩与气候演变及其未来趋势的初步探讨（初稿）

施雅风
（中国科学院兰州冰川冻土所、南京地理与湖泊所）

一、近三十余年青海湖水位下降和生态恶化

青海湖是我国最大湖泊，位青藏高原东北部。该湖系内陆湖泊，没有出口，其水位升降能极其敏感地反映气候和环境变化。水位上升表明湖泊进水量大于蒸发量，气候趋于湿润；反之水位下降，表示气候趋于干旱。自1956年青海省水利厅在湖泊设置水文站以来，实测青海湖水位逐年下降，1956年初至1986年底的31年间，共下降3.35m，平均10.8 cm/a（图1）。估计每年亏损水量$4.7\times10^8 m^3$，相当于青海湖现有水量（估计约为$720\times10^8 m^3$）的0.62%。湖面积也有明显的收缩，据1957年1:100,000地图之量测为4635 km^2（[illegible]，1963），而至八十年代初水位3194m时减至4340 km^2（[illegible]，1987），

20×15＝300　　910201.82.9

▲ 青海湖萎缩与气候演变及其未来趋势的初步探讨

中国科学院南京地理研究所稿纸

中国科学院南京地理研究所稿纸

中国科学院南京地理研究所稿纸

中国科学院兰州冰川冻土研究所

▲ 青海湖萎缩与气候演变及其未来趋势的初步探讨

▲　青海湖萎缩与气候演变及其未来趋势的初步探讨

▲ 青海湖萎缩与气候演变及其未来趋势的初步探讨

▲　青海湖萎缩与气候演变及其未来趋势的初步探讨

▲ 青海湖萎缩与气候演变及其未来趋势的初步探讨

西北气候由暖干向温湿转型研究与评估

中国西北气候从19世纪小冰期结束以来100年左右处于波动性变暖变干过程中。1987年起新疆天山西部为主的地区出现了气候转向暖湿的强劲信号，降水量、冰川消融量和径流量连续多年增加，导致湖泊水位显著上升、洪水灾害猛烈增加、植被改善、沙尘暴减少。新疆其他地区以及祁连山中西段的降水量和径流量也有增加趋势。施雅风敏锐地捕捉到了这些现象之间的联系，不失时机地提出了西北气候由暖干向暖湿转型的假说。引用现有区域气候模式预测，对径流变化模式预测和相似古气候分析，又肯定了这种气候转型趋势的存在。施雅风与沈永平和胡汝骥合作撰写的“西北气候由暖干向暖湿转型的信号、影响和前景初步探讨”论文（2002年《冰川冻土》第24卷第3期），开启了西北气候转型问题的讨论和深入研究。被中国科学引用数据库(CSCD)引用286次，成为《冰川冻土》创刊以来最高影响力的论文。

西北气候转型问题的提出，引出了一些有待深入研讨的科学问题。为此，施雅风组织了十多家单位的科技人员参加的西北气候转型研讨会，基本认同了西北气候由暖干向暖湿转型的观点，又组织近60位科学家编写了《中国西北气候由暖干向暖湿转型问题评估》报告(2003年气象出版社出版)。阐明了西北气候转型的原因，在于全球强烈变暖，驱动水循环加快，由海洋输向大陆的水汽与大陆湿润区蒸发补充大气水汽增多，西北地区空中水汽含量显著增加，导致降水和径流量增加。根据区域模式预测和古气候相似研究分析，西北气候向暖湿转型的趋势可能是世纪性的，并可能在21世纪上半叶覆盖整个西北以至华北地区，但西北深居亚洲大陆内部的地理位置和沙漠、戈壁广布的极端干旱的下垫面，也增加了气候转型的困难程度，故西北气候转型有局限性和不确定性。以降水量增加超过蒸发量增加所导致的径流增大及湖泊水位上升作为气候向暖湿转型的主要标准，西北地区目前的气候变化可以分为显著转型区、轻度转型区和未转型区。

西北气候转型问题评估报告发表后，应刘东生先生约编，施雅风等又撰写了“中国西北气候由暖干向暖湿转型的特征和趋势探讨”一文（2003年《第四纪研究》第23卷第2期）。在兰州召开的西北气候转型学术研讨会的30篇论文，也以专辑形式发表在2003年《冰川冻土》第25卷第2期。

施雅风提出西北气候向暖湿转型的假说，并主持编写的评估报告和撰写的系列论文，资料翔实可靠，依据合理，方法科学，对西北地区社会经济发展和生态环境建设产生极为深远而巨大的影响，是对现代气候科学发展做出的巨大贡献。

中国科学院寒区旱区环境与工程研究所

全球变暖、水循环加强西北气候由暖干向暖湿转型问题

施雅风、沈永平

（中国科学院寒区旱区环境与工程研究所、~~南京地理与湖泊研究所~~）

1. 前言

全球大幅度变暖，势将导致海洋与陆地水体蒸发增加和大部分陆地降水增加，冰川消融萎缩，河川径流量扩大，洪水灾害加剧，干旱区可能缩小。现行气候模式模拟的降水变化是北半球高纬度、中纬度和多数季风地区降水增加，但副热带区降水减少（Carter and Hulme 1999），降水变化最大地区是高纬度和部分季风区域，东南亚洲不同模式差别很大。如以1961-1990气候为基线，CO_2浓度年增加1%，模拟2050年年径流增加，中国西北部

▲ 全球变暖水循环加强西北气候由暖干向暖湿转型问题

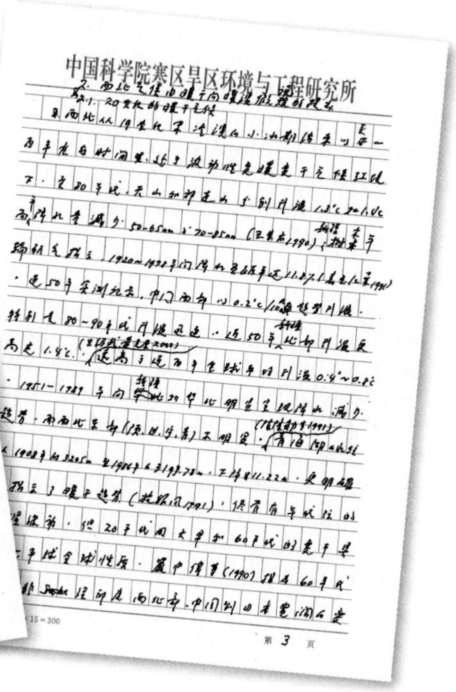

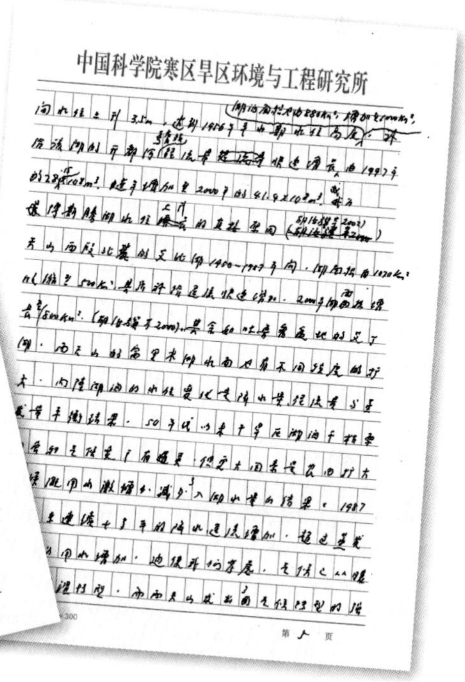

中国科学院寒区旱区环境与工程研究所

第 2 页

20×15＝300

中国科学院寒区旱区环境与工程研究所

第 3 页

中国科学院寒区旱区环境与工程研究所

第 4 页

20×15＝300

中国科学院寒区旱区环境与工程研究所

第 5 页

▲　全球变暖水循环加强西北气候由暖干向暖湿转型问题

▲ 全球变暖水循环加强西北气候由暖干向暖湿转型问题

中国科学院寒区旱区环境与工程研究所

第 10 页

20×15=300

第 11 页

第 12 页

中国科学院寒区旱区环境与工程研究所

第 13 页

20×15=300

中国科学院寒区旱区环境与工程研究所

第 14 页

20×15=300

▲ 全球变暖水循环加强西北气候由暖干向暖湿转型问题

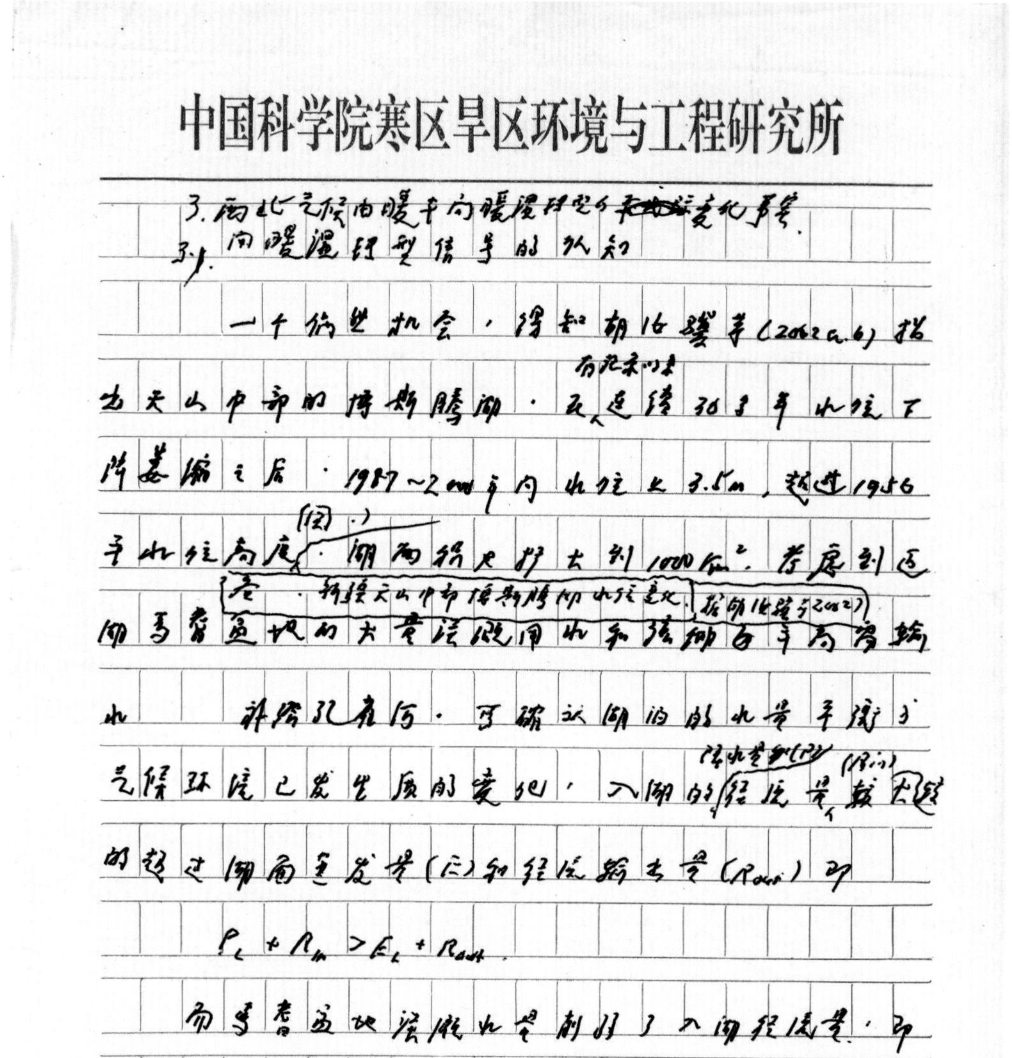

中国科学院寒区旱区环境与工程研究所

3. 西北气候由暖干向暖湿转型的变化事实

3.1. 向暖湿转型信号的认知

一个偶然机会，得知胡汝骥等(2002a,b)指出天山中部的博斯腾湖，在有观测以来连续30多年水位下降基础之后，1987~2002年内水位上升3.5m，超过1956年水位高度（图.），湖面积已扩大到1000km²，考虑到近湖焉耆盆地的大量灌溉用水和孔雀河下游输水补给孔雀河，可确认湖泊的水量平衡与气候环境已发生质的变化，入湖的降水量和(P)径流量(Rin)较大，大致超过湖面蒸发量(E)和径流输出量(Rout)，即

$$P_L + R_{in} > E_L + R_{out}.$$

图. 新疆天山中部博斯腾湖水位变化（据胡汝骥等2002）

而焉耆盆地灌溉水量削弱了入湖径流量，即流域内天然径流量(Rd)应为入湖径流量(Rin)与灌溉引水量(Ri)之和，$Rd = R_{in} + Ri$。据此整理了以新博斯腾湖流域的径流量、降水量都已高出1950s的高值期，表明近15年来此区域的湿润气候突

20×15=300　　第　页

▲ 西北气候由暖干向暖湿转型的变化事实

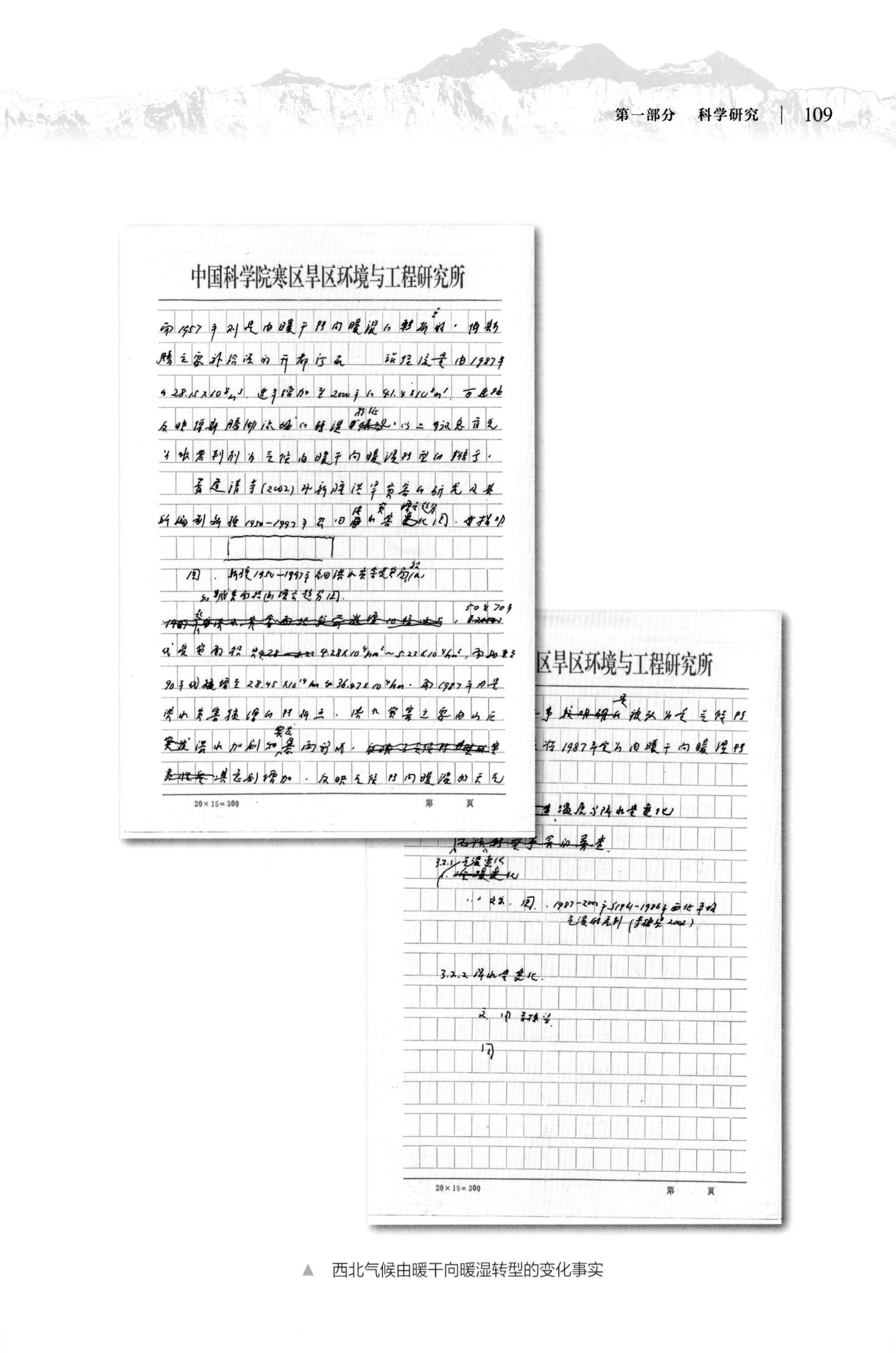

中国科学院寒区旱区环境与工程研究所

20×15=300　　　　第　　页

区旱区环境与工程研究所

20×15=300　　　　第　　页

▲ 西北气候由暖干向暖湿转型的变化事实

中国科学院寒区旱区环境与工程研究所

3.1.3 气候变化对水文水资源影响的预测

根据上节所述气候变化预测结果，刘春蓁等(2002)认为在未来10~50年，西北气温由2010年的0.1℃至2050年升高2.1℃，降水增加由2010年5~16%，增至2050年的14%~27%，则未来西北地区径流量呈增加趋势，增幅为几个百分点至十几百分点。但如降水量只增加几个百分点，径流量将减少。

西北河川径流量大部分来源于山区降水，小部分经过冰川积累和消融过程。气候变暖必将大大促进冰川的融化与后退，预期到2050年西北高山冰川平衡线(即雪线)将上升150m~200m左右，冰川面积可能减少14~36%(李培基等2002)。在冰川扩大融化过程中，以其亏损融水补给，增加了河川径流量。预期有冰川融水补给的河流，高峰水增加量在不同河流分别达到$10^7m^3/a$至$10^8m^3/a$量级，特别

20×15=300　　　　第　　页

▲ 气候变化对水文水资源影响的预测

中国科学院寒区旱区环境与工程研究所

20×15＝300　第　页

中国科学院寒区旱区环境与工程研究所

20×15＝300　第　页

中国科学院寒区旱区环境与工程研究所

20×15＝300　第　页

▲　气候变化对水文水资源影响的预测

中国科学院寒区旱区环境与工程研究所

4 3. 西北气候由暖干向暖湿转型的前景预估

气候转型假说提出后，引出来不同看法的怀疑。是否年代际的，如过20年周期的变化，经过一段高降水、高径流时段后，又转回如2060s～2070s的干旱状态，还是能下一步的年代的降水和径流量能比2060s～2070s高一台阶水平。这次转向暖湿转型可能具有世纪级或以上。在地区分布范围上，转型仅限于西北西部主要发祥地区，还是向东扩大范围至西北东部，以至华北地区，中期有更大意义。我们不能坐等时间演进出现的气候变化来判别，从而试从全球气候、水文模拟、历史气候相似和经验识别三方面来探讨。

3.1 全球气候、水文预测模型21世纪上半期变化

3.1.1 全球模型预测21世纪温室气体增加的气候效应

近期和未来百年的全球变暖，可能主要由于温室气体CO_2等增加结果。据国际气候变化

20×15=300　　第　　页

▲ 西北气候由暖干向暖湿转型的前景预估

▲ 西北气候由暖干向暖湿转型的前景预估

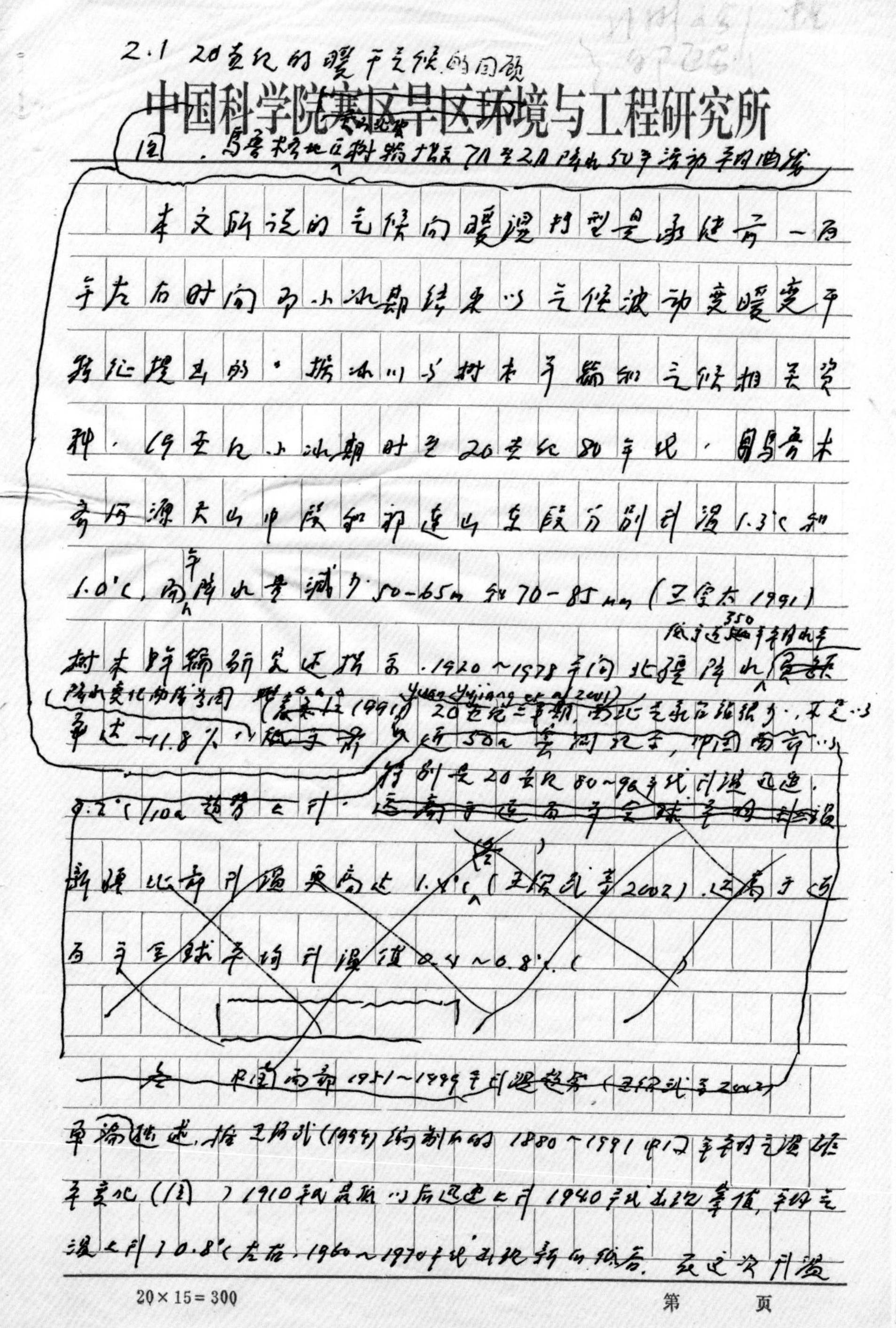

▲ 20 世纪的暖干气候的回顾

▲　20 世纪的暖干气候的回顾

中国科学院寒区旱区环境与工程研究所

20×15=300　　第　　页

中国科学院寒区旱区环境与工程研究所

20×15=300　　第　　页

中国科学院寒区旱区环境与工程研究所

▲ 20 世纪的暖干气候的回顾

中国科学院寒区旱区环境与工程研究所

装

订

线

第 页

中国科学院寒区旱区环境与工程研究所

装

订

线

第 页

▲ 全球变暖驱动水循环加快可能是根本原因

中国科学院寒区旱区环境与工程研究所

七、结论

在全球变暖加快的大背景下，继续着19世纪末小冰期结束以来一百年左右的波动性变暖变干趋势（至50年代中期以后）。1987年新疆气候突变，从博斯腾湖水位高涨与洪水灾害较前激增10倍左右，认知为气候自暖干向暖湿转型的信号。广泛检查温度、降水、冰川融水、河川径流、湖泊、洪水、植被与沙尘暴8方面变化资料（90年代是近1000年温度最高时期，西北128个站1987～2000年平均气温比1961～1986年平均气温升高了0.7℃，降水量比较，后一时段较前时段，北疆增22%，南疆增33%，河西及青海部分地区增10-20%），以降水增加量大于蒸发增加量的结果径流量增加为主要的暖湿标准。2002年的西北可明划分出基本转型区、轻微转型或未转型区、仍处于干旱期的未转型区三种。以基本转型区位于新疆北部、天山及其两侧地带、塔里木盆地西部、祁连山及其北侧河西的中西部、柴达木盆地东南部察汗乌苏河与格尔木河地区。此区降水量、冰川融水量与河川径流量显著增加，新疆26条

20×15=300　　　　第 1 页

▲ 中国西北气候由暖干向暖湿转型问题评估结论

▲ 中国西北气候由暖干向暖湿转型问题评估结论

中国科学院寒区旱区环境与工程研究所

20×15=300 第 6 页

中国科学院寒区旱区环境与工程研究所

20×15=300 第 7 页

中国科学院寒区旱区环境与工程研究所

20×15=300 第 8 页

▲ 中国西北气候由暖干向暖湿转型问题评估结论

气候变暖与长江洪水关系的初步探讨

该手稿是施雅风参加中国科学院南京地理与湖泊研究所姜彤研究员主持的“长江洪水与气候变化研究”课题所撰写的第一篇论文，以“1840 年以来长江大洪水演变与气候变化关系初探”为题，发表在 2004 年《湖泊科学》第 16 卷第 4 期。

长江洪水灾害是我国频率高、危害严重的自然灾害。洪水的形成与气候和下垫面特征均有关系，而气候因素暴发的洪水主要由汛期大降水或暴雨降水所引起。施雅风等选择了 1840 年以来 32 次大洪水出现的时间、地点与有关水文、气候要素，联系探讨大洪水演变的气候变化背景。

20 世纪头 10 年的“19 世纪冷期”出现大洪水 13 次，频率为 1.9 次 /10 年；1921 ~ 2000 年间出现大洪水 19 次，频率为 2.4 次 /10 年；20 世纪暖期又可以分为两个变暖时段：第一变暖时段（20 世纪 20 年代至 40 年代）出现大洪水 9 次；后一变暖时段（20 世纪 80 年代至 90 年代）出现大洪水 8 次。20 世纪 90 年代是全球，也是我国近百年中最暖的十年，受东南季风影响大的长江中下游地区夏季降水量是近百年最多的，大暴雨频率也是较多记录的 40 年来最高的，以此出现了 10 年 5 次大洪水的高频率现象，包括 1998 年全流域型大洪水，表明了全球变暖的显著影响，也指示 30 ~ 40 年周期性振荡中的多雨年代。如此可预测 21 世纪初期降水量会有小幅度下降与大洪水频率在短期内降低的可能性。

施雅风等撰写有关的第二篇论文，以“长江中游西部地区洪水灾害的历史演变”为题，发表在《自然灾害学报》第 15 卷第 4 期。在分析了近 3 000 年来长江中游西部地区洪水灾害指出，长江流域洪水主要是受流域内季风气候的影响，导致夏季降水丰沛所造成的，而洪水成灾规模和受损程度也与人为因素影响有关。3 000 ~ 700 aBP 人口稀少，人类居于洪水不及的岗地，洪水分道漫流，不会有严重的灾害发生。700 ~ 450 aBP 的明清两代，人口增加，与水争地矛盾加剧，特别是清代，决堤洪水较明代成倍出现。1949 ~ 1985 年间人口又一次迅速增长，进一步围湖垦殖，通江湖泊面积减少四分之三，出现如 1954 年和 1998 年那样特大洪水灾害和 1980 年那样内涝灾害，人类与洪水矛盾达到顶点。历史经验教训告诉人们，为减轻洪水灾害，有必要制定 21 世纪前半期防治洪旱与水资源利用规划，促进人与洪水和谐共处。

根据实地考察和水文观测资料，辅以大量历史文献的考证，对长江中游武穴段田家镇深槽特征及其对洪水下泄的影响，撰写了“长江中游田家镇深槽的特征及其泄洪影响”（《地理学报》第 60 卷第 3 期）。

施雅风所进行的气候变暖与长江洪水演变研究的系列成果，拓展和强化了长江演变研究领域。

中国科学院南京地理与湖泊研究所稿纸　№ 1

气候变暖与长江洪水关系的初步探讨

施雅风 张强 姜彤 苏布达 李[illegible]

(中国科学院南京地理与湖泊研究所)

摘要：长江洪水灾害年年发生，长江水利委员会统计1950-1990年间平均每年受灾人口1787万人，死亡2518人，直接经济损失17.34亿元。近150年间发生的1870、1931、1935、1954与1998年等特大洪水灾害，损失严重，确是我国心腹之患。1990年以来大洪水频率高达10年5次，除湖泊蓄洪功能减弱外，和因CO_2等增加全球变暖，90年代为近千年中全球最暖年代，水循环加快。长江中下游1990年代夏季降水量为近120年最多的10年，高于1961-1990年平均值118mm。而降雨集中程度与暴雨降水事件的增多更对大洪水频率增加有关键作用。选用高分辨率区域气候模式，模拟大气CO_2倍增时长江流域温度2.2℃，降水增加10%-20%，是考虑潜在蒸发增加9%-15%的假定情景，31年最近[illegible]综合统计的降水量、径流深和蒸发量资料，假设未来降水增加10%，蒸发增加9%条件下，[illegible]洪峰流量达[illegible] m³/s左右，已超过1998年洪峰流量，而宜昌将高达69000 m³/s，超过

(20×20=400)　911241.89.10

▲ 气候变暖与长江洪水关系的初步探讨

▲　气候变暖与长江洪水关系的初步探讨

▲ 气候变暖与长江洪水关系的初步探讨

▲　气候变暖与长江洪水关系的初步探讨

▲ 气候变暖与长江洪水关系的初步探讨

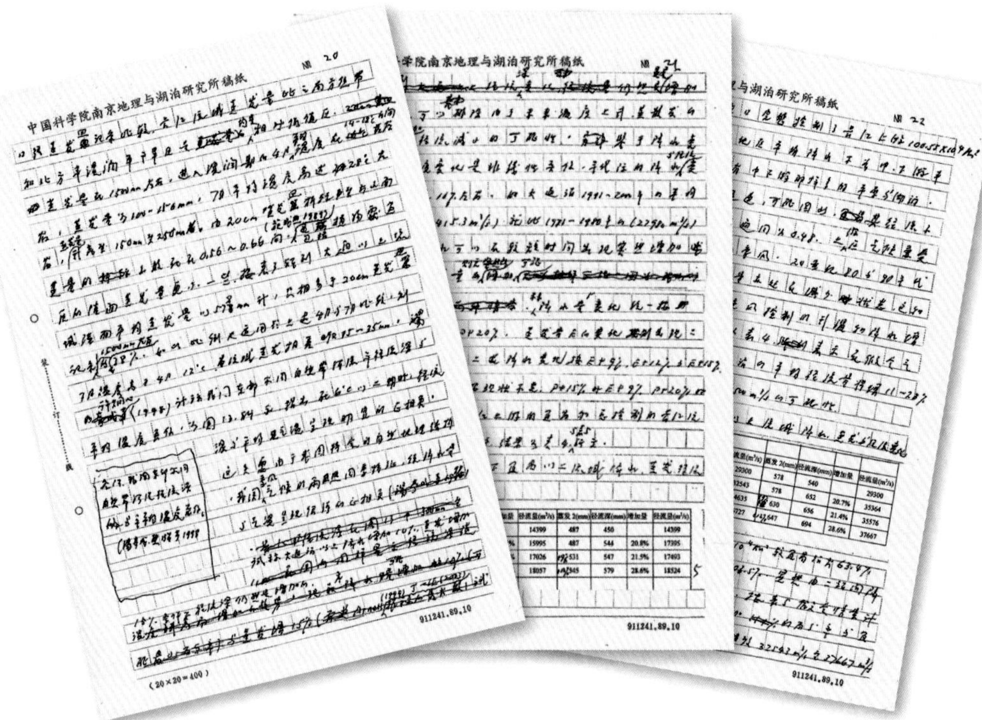

▲　气候变暖与长江洪水关系的初步探讨

▲ 气候变暖与长江洪水关系的初步探讨

冰雪资源与灾害研究

冰川作为水资源的数量登记是冰川学研究的主要内容。在祁连山、天山和喜马拉雅山等冰川考察中，依据当时可能收集到的航空像片和地形图进行冰川数量的简要登记，而科学研究和国民经济建设又需要中国有一个完整的冰川数量统计。施雅风于 1979 年组织较多科技人员，利用部分航测地形图（1 ： 50 000 和 1 ： 100 000）和美国提供的陆地卫星影像（1 ： 1 000 000）进行冰川数量登记，获得了中国各山区和各河流域的冰川数量，统计得到中国冰川总面积为 57 069 km^2。

施雅风领导完成 12 卷 22 册《中国冰川目录》的编制，首次获得了中国冰川条数、面积和储量等 34 项形态指标的较准确数量，使得中国成为四个冰川发育大国中唯一按国际冰川编目规范首先完成冰川目录编制的国家。《中国冰川目录》及其系列成果广泛应用于水资源调查与评价、冰川融水径流计算和冰川灾害防治等方面。

施雅风开创中国冻土研究，组建和培养了一批冻土科学研究的专业队伍；组织领导了青藏公路沿线冻土综合考察，查明了多年冻土分布、特征和成因；组织撰写了《青藏公路沿线冻土考察》论文集；组建冻土研究室和冻土低温实验室，积极推动冻土工程国家重点实验室的建设，为青藏铁路修建和厂矿等工程建筑物的冻土危害防治发挥了重要作用。

施雅风开创寒旱区水文与应用研究，取得了多项创新成果。施雅风主编的《祁连山现代冰川考察报告》和《天山乌鲁木齐河冰川与水文研究》等论著中，都有冰川融水径流形成、估算及其对河流补给等章节；施雅风主持的"乌鲁木齐地区水资源若干问题研究"和"气候变化对西北、华北水资源影响及趋势研究"等课题，其成果汇集于五部专著和系列论文中，分别获得中国科学院科技进步奖二等奖和自然科学奖一等奖；施雅风组织和推动全面估算我国冰川融水资源数量与分布课题的实施，并为其撰写论文，为全国水资源综合评价做出了贡献。

施雅风非常重视科研与生产任务相结合，结合实际服务国家需求，积极开展冰雪灾害的调查与防治研究。在调查西藏古乡地区"冰川爆发"阻断交通后，即撰文"西藏古乡地区的冰川泥石流"加以详细报道，次年又组队进行西藏古乡冰川泥石流详细考察和深入研究，并组织开展叶尔羌河上游、成昆铁路、中 - 尼公路、藏东南川 - 藏公路和新疆独库公路等冰湖溃决洪水、泥石流成因、分布及防治对策研究；在天山、藏东南、滇北等地开展雪崩、道路风吹雪调查与防治研究；在西藏、内蒙古等地进行牧区雪灾形成与分布规律的监测研究，建立了牧区雪灾遥感监测与评价系统；开展松花江、黄河等江河冰凌及海冰监测及预报研究。冰雪灾害的监测与防治研究为政府和生产部门防灾减灾提供了科学依据，也为我国冰雪灾害防治与减灾对策研究奠定了基础。

针对全球不断加剧的变暖趋势及我国频发的自然灾害，施雅风又及时组织了气候变化与中国自然灾害趋势研究，对气候变暖背景下我国旱涝灾害、海岸灾害、冰雪灾害与北方沙尘暴灾害的形成演变及未来可能趋势进行了深入分析研究，得到了不少有价值的结论。由他撰写的“全球和中国变暖特征及未来趋势”“中国海岸灾害加剧发展及防御方略”“全球变暖影响下中国自然灾害发展趋势”等论文被广泛引用，为国家防灾减灾计划提供了科学依据。

祁连山冰川资源的新认识

1958 年，中国科学院组建了以施雅风为队长、有 120 多人参加的高山冰雪利用研究队，首先对祁连山冰川进行考察。依据可能收集到的航空像片及相应的地形图，统计得到祁连山冰川 941 条，估计冰川面积为 1 300 km^2，储水量 400×10^8 m^3。

时隔 20 年，在接受世界冰川目录中国部分的冰川编目任务后，中国科学院兰州冰川冻土研究所成立了以施雅风等为负责人的较多科技人员参加的冰川编目课题组，也首先选择祁连山作为按国际冰川编目规范进行详细冰川目录编纂的山区。课题组使用了 3 万多张航空像片和 110 幅大比例尺地形图编制祁连山冰川目录，列为《中国冰川目录 I 祁连山区》。内含每条冰川 34 项形态指标的登记表；12 条河流流域冰川数量统计表；祁连山区和各河流域冰川分布图；冰川目录编纂说明和冰川分布规律的论述。这次冰川编目结果表明，祁连山冰川总数达到 2 815 条，比 1958 年统计数增加两倍，冰川面积 1 930.5 km^2，比 1958 年统计数增加约 48.5%，计算冰川储水量 93.5 km^3，比 1958 年估计数增加 1.34 倍。祁连山冰川分属甘肃河西内陆水系、柴达木与青海湖内陆水系和黄河外流水系，分别占祁连山冰川总面积的 67.7%、30.2% 和 2.1%。

冰川作为天然固体水库，有调节河川径流的重要作用，究竟怎样才能更好利用呢？我们经历了由实践到认识、再由认识到实践的过程。1959 ~ 1960 年，在祁连山大规模进行人工融冰化雪试验，即在冰面上撒黑粉，增加太阳辐射的吸收量，增加冰川融化以扩大河流水量。施雅风等科技人员在其后对祁连山冰川的重复考察和冰川监测的基础上分析认为，人工融冰化雪，虽然短期收到一定效果，但从长远来看，人工增强冰雪融化的后果可能加速冰川后退，甚至可能导致冰川消失，冰川对河川径流调节作用将减弱或消失。

1978 年，施雅风等参加在瑞士举行的“国际冰川目录工作会议”期间，参观和访问了瑞士冰川研究机构。瑞士把阿尔卑斯山冰川作为重要的旅游资源而得到充分开发，在现代冰川下方，又利用古冰川掘出的宽展槽谷修建许多水库和水电站，用于发电和其他缺水季节的下游供水。祁连山冰川规模与瑞士阿尔卑斯山相当，也都有着充分利用冰川资源的迫切需求。在施雅风等科技人员的大力宣传和倡导下，祁连山冰川作为旅游资源正得到开发，一批拦截冰川融水的储水水库和水电站也不断兴建，冰川及其水资源得到了更加合理有效地利用。

本文与王宗太合作，发表于 1981 年 1 月 9 日甘肃日报。

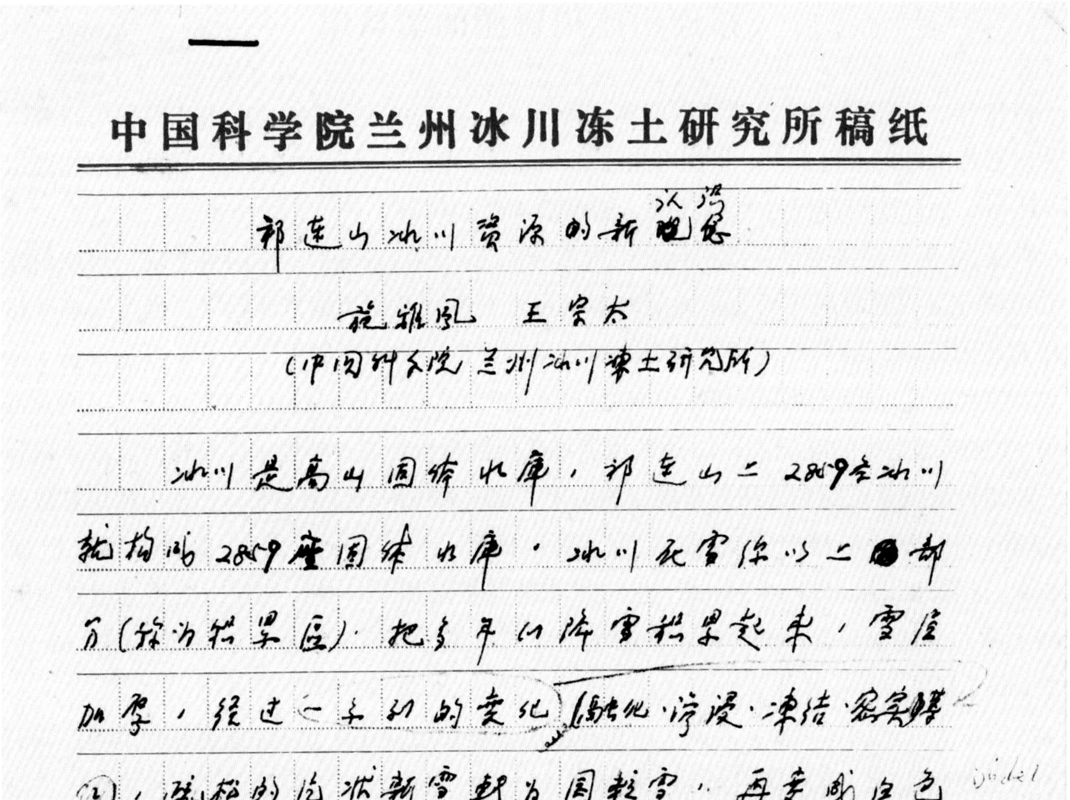

中国科学院兰州冰川冻土研究所稿纸

祁连山冰川资源的新认识

施雅风 王宗太
（中国科学院兰州冰川冻土研究所）

冰川是高山固体水库，祁连山上2859条冰川就构成2859座固体水库。冰川在雪线以上部分（称为积累区），把多年的降雪积累起来，雪层加厚，经过一系列的变化（融化、渗浸、冻结、密实等），疏松的片状新雪转为粒雪，再变成白色多气泡的冰川冰。冰川冰具有可塑性，达到一定厚度就顺着山坡缓缓向下方流动。流过雪线向下游呈舌状突出部分称为冰舌，冰舌是冰川的消融区，特别在夏季，消融强烈，固态冰转为液态水，补给河流，浇灌着山区的草场和山下的良田，对工农业发展起着极为重要的作用。在低温多雨年分，一般雨水补给的河流，水

15×20=300 第 页

▲ 祁连山冰川资源的新认识

中国科学院兰州冰川冻土研究所稿纸

15×20=300

中国科学院兰州冰川冻土研究所稿纸

15×20=300

中国科学院兰州冰川冻土研究所稿纸

15×20=300

中国科学院兰州冰川冻土研究所稿纸

▲　祁连山冰川资源的新认识

▲ 祁连山冰川资源的新认识

中国冰川编目的进展与问题

1978 年瑞士举行的世界冰川目录工作会议后，中国科学院兰州冰川冻土研究所承担了世界冰川目录中国部分的编目任务，将其列为研究所一项长期的重点课题。为此，成立了施雅风、王宗太和刘潮海为负责人的、较多科技人员参加的冰川编目课题组，按照国际冰川编目规范，积极开展我国冰川编目工作。

全部完成中国 12 条山脉的冰川编目需要十多年的时间。科学、教育和经济建设又都需要对中国冰川数量有一个概略的统计。为此，施雅风又组织科技人员，利用当时收集到的航测地形图和美国地质调查局提供的陆地卫星影像冰川图集，分工量算其余 10 座山脉的冰川面积，统计得到中国冰川总面积 58 651 km^2。

祁连山冰川目录列为《中国冰川目录 I 祁连山区》出版，内容包括每条冰川 34 项形态指标的登记表；12 条河流流域的冰川条数、面积和冰储量等指标的数量统计表；祁连山区及其各河流域冰川分布图。祁连山冰川目录编制所依据的航空像片多摄于 1956 年，至今大多数冰川处于后退中，因而祁连山冰川面积实际值应略小于冰川目录的统计值。依据祁连山少数冰川测厚资料所建立的冰川平均厚度与面积的关系式只适用于较小的冰川。

阿尔泰山冰川目录是依据 1959 年拍摄的航空像片和相应的地形图编制的。统计到冰川共 416 条，面积 293.2 km^2，约占中国冰川面积的 0.5%，估计储水量 16.49 km^3，列为《中国冰川目录 II 阿尔泰山区》出版。1981 年对阿尔泰山哈拉斯冰川进行了考察，主要了解哈拉斯冰川特征及其附近若干冰川的近期变化。

1980 年起，按照国际冰川编目规范重编天山冰川目录。1981 年组织考察队，携带自制的冰川测厚雷达，以测量冰川厚度和了解冰川近期变化为目标。天山冰川编目存在的主要问题是少数地区缺少航测图，应用地面摄影测量和平板测量图替代，可能登记冰川时会有所遗漏，但冰川厚度实测资料大量增加，对冰川冰储量的估算精度将会有所提高。

1999 年全部完成中国冰川目录的编制，出版了《中国冰川目录》12 卷 22 册，建立了中国冰川目录数据库，被评为当年中国基础科学研究十大新闻之一，获得甘肃省 2005 年科技进步奖一等奖，又获得 2006 年国家科技进步奖二等奖。为了表彰施雅风在冰川编目上的杰出贡献，国际冰川学会（IGS）决定 2008 年 9 月在兰州召开国际冰川编目工作会议。

施雅风与王宗太、刘潮海合作撰写的《中国冰川目录的进展与问题》，发表于 1984 年《冰川冻土》第 4 卷第 2 期，第 27 ～ 33 页。

0.0004　0.0092

2.2%

0.9%

0.56%

冰川冻土所

中国冰川编目的进展与问题

施雅风　米德生　刘潮海

（中国科学院兰州冰川冻土研究所）

1978年9月瑞士里特拉普举行的世界冰川目录工作会议（Riederalp Workshop of World Glacier Inventory）后，中国科学院兰州冰川冻土研究所承担了世界冰川目录中国部分的编制任务，列为研究所的一项专门的重要工作，组织了较多人员，参照了米勒等世界冰川目录临时技术秘书处提供的规范（即世界冰川资料编纂与汇编说明书）（Muller, F., Caflisch, T. and Müller, G. 1977 Instructions for the Compilation and Assemblage of Data for a World Glacier Inventory）（以后简称TTS规范）结合中国的实际情况，继续开展工作，取得了较大进展。

一、中国冰川面积概略统计

鉴于中国冰川编目工作要持续十年左右才能够完成，而1964年发表的中国冰川总面积约为44000 km^2的数字明显偏低（施雅风、谢自楚，1964），1979年，组织了若干专

001149.81　20×18=360　第 1 页

▲ 中国冰川编目的进展与问题

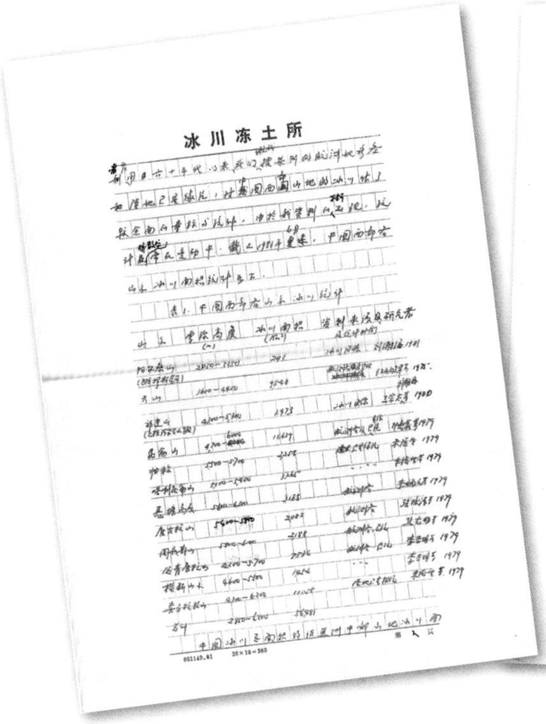

▲ 中国冰川编目的进展与问题

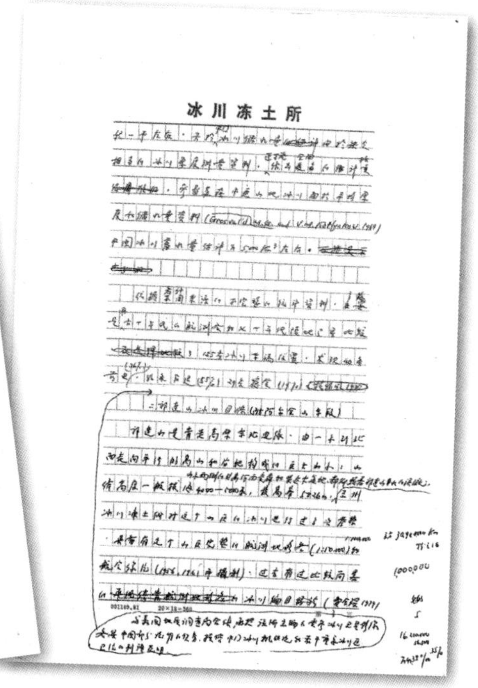

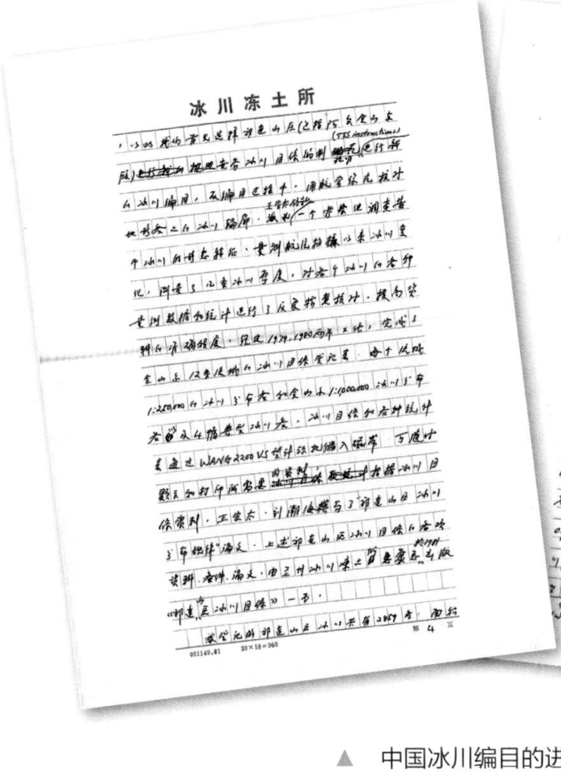

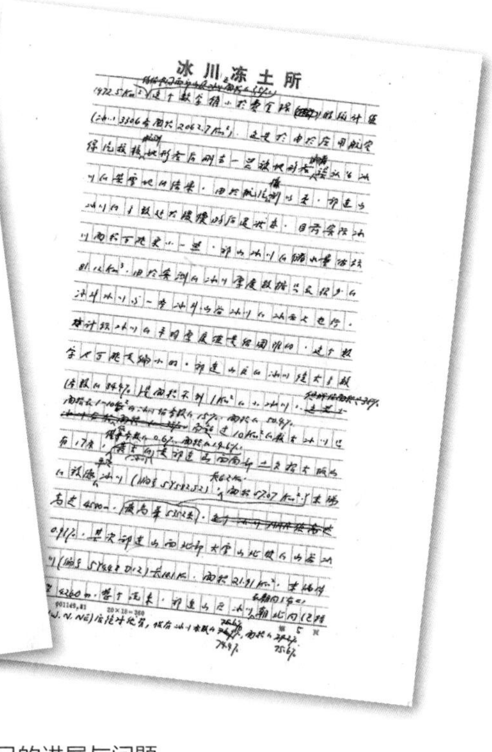

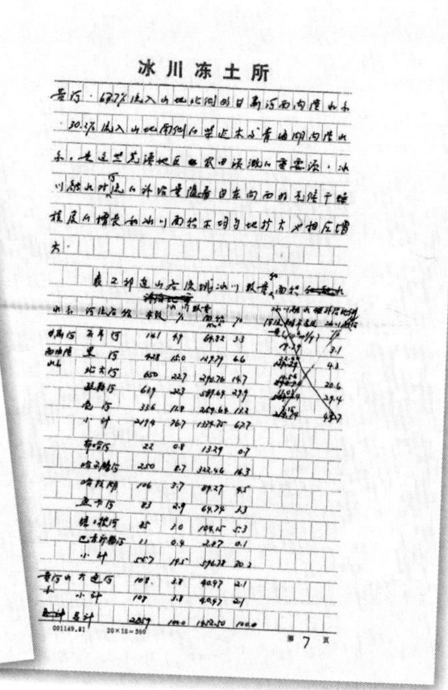

冰川冻土所

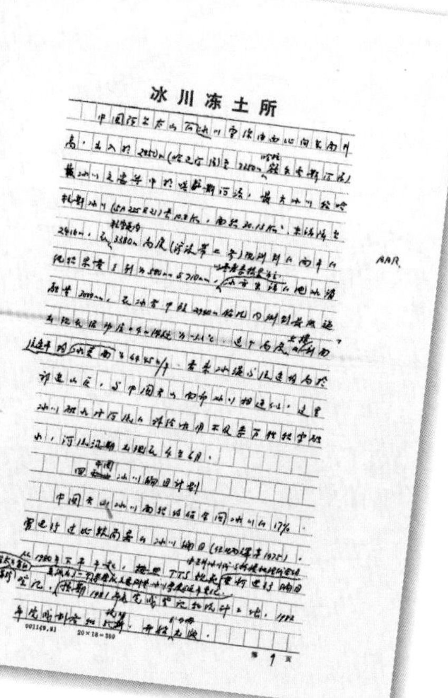

冰川冻土所

▲ 中国冰川编目的进展与问题

冰川冻土所

001149.81　20×18=360　第 10 页

冰川冻土所

001149.81　20×18=360　第 11 页

冰川冻土所

001149.81　20×18=360　第 12 页

▲　中国冰川编目的进展与问题

请张书记、王副院长核阅

[illegible]

上报 中国科学院 [illegible]

关于开展我国冰川目录编制工作的请示

中国科学院：

经国务院批准（1978科发外字1360号）我们参加国际水文计划委员会，负承担我国境内的冰川目录编制工作。

地球上的淡水，主要储存在冰川中，编制冰川目录是查明冰川资源和利用等工作的重要内容，按照国际水文委员会冰川编目的技术规范，编目内容包括对每一条冰川所属流域、名称、位置、雪线高度、冰川上下限和平均高度、冰川宽度、长度、厚度、冰储量等情况、冰川类型等十八种指标，相应的冰川分布图也需全部完成，冰川目录的各项数据均存入电子计算机中，应用方便。一个国家编制冰川目录的水平，标志着该国冰川研究工作的程度。目前世界上已有苏联、瑞士、奥地利、挪威等国完成了冰川编目，多数国家尚在进行中。

於一九七八年九月在瑞士举行的世界冰川目录讨论会上，我国代表表示在八十年代内完成全国冰川编目资料工作。我们[illegible]天山、祁连山和青藏高原的[illegible]

▲ 关于开展我国冰川目录编制的请示

▲　关于开展我国冰川目录编制的请示

坚持与创新完成的《中国冰川目录》

（为什么要编制冰川目录，详查冰川资源）

编制《中国冰川目录》就是详查中国的冰川资源。由于中国冰川都位置在高寒山区，人迹罕至，但冰雪融水流注比较干旱的[illegible]地就成为重要的灌溉水源。随着工农业发展，人口增长，雪山水资源[illegible]日益突出。毫不夸张的说，中国对冰川资源的详查，即冰川目录的编制，比世界上其他大国更为迫切。1958年，甘肃省领导大力支持中国科学院组织120多人，分7个队同时考察祁连山冰川，目的就是查明祁连山有多少冰川？有多少水资源量？人工制造冰雪消融条件如何？那次考察，历时4个多月，行程2500 km，跋山涉水，冒险攀登，实际考察了60多条冰川，连同部分山区航空像片判定的冰川共941条，初步估计冰川面积1149 km²，估计冰川储水量33亿m³。这与后来经过冰川目录编制统计的祁连山全部冰川2815条，总面积1931 km²，冰储量93 km³，相差甚远。多年实践经验证明，要查清冰川资源，一定要编制冰川目录。

20×20=400 第 1 页

▲ 坚持与创新完成的《中国冰川目录》

▲ 坚持与创新完成的《中国冰川目录》

▲ 坚持与创新完成的《中国冰川目录》

▲ 坚持与创新完成的《中国冰川目录》

冻土学研究的开创与学科建立

青藏高原是世界中低纬度多年冻土最发育的地区，在其上修建铁路、公路和厂矿等工程建筑都必须预防冻土的热融冻胀和各种不良物理地质现象的危害。施雅风为适应国家经济建设的需要，1960 年招来一批大学生，并请来了在莫斯科大学地质系冻土专业毕业的周幼吾和童伯良先生，组建了一支专业的冻土研究队伍，成立了冻土研究组，开创了我国冻土科学研究。

1960 ~ 1962 年，施雅风组织了青藏公路沿线冻土综合考察，查明了青藏公路沿线多年冻土分布、特征与成因，分工撰写论文 8 篇，于 1965 年出版了我国冻土科学研究史上第一部《青藏公路沿线冻土考察》论文集，结合当时实际需要，在祁连山木里地区和西藏土门格拉地区建立了冻土观测站。

施雅风在担任中国科学院兰州冰川冻土研究所所长期间，全力支持冻土科学研究的发展，组建冻土研究室，选派年轻人员到美国寒区研究和工程实验室深造，招收和培养冻土学科研究生，使他们都成为活跃在冻土科学研究国际前沿的生力军和赶超世界先进水平的重要科研力量，在青藏铁路建设中发挥了重要作用。在施雅风支持和努力下，使冻土科学研究从单一的区域冻土扩展到工程冻土、冻土物理力学和冻土热学，建立了世界一流的冻土工程国家重点实验室，引领我国冻土研究走向国际前沿。

1983 年施雅风率队出席了在美国阿拉斯加召开的第二届国际冻土大会，并代表中国代表团在大会开幕式上介绍了中国冻土研究现状。施雅风在报告中提到，1978 年中国第一届全国冻土会议收到论文 68 篇，到 1981 年第二届全国冻土会议，发表的论文已增加到 185 篇。会议期间，施雅风积极参与，代表中国与苏联、加拿大和美国代表团磋商，一起发起了成立国际冻土协会的倡议，使中国成为国际冻土协会的四个发起国之一。

施雅风从所长位置退下来以后，仍十分关注冰川冻土事业的发展。1991 年他在《中国科学院院刊》上发表了题为“冰冻圈与全球变化”的文章，全面论述了冰冻圈在全球变化研究中的重要作用，并指出了冰冻圈科学研究今后要努力的六个方面的重点工作。这篇文章具有明显的前瞻性，是指引中国冰冻圈科学研究的重要纲领性文件。

人们习惯称施雅风先生为“中国冰川学之父”，在这里我们称施雅风先生为“中国冰冻圈之父”更为贴切。

中国科学院高山冰雪利用研究队　　　　本文第 1 页

中国五年来的冰川学、冻土学与干旱区水文研究

——为纪念中国科学院高山冰雪利用研究队五周年作

施雅风

(中国科学院地理研究所冰川冻土研究室)

一

我国冰川学、冻土学与干旱区水文研究是三门紧密联系、互相渗透的学科。冰川学研究地表各种冰体(以冰川为主，包括积雪、河冰、湖冰、海冰、地下冰等)的生成、构造、性质、动态和作用。我国现代冰川和永久积雪分布于西北、西南高山地区，是宝贵的水利资源，具有天然水库的作用；其融水给养新疆北部、内蒙、东北和西藏等地的农业、牧业和交通都有相当影响；古冰川遗迹在西部和东部山地，广泛分布，影响着某些矿产的生成和水利设施。多年冻土分布于青藏高原、西北高山、内蒙及东北的北部，季节性冻土遍及长江以北地区。冻土地区的各种工程建筑(铁路、公路、机场、矿山、工厂、地下管道等)都必需注意冻土的热融沉陷以及各种不良物理地质现象的危害，采取防治措施。冰川与冻土都是极寒冷气候的产物，阐明它们的历史演变，又是研究我国自第三纪末期以来自然环境变迁的重要环节，富于理论意义。新疆、河西和柴达木等干旱区的河川地表和地下水都是全部或绝大部分依赖山区冰雪融水与降雨的补给，出山口后，又经过复杂的转化形式，而逐渐消失，因此，干旱区水文表现，一方面和高山冰川紧密联系，一方面地表水和地下水构成统一的整体，不同于湿润区的水文特征。在干旱区既有水就有农业，而西北区水少地多，透彻地掌握干旱区水资源的分布与变化规律，在西北地区的工农业生产发展上，无疑有重大作用。

总之冰川、冻土和干旱水文研究在生产实践和基本理论中都有很

30×25=750　　　　本期第　页

▲ 五年来的中国冰川学、冻土学和干旱区水文研究

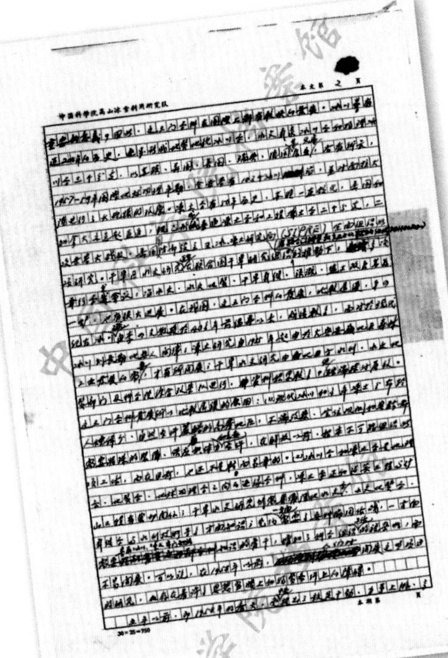

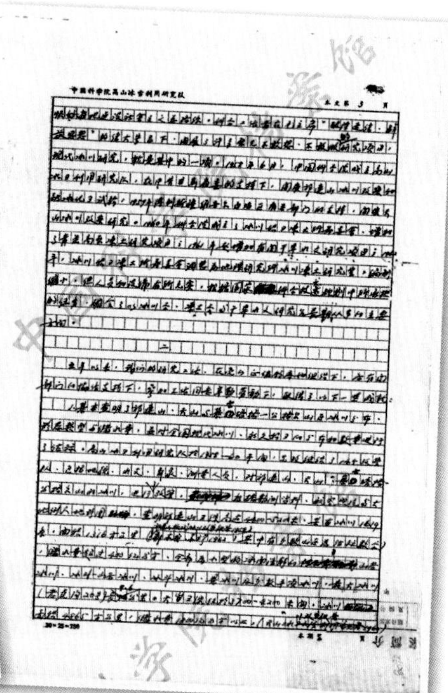

▲ 五年来的中国冰川学、冻土学和干旱区水文研究

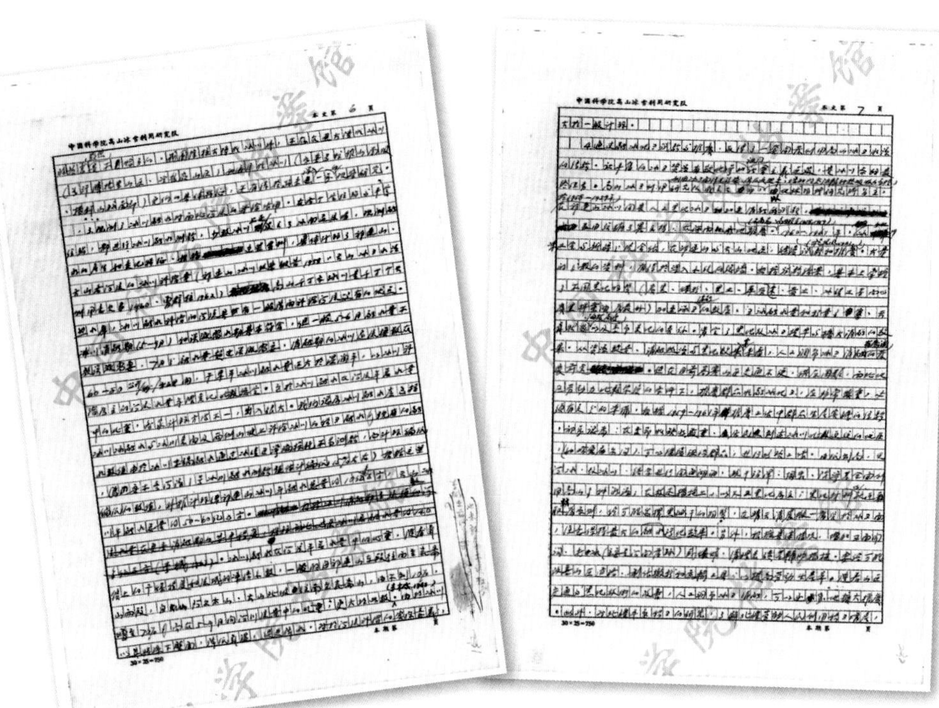

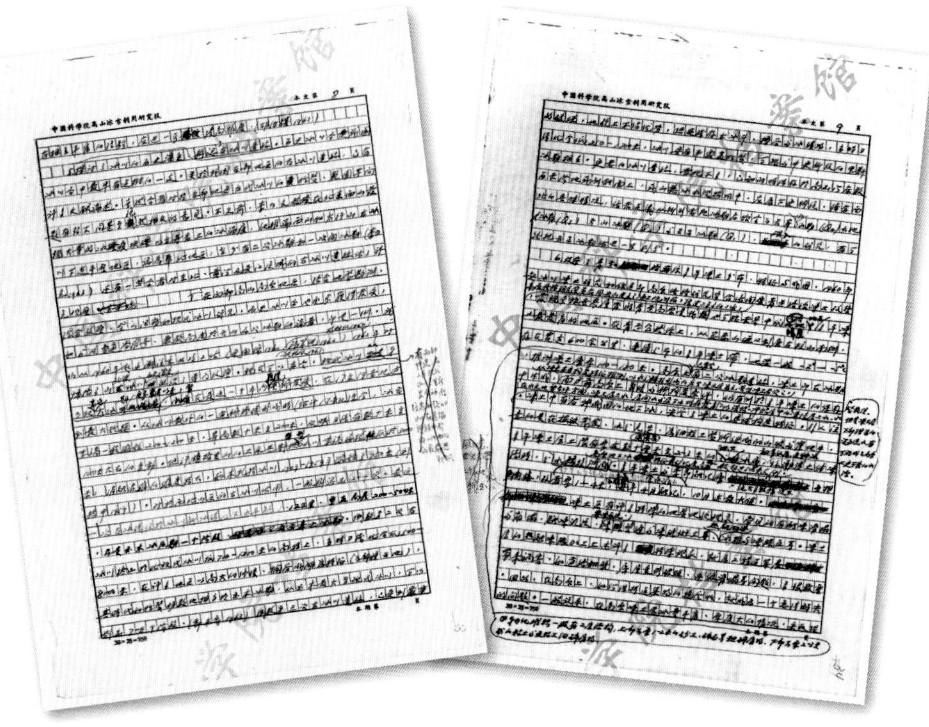

▲ 五年来的中国冰川学、冻土学和干旱区水文研究

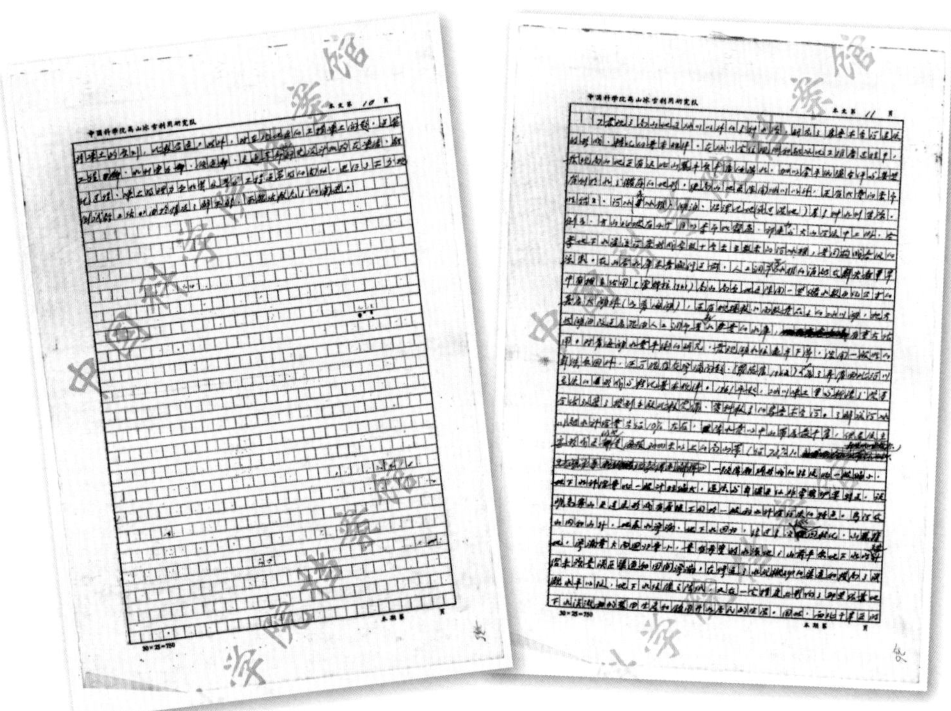

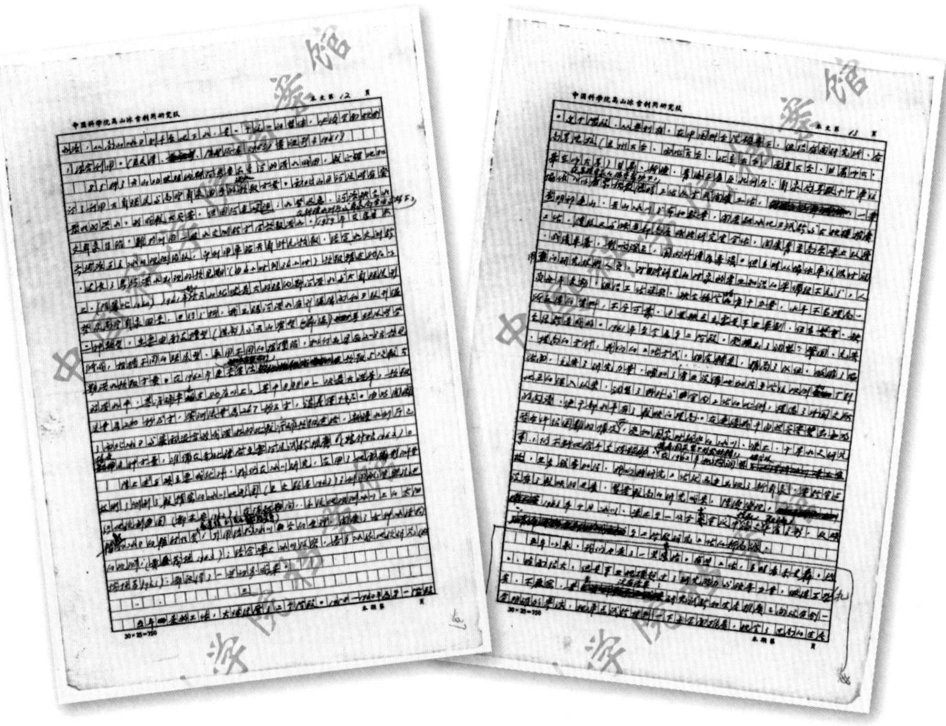

▲ 五年来的中国冰川学、冻土学和干旱区水文研究

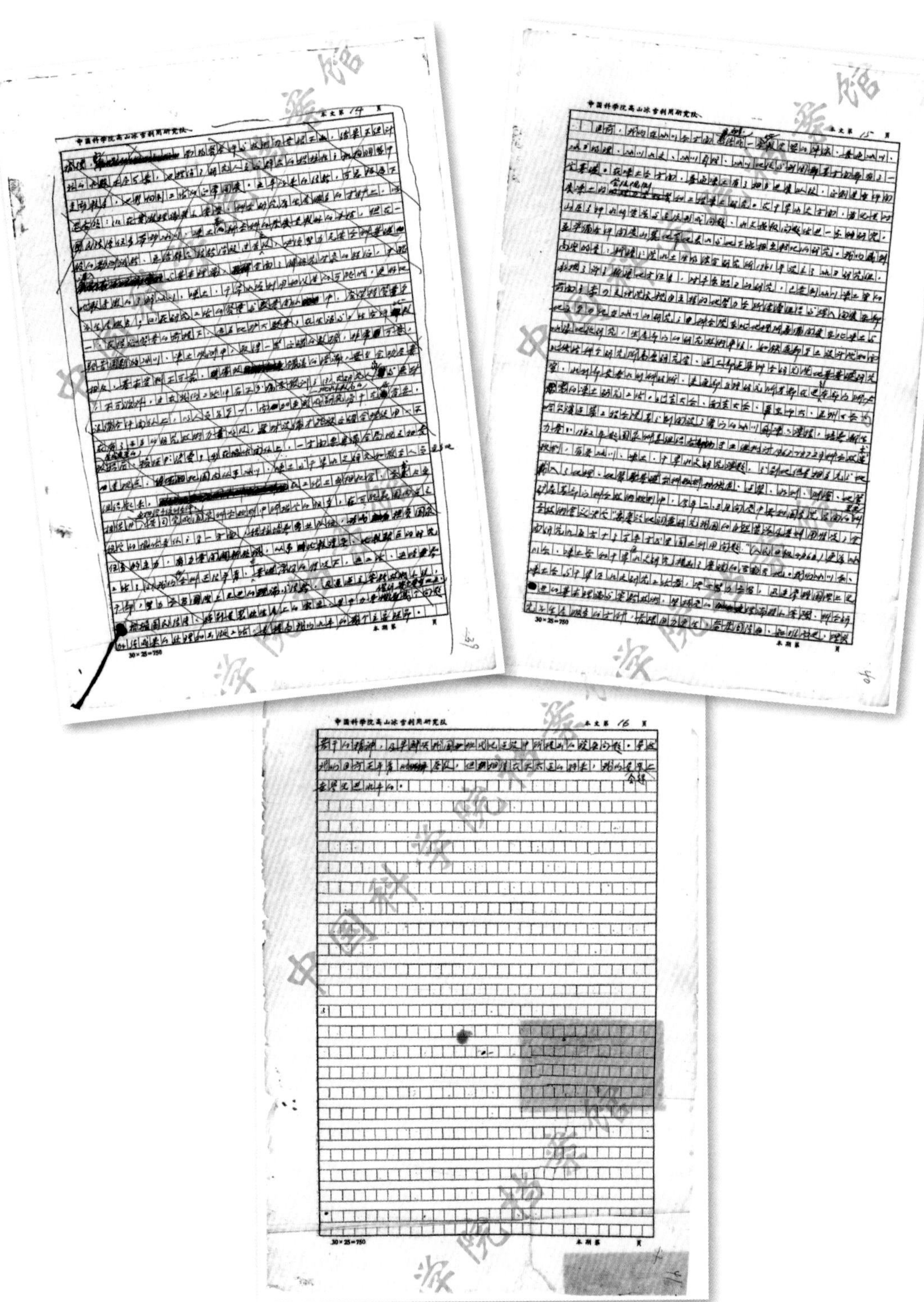

▲　五年来的中国冰川学、冻土学和干旱区水文研究

寒旱区水文学与应用研究

施雅风在开创冰川研究的同时，把寒旱区水文作为与其并列的学科方向，而冰川水文又是寒旱区水文学的主要研究内容。

在祁连山冰川考察和天山冰川积雪科学考察中，各分队站点大都进行冰川融水测验，观测冰川融水的形成及其变化特征。施雅风主编的《祁连山现代冰川考察报告》，在由其撰写的“综合篇”中，列有冰川融水观测、冰川融水变化规律、冰川融水量估算及其补给河流的比重等章节。在施雅风主编的《天山冰雪水资源利用意见书》中，根据多处冰川融水测验资料，估算天山冰川年融水量约 50×10^8 ~ 60×10^8 m^3。在乌鲁木齐河源 1 号冰川开展的深入和系统的观测研究，其成果总结出版了由施雅风主编的《天山乌鲁木齐河冰川与水文研究》，其中有冰川消融及其对乌鲁木齐河的补给作用、乌鲁木齐河水文特征和乌鲁木齐河流域地表水与地下水相互关系等章节。

20 世纪 80 年代初，为全国水资源现状综合评价研究的需要，中国科学院兰州冰川冻土研究所承担了其中的全面估算我国冰川融水资源数量与分布的任务。结合 1958 年以来野外考察、定位和半定位站的冰川、水文、气象等基本观测资料和中国冰川目录所提供的冰川数量，首次估算全国冰川融水径流量为 604×10^8 m^3。其系列研究成果汇集于杨针娘编著的《中国冰川水资源》一书和施雅风与杨针娘合作撰写的“中国冰川水资源估算及其对河流的作用”等论文中。

1984 年，施雅风主持中国科学院重点项目“乌鲁木齐河地区水资源若干问题研究”，冰川及其径流形成与估算等系列成果汇集于施雅风与多人合作编著的《柴窝堡 - 大坂城地区水资源与环境》《乌鲁木齐河山区水资源形成和估算》和《乌鲁木齐河流域水资源承载力及其合理利用》等四本著作中。该成果不仅为乌鲁木齐市缺水问题的解决作出了重要贡献，提出了乌鲁木齐河水资源供需矛盾的解决途径，还发展了冰川径流形成与模拟计算的理论水平，获得了中国科学院科技进步奖二等奖。

1987 ~ 1992 年，施雅风主持国家自然科学基金课题“气候变化对西北华北水资源影响及趋势研究”，对西北山区河川径流、冰川和积雪变化及其趋势进行了深入系统的研究，总结出版了《气候变化对西北华北水资源的影响》等专著，发表了“气候变化对西北干旱地区地表水资源的影响和未来趋势”等多篇论文，获得中国科学院自然科学奖一等奖。

中国科学院专项资助的高亚洲冰冻圈项目，对源于青藏高原的长江、黄河等河川径流及其变化进行了深入研究，其成果汇集于汤懋苍和程国栋等主编的《青藏高原近代气候变化及对环境的影响》专著和“气候变化对青藏高原大江河径流的影响”（赖祖铭，1996）等多篇论文中。

施雅风

打基础研究中的创新思维

——记1962年乌鲁木齐河冰川与水文研究

1.研究背景

1961年，全国性的经济和生活困难达到顶点。中央发布了"调整、巩固、充实、提高"八字方针和中国科学院制定全面贯彻的科学技术政策十四条，抛弃了大跃进阶段的多种错误做法。我作为改建的冰川冻土业务负责人（1962年定为地理所冰川冻土室主任），决心缩小机构，充实人员，提倡读书学习，建立实验室，经过一年多的工作。于1962年集中冰川研究大部分力量于天山冰川站开展乌鲁木齐河冰川与水文研究，其余力量的安排于青藏公路沿线考察。这一项目得到兰州大学地理系和新疆水土资源综合研究所（现为新疆生态地理所）和新疆水利厅的支持，着重于1号冰川的物理冰川的观测实验，并从冰川、气候、测图、地表水与地下水化学。这是一项打基础、培训人员的工作，要求参加者以苏联学者经验，以国际地球物理年观测方法为范例，按国际规范认真观测记录，形成文字总结。1963年，冰川冻土室召开学术讨论会，研究人员逐个

▲ 打基础研究中的创新思维

——记1962年乌鲁木齐河冰川与水文研究

▲ 打基础研究中的创新思维

——记 1962 年乌鲁木齐河冰川与水文研究

▲　打基础研究中的创新思维
——记 1962 年乌鲁木齐河冰川与水文研究

泥石流科学研究的开创与学科建立

1963年，西藏交通处总工程师徐先生提出，川藏公路有几处“冰川爆发”阻断交通，危害十分严重。施雅风等随即前往西藏东南部波密县境内古乡冰川爆发危害最严重处查看，闻说“冰川爆发”时峡口内烟尘扬起，山谷雷鸣，于是灰色稠泥浆挟带大小石块以至冰块以7 ~ 8m高的水头滚滚而下，小石块在泥浆中翻滚，大石块则如航船在泥浆上漂浮，至下游不远处停积，每次历时10 ~ 30分钟。施雅风认为，这是冰川融水冲击陡坡松软物质形成的泥石流，即撰写“西藏古乡地区的冰川泥石流”一文加以详细报道。次年施雅风又组队进行西藏古乡泥石流详细考察和深入研究。至此，施雅风开创的“泥石流”科学研究，已为我国地理学开拓了新的研究领域，为山区建设和人民生命财产安全作了重要贡献。

施雅风撰写的“西藏古乡地区的冰川泥石流”一文的报道和《泥石流》彩色科教电影的放映，引起全国干部和群众的广泛关注，也纷纷引来记者的采访。施雅风接受《人民日报》记者采访时，对泥石流形成条件、泥石流调查方法、泥石流危害及其防治措施作了简要通俗地论述，并指出山区建设必须注意泥石流的危害，向全国民众又一次普及了泥石流科学知识。

泥石流是一种包含大量土、沙、石块等松散固体物质的特殊洪流。我国西部地区特殊的地质地理环境、水热条件和脆弱的生态系统，为泥石流的形成和广泛分布提供了有利条件。川滇山区、四川盆地周边山区和陇南山地是我国大型暴雨泥石流分布区；祁连山、昆仑山和天山等山地是暴雨 - 冰雪消融混合型泥石流散布区；喜马拉雅山、念青唐古拉山和横断山是冰川泥石流密集分布区，也是我国泥石流爆发规模大、频率高、危害重的山区。例如，1953年古乡特大泥石流曾将$1.0 \times 10^7\ m^3$的泥沙石块搬至山外，瞬间形成面积达$3\ km^2$的巨型泥石流堆积扇，并堵断帕龙藏布，形成长5 km、宽1 km的大湖，淹没大片农田。

在山区修建铁路、公路和工厂等，首先要对所选择的区域进行地质、地貌和水文气象的详细调查，查阅历史文献和走访当地居民，确定历史上是否有泥石流发生。如果可能有泥石流发生，就必须采取防治措施。为解决成昆铁路线路的泥石流危害，1966年中国科学院成立了以施雅风为组长的西南山崩泥石流考察队。经过详细论证，提出维持原线路行进的方案，并结合泥石流特点修改设计。成昆铁路安全运行至今证明，这是一次泥石流考察和防治的成功范例。

中国科学院冰川冻土沙漠研究所专用稿紙

西南铁路建设指挥部、中共西昌地委、铁道部第二设计院、国家科委西南工作组、中国科学院支援西南、西北建设办公室：

兹将我队对西昌、泸沽间铁路建设中存在的泥石流问题的意见材料送上，（另外已向郭维城司令等领导同志口头汇报）请参考：

所附材料中的主要意见是：

1）成昆铁路走安宁河东岸，受到泥石流干扰，虽有一些麻烦和风险（主要是棒棒沟泥石流的淤积和停水沟的决堤改道），但问题不很大，勘测设计文件已经对这个问题给了较充分的考虑。而在其他方面（工程、经济和施工条件等）东岸线比西岸线有许多明显的优点，因此可以不必再考虑西岸方案。

2）建议铁路指挥部、西昌地委、西昌专区林业、水利等有关部门，统筹规划泥石流的治理（主要是造林防止冲沟、崩塌、滑坡的发展）及早动手，制止泥石流的发展。

20×20=400　第　頁

中国科学院冰川冻土沙漠研究所专用稿紙

……意见，详见附件。

西南山崩、泥石流考察队
队长　施雅风
副队长　唐邦兴
杜榕桓

……考察队、西昌专区水利局。

……西南局科委、中国科学院……冰川冻土沙漠所、西南地……

20×20=400　第　頁

▲ 给西南铁路指挥部等单位的函

③

秘密 中国科学院冰川冻土沙漠研究所专用稿紙

西昌附近铁路建设中的泥石流问题

中国科学院西南山崩、泥石流考察队

成昆铁路西昌泸沽段受到泥石流的干扰，线路迟迟未能确定。原来定测设计的路线是走安宁河东岸，但东岸泥石流比较活跃，加上其它一些因素，部分同志有改走西岸的考虑，现正对西岸进行勘测。但西岸也有明显缺点，隧道多而长，造价贵，跨越安宁河的大桥，对国防战备不利，施工困难，远离河东岸的居民点，对经济发展不利。在东岸还有上（黄山）中、下（黄河）几个比较方案，从避免泥石流危害来说，愈下愈好，从少占农田来说，愈上愈好。原来已选择中线作定测设计，最近为少占农田，又将线路分段，局部上移。

我们根据国家科委、西南铁路建设指挥部和第二设计院的指示，在二院四总队、二总队和泥石流战斗组的协助下，对泥石流危害较重的黄农河、里沙河、热水河、蒋家河、大塘河等进行了考察，参阅了有关文件，并和有关同

20×20=400　　第 1 頁

▲ 西昌附近铁路建设中的泥石流问题

中国科学院冰川冻土沙漠研究所专用稿紙

20×20=400　第 2 頁

中国科学院冰川冻土沙漠研究所专用稿紙

20×20=400　第 3 頁

中国科学院冰川冻土沙漠研究所专用稿紙

20×20=400　第 4 頁

中国科学院冰川冻土沙漠研究所专用稿紙

20×20=400　第 5 頁

▲　西昌附近铁路建设中的泥石流问题

中国科学院冰川冻土沙漠研究所专用稿紙

20×20=400 第 6 頁

中国科学院冰川冻土沙漠研究所专用稿紙

20×20=400 第 7 頁

中国科学院冰川冻土沙漠研究所专用稿紙

20×20=400 第 8 頁

中国科学院冰川冻土沙漠研究所专用稿紙

20×20=400 第 9 頁

▲ 西昌附近铁路建设中的泥石流问题

中国科学院冰川冻土沙漠研究所专用稿紙

中国科学院冰川冻土沙漠研究所专用稿紙

中国科学院冰川冻土沙漠研究所专用稿紙

中国科学院冰川冻土沙漠研究所专用稿紙

▲ 西昌附近铁路建设中的泥石流问题

(16)

中国科学院冰川冻土沙漠研究所专用稿紙

全过去，热水河1957年造成的稀性泥石流，截收河1964年的泥石流，黑沙河1964年的洪水都造成较大损失；为历史记录中所罕见。泥石流产生因素的可变性很大，我们在目前不但不能肯定不再产生如过去发生过的最大泥石流。相反，在各种不利因素（大地震、大崩塌、久雨、暴雨）的结合下，有可能产生比前规模为大、稀有的泥石流。这样，从最坏处着想，有备无患，对铁路建设更有利些。

从泥石流形成区的地貌、地质条件分析，截收、黑沙、碌农、大坝等河中上游崩塌滑坡发育地区，相对高差为200—300米，河床纵比降在50—100‰间，谷底一般比较宽阔，集水面积较小（3.87—16.6平方公里），比较东河上游大滑坡阻塞河谷处的具体环境，我们认为上述一些泥石流沟不可能产生东河上游大滑坡阻塞河谷的泥石流那样规模的情况。这因为：(1)从现有条件判断，上述河谷的滑坡、崩塌等所形成的阻塞坝高不可能超过30米，而东河大滑坡的高坝达70米，上述30米阻塞坝的蓄水因受河床比降的限制，

第 14 页

20×20=400

(17)

中国科学院冰川冻土沙漠研究所专用稿紙

水量不过三、四十万方，上游集水面积又很小，即使暴雨溃决，形成的祸害也赶不上东河那样规模。东河滑坡坝，在5月26日晚12时所产生的粘性泥石流的流程为1—2公里，但稀性泥石流和洪水可流行17公里直到西昌城下。

热水河的情况比较特殊，流域面积大（167.5方公里），有众多的泥石流支沟，储备物质丰富，如暴雨中心在热水河中上游，各支沟同时爆发泥石流，有可能产生比较1957年为大的流量，泥石流的严重程度在各泥石流沟中占第一位，或者可以和东河相比较。

在将来风险中，可以把洪水、粘性泥石流、稀性泥石流分开考虑。

(1)洪水　勘测设计文件已经作了百年一遇洪水的计算考虑，截收、黑沙、碌农各河考虑都比较充分。和黑沙河相比（流域面积15.71方公里、百年一遇流量312秒公方），热水河流域面积大10倍（167.5方公里），百年一遇设计流量大3—4倍，是否偏小一些，请考虑。

(2)粘性泥石流，虽然具有很大破坏力，但

20×20=400

第 15 页

(18)

中国科学院冰川冻土沙漠研究所专用稿紙

不论哪条河流，即使发生比过去较大规模为大的泥石流，都不可能冲到铁路线上。因此，设计中粘性泥石流的可以不考虑（过去也没有考虑）。

(3)稀性泥石流会造成对铁路线有所干扰，勘测设计文件中对它也作了分析研究，特别是流量的计算和沉积速度的调查勘测。根据洪水和泥石流互相联系，洪水的风险较大，泥石流的风险较小。

第 16 页

20×20=400

(19)

中国科学院冰川冻土沙漠研究所专用稿紙

四、从泥石流角度评价铁路方案

综上所述，从泥石流角度评价铁路方案，我们认为：泥石流在热水河等线路带来一定麻烦和风险（主要是流水及堵塞），但不是很严重的，过去的定测设计方案中桥梁布置（桥孔、净空和跨度）已经注意到这个问题，作了相当安全的考虑，可以不必再考虑西岸方案。

最近西工院根据定测设计中的线路部分上桥了一段路线，上桥方案铁路线可以不受粘性泥石流的冲击，但因河床淤积速度向上游增加的关系，就有可能减少桥的使用年限，也增加了稀性泥石流的干扰程度。因此，我们对以下一些具体问题，提出意见如下：

1.碌农河，定测线路所经河床30年淤高2.4米，平均每年8厘米，上移线路所经河床，估计每年9厘米，近铁桥位置多下移，净空高达8米。并从目前是否刻出口堤防（允许过水，不过砂石）。

2.黑沙河，据泥石流线及堆积区所反映，

20×20=400

第 17 页

▲　西昌附近铁路建设中的泥石流问题

▲　西昌附近铁路建设中的泥石流问题

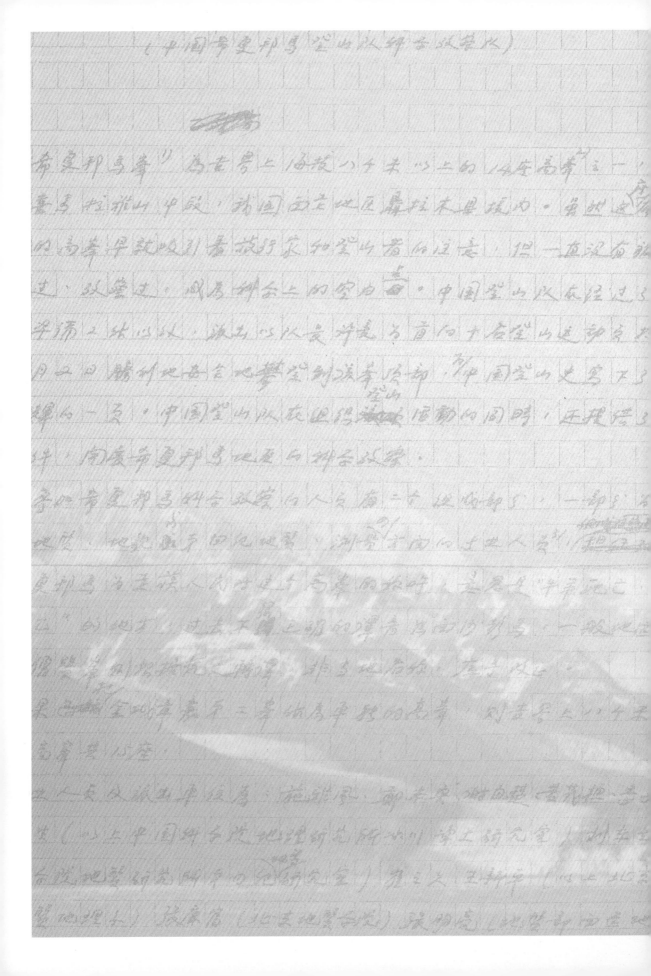

（中国希夏邦马登山队科学考察队）

希夏邦马峰为世界上海拔八千米以上的14座高峰之一，
位于喜马拉雅山中段，我国西藏自治区聂拉木县境内。虽然这
的高峰早就吸引着旅行家和登山者的注意，但一直没有被
过、考察过，成为科学上的空白点。中国登山队在经过
学调查工作以后，派出以队长许竞为首的十名登山运动员
月2日胜利地安全地登到该峰顶部，为中国登山史写下
辉的一页。中国登山队在组织登山活动的同时，还组织了
队，开展希夏邦马地区的科学考察。
参加希夏邦马科学考察的人员有二十几位同志，一部分

第二部分

科学活动

改革开放迎来了科学的春天，施雅风以强烈的使命感致力发展他开创的冰川冻土科学研究事业，大力开展卓有成效的科学活动和组织管理工作。他组织科技人员学习英语，特将高仁恩先生调入所内教授英语；选择一批青年科技人员到国外著名学府或研究机构深造；招收培养研究生，姚檀栋院士成为他第一个博士生，为冰冻圈科学研究的发展造就了一批科研骨干、院士和学术界的高层领导，也同时整体提高了冰川学和冻土学研究水平。

1978 年施雅风组团参加在瑞士举行的国际冰川目录工作会议，介绍中国冰川考察研究的进展，顺访了解瑞士、法国和英国的冰川研究情况。随后邀请加拿大著名冰川学者 W.S.B. 佩特森系统讲授冰川物理学；聘请英国著名地貌学家 E. 德比希尔讲授地貌学和沉积学；邀请国际冰川协会在日本国际雪冰学术会议后的全体西方学者参观访问中国科学院兰州冰川冻土研究所和天山冰川观测研究站；开展中日青藏高原冰川合作研究和天山博拉达冰川合作考察、中美青藏高原冰芯合作研究，从而打开了中国冰川学与国际合作研究和学术交流的大门。

施雅风在开创冰川考察的同时，结合实际服务国家需求，积极开展冰雪水资源研究与利用，大力开展泥石流和冰雪灾害的研究与防治；为适应国民经济发展的水资源需求，组建水文研究室，积极开展寒旱区水资源研究与开发利用；组建遥感研究室，利用卫星遥感及地理信息系统等新技术手段，开展冰川、冻土、积雪监测与应用研究；组建冰芯与寒区环境实验室，积极开展冰川、气候与环境综合研究，开辟了环境冰川学研究方向；选派科技人员赴南极考察研究，开辟了南极冰盖研究新领域；为青藏铁路修建等开展工程冻土、冻土物理力学和冻土热学研究，推动冻土工程国家重点实验室建设。在施雅风主持冰川冻土研究所工作期间，建成了门类齐全的、在国内外有重要影响的冰川学和冻土学研究体系，引领我国冰川和冻土研究走向国际前沿。

1978 年，施雅风创办《冰川冻土》期刊并担任主编，刊登他与谢自楚、李吉均等合作撰写的“访问欧洲三国所见国际冰川学研究现状”一文，为展示冰川冻土研究成果和国际学术交流搭建了平台。

学科规划与科研计划、学术报告与科学普及是施雅风生平科学活动的重要组成部分。我们将其节选出来，借以颂扬他为我国冰冻圈科学事业开拓创新、协力奋进的科学精神。

学科规划与科研计划

科研计划的编制和实施，是科研管理部门和科研项目负责人的主要工作之一，是科研管理工作的中心环节，也是取得创新性研究成果最重要的步骤，贯穿于科研管理工作的全过程。

施雅风非常重视科研计划的编制，在获得科学任务和科研项目时，就着手编制科研计划。科研计划包括科研项目计划和相应的科研条件计划。科研项目计划是多学科和多专业的集合体，因而要将其拆分为若干支课题。编制科研项目计划首先要广泛参阅国内外文献，了解相关科研项目的进展情况和不足之处，寻找出尚待深入研究的和尚需突破的方面。编制科研项目计划，重要的是提出科研项目拟要完成的整体的或局部的指标和将要获得的科研成果。为完成科研项目所拟指标，必须制定严谨的科学方法，布设观测网点或实验项目，并据此选配相关专业的科技人员，规范分阶段完成的观测时间和总结的时间安排。在编制科研项目计划的同时，还需编制科研条件计划，主要包括科研项目所需的仪器设备、经费、交通医疗和通信等方面，以保证科研项目计划的实施和科研任务的完成。

施雅风参加 1956 年全国第一次科学技术长远规划的编制，担任地学组秘书。在地理科学的 57 项任务中，主要参与撰写第一项“中国自然区划与经济区划和地理学科规划”。此后，施雅风担任高山冰雪利用研究队队长、中国科学院地理研究所冰川冻土研究室主任和中国科学院兰州冰川冻土研究所所长等领导职务，并担任祁连山、天山、希夏邦马峰、珠穆朗玛峰和巴托拉冰川等科学考察队队长，组织领导中国冰川编目和中国东部山地第四纪冰川作用及其地貌过程考察，主持“中国气候与海平面变化及其趋势和影响研究”“乌鲁木齐地区水资源若干问题研究”和“青藏高原晚新生代以来环境变化”等重大科研项目，都为其编制过学科发展规划或科研计划。其中，施雅风编制的“1975 年 5 ~ 12 月巴托拉冰川技术组业务计划书”，在明确拟要完成的各项指标和任务的同时，就提出了用波动冰量平衡计算与传统的冰川末端流速衰减相结合的方法预测巴托拉冰川近期变化，取得了原始创新的冰川研究成果。1962 年在兰州成立了中国科学院地理研究所冰川冻土室，时任室主任的施雅风先生，为全面开展冰川和冻土研究，主持编制了 1963 ~ 1972 年学科发展规划，所提出的八个方面的研究内容，为冰川冻土学健康发展指明了方向和奠定了坚实的基础。

进一步开发祁连山水资源的意见

根据两年来祁连山冰川考察研究和总结群众性融冰化雪经验的基础上，施雅风以“中国科学院高山冰雪利用研究队”的名义，向甘肃省委汇报祁连山融冰化雪情况，并提出全面开发祁连山水资源的意见。

实现中央和省委提出的在河西建立粮棉基地，现有的地表径流和地下水的总计水量，不能满足扩大灌溉的耕地面积的需求，向祁连山区找水是一条根本途径。

根据两年来的祁连山冰川考察，初步查明祁连山有冰川面积 1 300 km^2，储水量约为 400×10^8 m^3。其蒸发损失只有平原水库的十分之一，又有调节多年河川径流量的作用，是可作为主要利用的水资源。此外，还有河冰锥、山麓地带岩屑锥和冲积扇中出露的泉水，以及高山冻土作用区的湖沼等都可作为全面开发利用的水资源。

中国科学院高山冰雪利用研究队进行人工调节冰雪消融试验，并在指导和总结群众性融冰化雪经验的基础上，从单纯黑化冰雪表面，发展到冰雪面开沟、爆破和飞机撒粉等；在人工调节冰雪消融方面，不仅在缺水的 5 ~ 6 月人工促进冰雪消融，又要在丰水的 7 ~ 8 月人工抑制冰雪消融，并用人工降水方法增加冰雪积累，保证不断的扩大水源。

抑制蒸发在节约径流损失上有重大意义，如在水面撒播减少蒸发的化学物质和修建地下水库等；防治渗漏的水利工程和地下水勘测工作同时进行；开发高山水资源和节约用水并举。

科学工作者要利用航空像片，并结合科学考察成果，编制祁连山区水资源分布图，编写祁连山冰雪水资源利用指南和规划，指导河西地区干部和群众全面合理利用祁连山水利资源。

该手稿是施雅风为科学综合利用祁连山水资源制定的较长远的规划，虽然有些水资源利用措施未能实现，但其指导编制规划的科学思想和科学方法值得我们借鉴。

主报：中共甘肃省委

抄报：国家科委党组　　　　抄送：中共张掖地委
中国科学院党组
兰州分院党委

年　月　日1.

祁连山融冰化雪情况与进一步开发高山冰雪水利资源解决河西开荒水源的意见

中共甘肃省委：

实现中央和省委提出的在河西走廊建设稳产基地，及近几年内开荒四千万亩伟大任务的关键之一，在于找到充足的水源，保证迅速扩大灌溉面积。河西现有地面迳流量约88亿方，地下水动储量约35亿方。全部开发，利用率以70%计，每亩需水以400方计，只能解决2150万亩耕地用水，尚缺一半左右。从外区大量引水，实现南水北调的宏伟理想，至少是十年以后的事，缓不济急。除了进一步勘测地下水源，从节约用水计，向祁连山区找水是一项根本途径。因为河西本身降水，不足以形成迳流，不论河西的地面水和地下水都来自祁连山区。

我队自1958年开展祁连山冰雪资源的考察和利用研究以来，在省委和中国科学院的正确领导下，水利、气象部门和高等院校的协作支持下，基本查明了祁连山冰川的分布和特征和冰川储量，1959年开始推广融冰化雪，并协助张掖专署，指导和组织1700人上山，取得了5-6月间增加冰雪融水1900余万方的成就。今年响应省委全党全民找水的号召，组织水文、气象、冰川、爆破等技术干部40余人与一批

▲　上报甘肃省委：祁连山融冰化雪情况与进一步开发高山冰雪水利资源的意见

▲ 上报甘肃省委：祁连山融冰化雪情况与进一步开发高山冰雪水利资源的意见

▲ 上报甘肃省委：祁连山融冰化雪情况与进一步开发高山冰雪水利资源的意见

冰川学科发展规划意见书

1962 年中国科学院决定成立地理研究所冰川冻土研究室，任命施雅风为室主任，主持开展较深入的乌鲁木齐河冰川与水文研究。为全面开展冰川冻土研究，施雅风主持编制了 1963 ～ 1972 年学科发展规划。

冰川学是一门有相当历史但又很年轻的学科，他研究积聚在地球表面上的包括高山冰川、两极冰盖、冻土和积雪等在内的各种冰体。国际上冰川研究已有 200 多年的历史，而我国从李四光先生东部第四纪冰川研究算起才有 30 年，现代冰川系统研究开始于 1958 年的祁连山冰川考察，其后又对天山、东帕米尔进行冰川考察，研究方法和手段又很落后，基本处于启蒙和开创阶段，落后于国际研究水平。中国是冰川大国，在西北内陆干旱区和西南高山区，冰川又是重要的水利和水力资源，深入全面的冰川研究是一项更为迫切的任务。为此，施雅风在规划意见书中提出拟要开展的 8 个方面的冰川学研究内容：①现代冰川的特征、分布规律及其形成条件的研究；②冰川水、热平衡和物质平衡的观测研究；③各种冰体结构、成冰变化过程及物理力学性质的研究；④季节积雪的分布规律及其变化研究；⑤冰川地质作用和高山地貌发展过程研究；⑥冰川发育历史、第四纪冰川与环境研究；⑦开展冰川泥石流和冰川洪水研究；⑧冰川观测仪器的创新研究和相邻科学的地面立体摄影测量，物探和孢粉分析等方法在冰川冻土研究中的应用。

为了完成上述科研任务，施雅风在规划建议书中提出了建立全国高山冰川气候水文观测网，筹建冰川冻土低温实验室，开展与高校、生产部门协作研究等措施。

施雅风所规划的冰川冻土研究宏图，虽然在文化大革命中受到部分影响，但其后在施雅风和三代科技人员的不懈努力下，现已建成享誉国内外的冰川冻土研究机构，在冰冻圈科学等许多方面取得了系列杰出的研究成果。

[illegible]

中国科学院地理研究所　　　　本文第 1 頁

冰川学研究规划意见书（草稿）

施雅风（中国科学院冰川冻土研究所）

一、学科对象、内容和意义

冰川学是一门有相当历史但又较年青的学科，它研究地球表面上的各种冰体，以高山和两极的冰川为主，包括积雪、河冰、湖冰、海冰、地下冰等；它是自然地理学、地球物理学和地质学之间的边缘学科，同气象学、水文学、冻土学、地貌学以及第四纪地质学的关系最为密切。现代理论冰川学已形成三个重要的分支：(1)物理冰川学（研究冰的内部过程、物理性质和结构）(2)水文气象冰川学（研究冰和大气的相互作用）(3)地质地貌冰川学（研究冰与地壳的相互作用）。

我国现代冰川分布于西北高山、青藏高原和四川、云南西部山地。古冰川遗迹见于东北、华北、华中一直到广西和贵州。季节性积雪主要在东北、内蒙、华北和新疆北部。河冰、湖冰、地下冰等广泛分布于高山及寒冷地区。

发展冰川学的理论和实践意义在于：(1)冰川变化是阐明第四纪以来自然历史演变（关于冰期划分及古时气候、水文、地貌、地层等问题）并预测将来变化的关键性理论问题之一；(2)在干旱区和西南山区，现代冰川是重要的水利水力资源，影响水文变化的重要因素，人工控制冰雪消融目前还不经济，但肯定是有效的，将来必须发展的；(3)利用积雪对土壤水分、温度的作用，可以提高农作物的收获量，积雪对交通和牧业起到有利和不利影响；(4)寒冷地区地面和地下水分由液态到固态的转化影响地基变形和承载能力，成为各种工程建筑必须考虑的因素，这部分的研究工作和冻土学交错；(5)西藏南部的川藏公路和準备修建的中国—尼泊尔公路受到冰川泥石流的严重危害，跨越天山的公路也受到冰川阻碍，需要研究控制克服的办法。(6)[illegible]河流冬季结冰对交通发生有利的和不利的影响，黄河在

30×25=750　　　　本期第　　頁

▲ 冰川学研究规划意见书

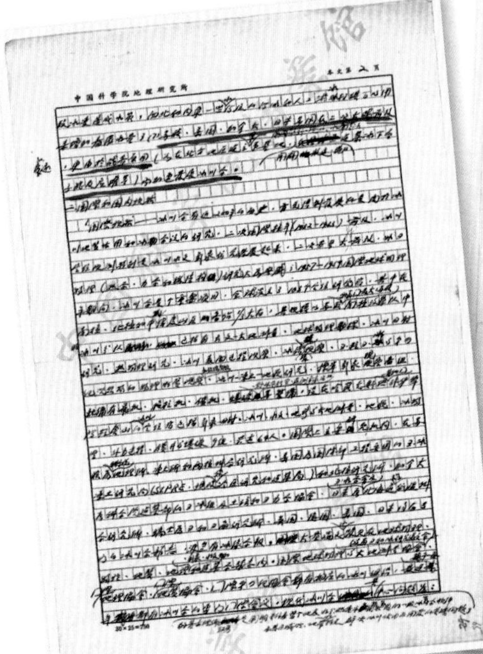

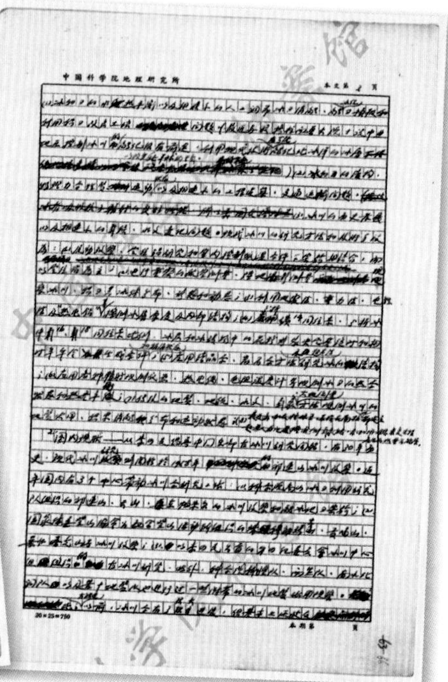

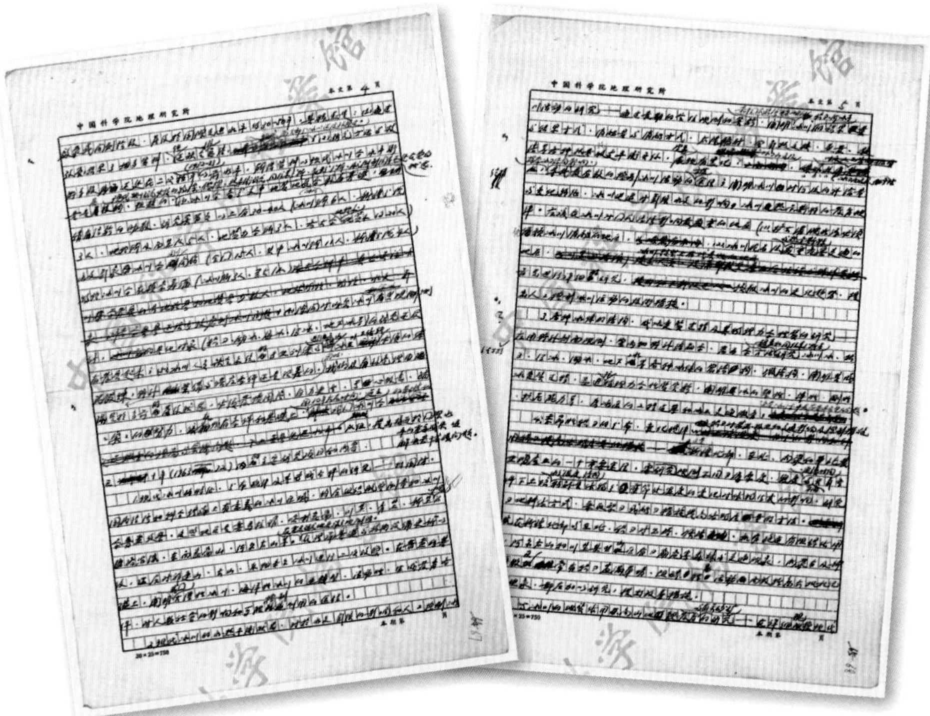

▲ 冰川学研究规划意见书

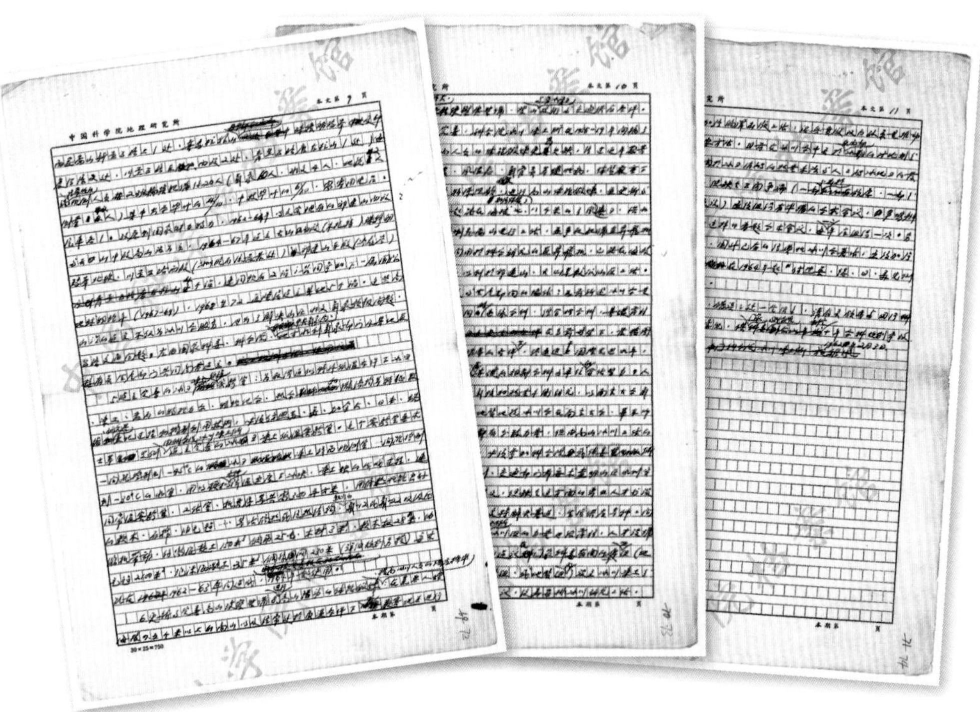

▲　冰川学研究规划意见书

祁连山区冰雪水利资源研究与利用规划意见书

1963 年，甘肃省又为新成立的冰川冻土研究室下达了河西石羊河水资源考察任务，为全面合理利用祁连山冰雪水利资源，保证河西粮棉基地建设所需用水，施雅风主持编制了“祁连山区冰雪水利资源研究与利用规划意见书”。

祁连山是河西的水源地，山区降水丰富，多年出山径流超过 $70\times10^8\,m^3$，但远不能满足河西扩大耕地面积的水资源需求。与河西走廊毗邻的祁连山北坡，发育有冰川 $892\times10^8\,km^2$，储水量约 $280\times10^8\,m^3$，此外，还有积雪、河冰锥和泉水等水利资源，摸清这些资源数量及分布、形成条件和转化规律，采取多种措施和试验研究，寻找出增加出山径流扩大水源的有效方法，是本区水资源合理利用的基础性工作。

“规划意见书”对祁连山河西地区水资源的综合考察分阶段进行；1963 ~ 1964 年完成石羊河上游山区的水资源考察；1965 ~ 1967 年进行疏勒河（包括党河）上游水资源考察；1968 ~ 1970 年进行黑河（包括北大河）上游水资源考察。

为有效利用祁连山水资源，大力加强科学试验研究，主要有以下方面：在祁连山老虎沟和西营河上游设站，进行冰川、水文、气象的定位观测研究；人工控制冰川消融研究，布设热量平衡观测，寻找缺水季节促进冰雪消融和丰水季节抑制冰雪消融的有效技术措施；开展山区人工降水的试验研究；水文、气候变化规律与超长期预报研究；湖泊、沼泽和坡地排水试验研究。

“规划意见书”中，为完成上述考察任务和科学试验所需条件、仪器设备和经费等都逐一进行了申报和安排。

“祁连山区冰雪水利资源研究与利用规划意见书”是一部生产任务和科学试验相结合的规划，对祁连山区水利资源全面、合理、有效利用至今仍有重要的参考价值。

附件：请王局长阅[illegible]

（报告5页）明早修改一下后交本厅送水利厅[illegible]

祁连山区冰雪水利资源研究和利用规划意见

一、任务和目的

祁连山是河西的水源地，山区降水丰富，温度低，蒸发弱，每年平均出山径流量约达72.5亿立方，山区还有大量的冰川储存，冰川和积雪面积仅[illegible]达892平方公里，储水量约2805亿立方。另外还有河水、泉水、湖泊、沼泽、地下潜水等多种水利资源。摸清这些资源的分布与数量，研究其变化规律，采取各种措施，有可能大量增加出山径流量，为河西水利开发的一个重要方面。目前河西普遍存在5、6月份春旱缺水，提高与有效地利用河水，打眼方法，[illegible]，可以部分适度地区增加早期水源。为了实现中央、西北局和省委建设河西伟大任务，在大力[illegible]河西[illegible]水利管理[illegible]粮棉基地的

▲ 祁连山区冰雪水利资源研究和利用规划意见

▲ 祁连山区冰雪水利资源研究和利用规划意见

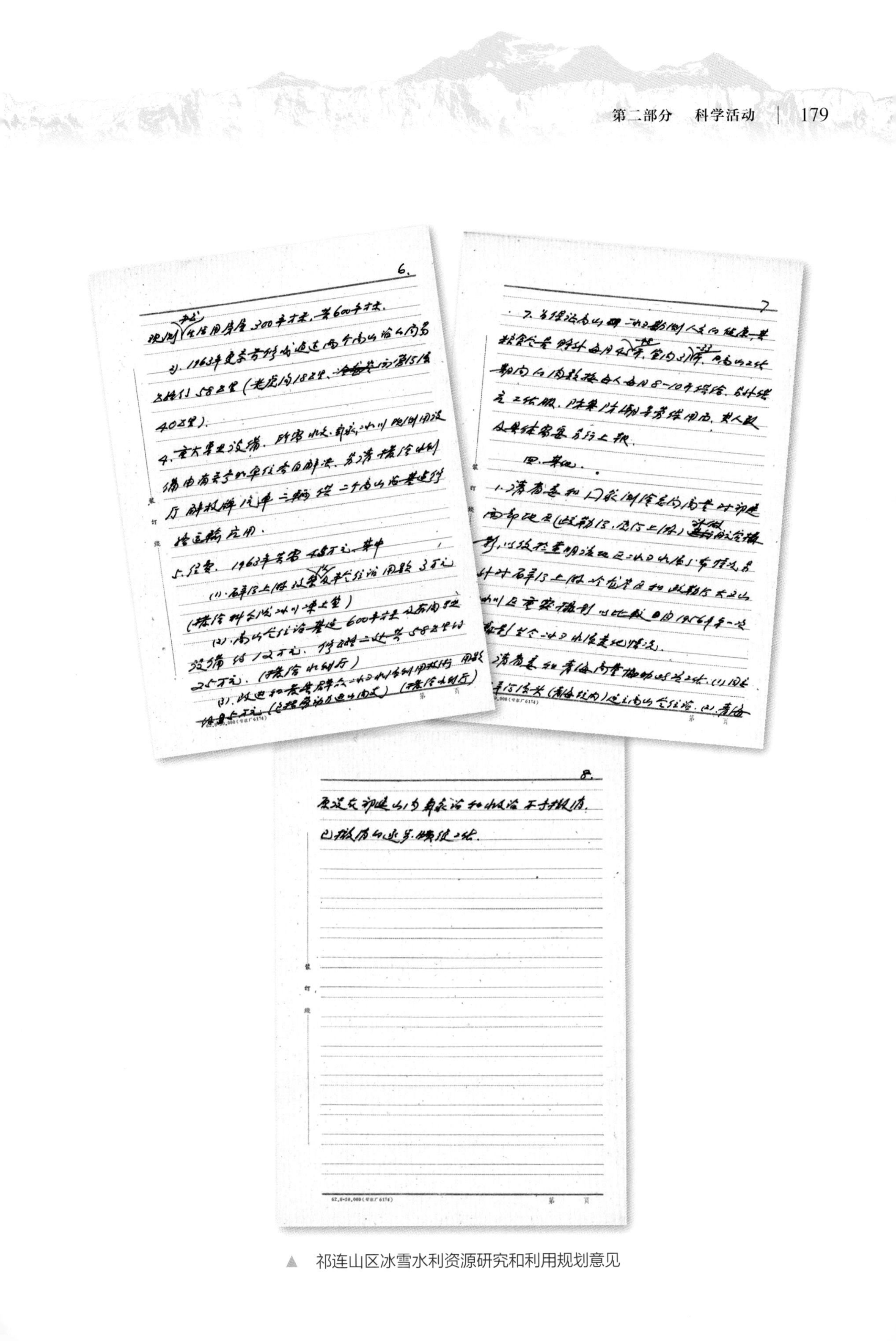

▲　祁连山区冰雪水利资源研究和利用规划意见

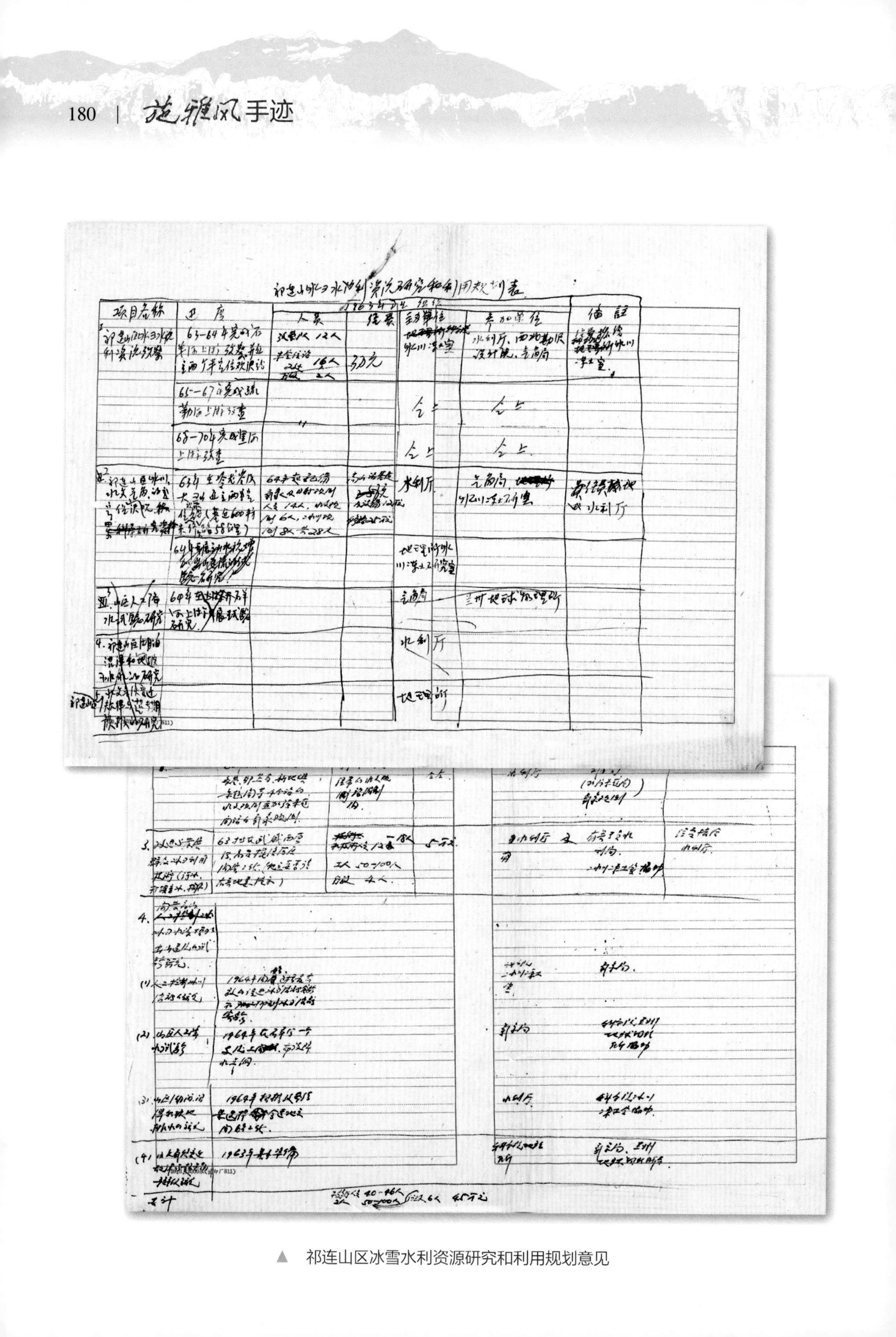

祁连山冰雪水利资源研究和利用规划表

▲ 祁连山区冰雪水利资源研究和利用规划意见

1975 年 5 ～ 12 月巴托拉冰川技术组业务计划书

1974 年年初，国家交通部、外经部和中国人民解放军总后勤部联合下达任务，要求中国科学院兰州冰川冻土沙漠研究所组建冰川考察组，以两年的时间摸清巴基斯坦境内喀喇昆仑山巴托拉冰川运动变化特征，提出中巴公路修复方案。施雅风奉命组队，于 1974 年 4 月进入巴托拉冰川区，开展对巴托拉冰川及其融水径流为期两年的考察研究。1975 年是巴托拉冰川考察研究决定性一年，在总结 1974 年业务工作的基础上，施雅风拟定了“1975 年 5 ～ 12 月巴托拉冰川技术组业务计划书”。

业务计划书首先提出了巴托拉冰川考察所要完成的指标：①冰川前进对中巴公路的影响，提出 20 世纪内定量预测和 21 世纪趋势预测，为中巴公路修复方案提供科学依据；②提出巴托拉河大桥设计所必须的最大洪水量及河道变迁等有关资料；③完成巴托拉冰川上游的测量和制图工作。

为完成计划书中所拟指标，制定了严谨的科学方法。为应对冰川进退预测，以冰川下段运动、消融、厚度相结合的动态平衡法为主，进行冰川近期变化的定量预测，辅以历史气候相关法，预估较长期的冰川变化趋势；为设计最大洪水流量，用邻近河流的流量相关法、洪水调查分析、气象要素相关三种方法相互验证。

巴托拉冰川考察的业务工作由冰川、测绘和水文气象三个业务组完成，并明确制定各业务组负责的项目和参加的项目。对冰川运动速度测量、冰川消融观测、重力厚度测量、水文观测和最大洪水流量计算、河道变迁、气象观测和气候变化情况、测绘等项目的任务、观测次数和完成时间都作了明确规定。

业务计划书拟定的各项指标和任务都按期完成，考察组详细、重复观测冰川运动、消融、以重力法测定冰川厚度，创造波动冰量平衡计算方法与传统的冰川末端流速衰减法相结合，成功定量预测了冰川近期的前进值；应用洪水痕迹调查，气温流量相关等方法估算百年一遇的巴托拉冰川最大洪水量，为中巴公路修复方案提供了可靠的科学依据。

1975年5～12月巴托拉冰川技术组业务计划

巴托拉冰川技术组于1975年5月上旬，在前解放、认真学习无产阶级专政理论，学习实践论、矛盾论，传达了中央援巴领导小组会议和[illegible]会议精神，总结了去年的工作，大家讨论，大讲形势，促进团结，鼓干劲，一致认为今年是巴托拉冰川考察决定性的一年，根据二年的观测资料确定今后数十年内冰川变化是目前的（不考虑特殊的冰川化8年时间[illegible]冰川[illegible]前进的预测）[illegible]我们在毛主席革命路线指引下，[illegible]学习古原人以两论创史，用两论[illegible]进的精神，[illegible]不怕苦，不怕死，又不[illegible]时间，不增加人员的前提下，今年底坚决完成肯定的考察任务，[illegible]提供巴托拉段公路[illegible]桥梁修复设计的根据。

一、指标：

1. 关于冰川前进对公路桥梁的影响，提出廿一世纪内变化预测和廿一世纪一段时期预测，以为确定在北岸还是南岸修复路线的根据。

2. 关于冰川洪水，提出巴托拉桥设计所需要的最大洪水流量与其它参考资料。

▲ 1975 年 5 ～ 12 月巴托拉冰川技术组业务计划

▲　1975 年 5 ～ 12 月巴托拉冰川技术组业务计划

▲ 1975 年 5 ～ 12 月巴托拉冰川技术组业务计划

青藏项目计划书与中期评估

1992 ~ 1996 年，国家科学技术委员会与中国科学院共同设立“青藏高原形成演化、环境变迁与生态系统研究”攀登计划，施雅风与李吉均、李炳元共同主持其中第二课题“青藏高原晚新生代以来环境变化”，有 9 个单位 95 名科技人员参加。课题的目标是通过湖泊岩芯、冰芯、天然剖面和综合研究，获取青藏高原晚新生代以来的连续记录，提供晚新生代特别是 15 万年来的气候与环境变化模式，为青藏高原和全球变化研究提供依据。

1992 ~ 1993 年开展野外工作，1994 年取得部分阶段性成果，施雅风手稿是按 4 个三级课题分别汇总其中期进展。

湖泊岩芯的提取与分析：1992 年和 1993 年分别取得诺尔盖湖盆 128.48 m 和 310.46 m 岩芯。经地球化学、同位素和矿物等综合分析推断，128.48 m 岩芯底部年代距今 82.6 万年，可以划分出与深海氧同位素相对比的 21 阶段，所显示的 3 个冷期可能与过去发现的三次冰期相当。310.46 m 岩芯正在分析。1992 年在海拔 4 840 m 甜水海湖东岸获取 56.32 m 岩芯，其资料分析正在进行中。

冰芯提取分析：1992 年在西昆仑山古里雅冰帽海拔 6 400 m 高度处钻取深达 309 m 总长度达 800 m 冰芯。通过模拟计算，冰芯 284.7 m 处形成于 10 万年前，底部可达 20 万年，经污化层法、δ^{18}O 层位法断代等分析，已获得冰芯上段 500 年“小冰期”以来的气候与环境变化。

天然剖面研究：黄河上游（以临夏盆地为主）5 个总厚度 1 168 m 的天然剖面，经古地磁、化学和粒度等分析，取得了 3 000 万年来连续而完整的地层记录；青海昆仑山垭口 5 个总厚度 930 m 天然剖面，获得上新世以来的沉积和环境变化；喜马拉雅山中段北坡（以吉隆盆地为主）6 个总厚度 1 160 m 天然剖面，划分出 4 个岩性段和 7 级河流阶地，借以重建 700 万年以来的环境变化。

环境变迁的综合研究：为配合前述 3 个三级课题野外资料的采集研究，本课题开展青藏高原构造隆起、古地磁、古生物与地球化学演变、河湖水系与第四纪冰川、青藏高原上升与气候演变的文献研究，以期对晚新生代以来青藏高原环境变化有全面的了解。

青藏项目中期评估还对工作水平、人才培养、经费使用、学术交流等 7 个方面进行了汇报。

中国科学院兰州冰川冻土研究所

青藏项目中期评估汇报材料

第三课题《晚新生代以来环境变化研究》进展情况（初稿）

课题目标：通过湖泊岩芯、冰岩芯、典型剖面和综合研究获取青藏高原晚新生代来连续记录，提出晚新生代、特别是15万年来的气候与环境变迁模式，为高原和全球变化预测提供依据。 设4个二级课题进行。

~~经两年多的野外测试与岩芯样品采集任务，开始了分析研究并取得阶段性成果。~~

一、研究进展情况： 在国家自然科学基金会重点支持下于1992年开始野外工作。现在所有野外任务除西昆仑山甜水海钻孔不顺利外，已基本完成，分析工作正在进行。1994已提出部分阶段性成果（~~已提出若干论文~~）

1. 湖泊岩芯的提取与分析： 由南京地理与湖泊所研究员王苏民领导的5所单位合作的若尔盖湖盆深钻岩芯研究，已在1992年取得128.48米，1993年取得310.46米二孔岩性，取芯率均在90%以上，获得了迄今为止高原上最深的高分辨率细颗粒岩芯。根据磁性记录和沉积速率，128米孔底界年龄为82.6万年。根据古生物

001149.826 第 1 页

▲ 晚新生代以来的环境变化研究

▲　晚新生代以来的环境变化研究

▲ 晚新生代以来的环境变化研究

学术报告与科学普及

学术报告是反映施雅风学术活动的重要组成部分。学术报告是学术交流的通道，也是展示我国冰冻圈科学和地理环境变化研究成果的平台。

施雅风一生各种学术报告和科学讲座很多，主要有重大国际会议特邀报告、国内外多种学术会议的重要报告，也有研究生授课材料。学术报告所涉内容非常广泛，既有他开创和从事的冰川、冻土、泥石流、寒旱区水文等学科，也有气候变化与转型、海平面变化、青藏高原隆升与环境变化研究等开拓性研究课题。施雅风的学术报告影响深远，得到高度赞许与一致好评。1964 年在北京举办的亚洲、非洲、拉丁美洲和大洋洲国际科学讨论会上，施雅风所作的《希夏邦马峰科学考察初步报告》引起轰动，得到与会科学家的高度评价。2002 年 12 月在北京召开的“全球变化与社会可持续发展暨 CNC–ICBP2002 年会”上所作的“西北气候环境由暖干向暖湿转型的特点、影响与前景”重点报告，不仅引起科学界的重视，而且也得到政府及各界人士的重视，对实施西部大开发战略具有十分重要的现实意义。

施雅风非常重视科学普及工作，积极开展面向民众的科普知识宣传和科学讲座，也以拍摄的科教影片和影像资料形象地普及科学知识，借参加国际会议之机，把国外所见或科普读物转写成文字精美、通俗易懂的短文，发表在报刊上，以供读者参阅。施雅风是发起创办《地理知识》刊物的科学家之一，并为其撰写 20 篇科学普及文章。为应及社会需要，撰写“让高山冰川为社会主义建设服务”和“山区建设必须注意泥石流的危害”等科学普及性文章 100 多篇，还撰写《中国冰川学的成长》和《冰川的召唤》等多部科学普及著作。

施雅风的学术报告和科普讲座，无论在什么场合，也不论听众是什么人，都精心准备，反复修改，精益求精，体现了他一丝不苟的高贵品格和严谨的科学态度。

施雅风各类报告使用的有纸质手稿、打印材料，也有后来使用的幻灯片、投影薄膜，一直到最后的多媒体。施雅风仅在国内外重大会议上的学术报告就达 30 多次。但遗憾的是，各类报告的纸质手稿遗存不多。为了反应施雅风学术思想和学术活动的全过程，我们将他的部分代表性的学术报告按时间顺序摘录如下：

（1）1964 年北京科学讨论上作“希夏邦马峰科学考察初步报告”；

（2）1978 年在瑞士举办的世界冰川目录工作会议上受邀作“中国冰川的分布、特征和变化”的演讲；

（3）1979 年在澳大利亚首都堪培拉举行的第 17 届 IUGG 大会上作“中国晚第四纪的气候、

冰川和海平面的变化”报告；

（4）1980 年首次在北京举办的“国际青藏高原科学讨论会”，施雅风是这个会议的倡议者之一，在会上作了“青藏高原冰川的研究”和“喀喇昆仑山巴托拉冰川是一复合型冰川的一个例子”两个研究报告；

（5）1983 年 7 月施雅风率中国冻土学代表团出席了在美国阿拉斯加召开的“第四届国际冻土学大会”，并代表中国代表团在大会开幕式上介绍了中国冻土研究现状；

（6）1987 年在第 12 届国际第四纪研究大会作“中国东部第四纪冰川问题再认识”报告；

（7）1989 年 8 月在美国西雅图举办的国际冰川与气候会议上作“亚洲中部冰川与湖泊萎缩指示气候暖干化”报告；

（8）1991 年第 13 届国际第四纪研究大会上作“中国大暖期初步研究结果”报告；

（9）1992 年 8 月参加在美国华盛顿举行的第 27 届国际地理学大会并作报告；

（10）1996 年北京国际地质大会分组会上作“青藏高原进入冰冻圈时代、高度及其对周围地区的影响”报告；

（11）2002 年 12 月在北京召开的全球变化与社会可持续发展暨 CNC–ICBP2002 年会上作“西北气候环境由暖干向暖湿转型的特点、影响与前景”重点报告；

（12）2005 年 9 月在兰州“高海拔地区冰冻圈会议”上作“冰川变化问题”报告。

中国山地冰川研究的若干成就

该文是施雅风应邀参加 1979 年日本雪冰学会所作报告的手稿。

亚洲中部，主要是中国西部具有一系列世界著名的高大山脉和高原，冰川广泛分布。冰川融水是恒河、长江和黄河等大江大河的源泉，在内陆干旱区又是宝贵的水资源。中国是冰川大国，其数量占亚洲冰川总量一半以上，因而冰川研究更具重要意义。1958 年，中国科学院成立了高山冰雪利用研究队，先后对祁连山、天山和喜马拉雅山进行冰川科学考察，并在天山乌鲁木齐河源设站进行冰川定位观测研究；1974 ~ 1975 年，又对喀喇昆仑山巴托拉冰川进行详细地观测研究，积累了相当多的资料，取得了一系列研究成果。施雅风应邀所作的“中国山地冰川研究的若干成就”的报告，实际上是对我国冰川研究成果的展示和系统总结。

施雅风报告的第一部分是中国西部山地冰川的分布和规模。1958 年以来进行的若干山脉冰川考察，仅获得了部分山区的不完全的冰川数量，科学、教育和经济建设都需要对中国冰川数量有一个概略的统计。为此，1979 年利用所搜集到的航测地形图和美国提供的陆地卫星影像进行简易冰川登记，统计得到中国冰川总面积为 57 069 km^2。施雅风在报告中，还总结了中国冰川雪线的分布规律及其区域特征，并分析了雪线变化与温度、降水量等因素的关系。

施雅风报告的第二部分是亚洲山地冰川的物理特征和分类。早在 20 世纪 60 年代初，施雅风等将我国冰川划分为海洋型和大陆型。随着冰川研究的不断深入和资料的大量积累，施雅风等将冰川平衡线上的年平均气温、夏季平均气温和年降水量，以及冰川温度和运动速度等五项指标作为划分冰川类型的依据，使冰川分类走向定量化，并据此得到各冰川类型的区域分布和其所占面积的比值。施雅风等在喀喇昆仑山巴托拉冰川观测研究中，首先发现和提出了“冷温复合型冰川”的概念，即冰川下部有一定厚度的融区，其余部分的冰温均低于融点。

施雅风报告的第三部分是冰川进退变化及其预测。在冰川野外考察和定位观测基础上，获得了若干山区典型冰川变化的数据，总结了冰川变化的规律及其区域特征。尤其是在巴托拉冰川的考察研究中，创造波动冰量平衡计算方法，成功地预报了巴托拉冰川变化。这一研究成果为中巴公路修复提供了可靠的科学依据，标志着我国冰川变化及其预报水平的新提高。

中国科学院兰州冰川冻土研究所稿纸

中国山地冰川研究的若干成就

Some results on mountain glaciers' researches in China

（寄日本雪冰学会1979年亚洲冰川现状讨论会稿）

施雅风

亚洲中部，主要是中国西部具有一系列世界上著名的巨大的高山和高原，冰川广泛分布，冰川融水是印度河、恒河、怒江、澜沧江、长江、黄河等大河的源泉，是亚洲内陆广大干旱内陆盆地灌溉农业发展的重要条件，冰川活动有时也导致灾害性的洪水和冰川泥石流。1958年中国科学院成立了专门的冰川考察队，现在称为兰州冰川冻土研究所，持续地在中国西部的祁连山、天山、喜马拉雅山和青藏高原开展考察研究，近年还派出了专家组在巴基斯坦的喀喇昆仑山区进行工作。这里向日本同行们简要地汇报中国学者

15×20=300　　第 / 页

▲ 中国山地冰川研究的若干成就

▲　中国山地冰川研究的若干成就

中国科学院兰州冰川冻土研究所稿纸

，在85°E以西到中国和苏联阿富汗巴基斯坦接界处，冰川面积普遍 Km²。世界第二高峰(乔戈里峰8611m)屹立在中国和巴基斯坦边界上，还有若干七千米以上的高峰，关于雪线以上的降水量还是未知的。但整个山区的景象是干旱的，那么这里的冰川存在可能主要由于极强烈的新构造运动把大面积的山地抬升到雪线以上的缘故。乔戈里峰西北的音苏盖提冰川，长41.5Km，面积329Km²，末端海拔4000米，是中国境内已知的最大冰川。其次西昆仑山主峰喀什塔什山的一个冰川，长32.4公里，面积131.3Km²，末端海拔5120m。西昆仑山和帕米尔和北喀喇昆仑山的冰川融水共同灌溉了塔里木盆地西边缘喀什和田等著名的绿洲。念青唐古拉山和喜马拉雅山东端，最高峰海拔7755山(南迦巴瓦)，还有若干六千米左右高峰的深切割

15×20=300 第 6 页

中国科学院兰州冰川冻土研究所稿纸

到海拔二千米左右的深谷相结合，在强大的印度洋季风降水影响下，冰川面积达6000Km²左右，最大的卡青冰川长33Km，面积172Km²，末端海拔2530m。这里的冰川融水全部汇入雅鲁藏布江。表2示中国境各山系最大冰川的比较。

表2. 中国境内各山系最大山谷冰川比较表

山系	冰川名称	长度(Km)	面积Km²	山峰高度(m)	雪线高度(m)	冰舌末端高度(m)	资料来源
阿尔泰	喀纳斯	10.8	31.9	4374	3000–3200	2416	任炳辉(1978)
天山	土格别里齐	37.8	[illegible]	[illegible]	4050	2752	张文敬(1979)
祁连山	老虎沟	10.0	21.5	5481	4770	4265	[illegible](1978)
[illegible]	克拉牙依拉克	[illegible]		7719	5500–5700	3100	[illegible](1960)
昆仑山	中峰	32.4	131.3	6778	6020	5120	张振拴(1979)
喀喇昆仑	喀喇昆仑山	41.5	329.2	7295	4800–5200	4000	张祥松(1979)
喜马拉雅	绒布	22.2	86.9	8848	5800	5154	谢自楚等(1975)
念青唐古拉	卡青	33.0	172.0			2530	李吉均(1978)
[illegible]	各拉丹冬南坡17号	12.8	35.0	6543	5820	5395	张祥松(1978)
[illegible]	海螺沟	16.0		7590(贡嘎山)	5200	3000	崔之久(1957)

第 7 页

中国科学院兰州冰川冻土研究所稿纸

2. 亚洲中部山地冰川的物理特征和分类

参考G.A. Avsjuk(1956)和P.A. Shumskij(1955)[5]的冰川分类，我们于六十年代初曾将中国西部山地冰川划分为大陆性冰川(continental type)和海洋性冰川(maritime type)两大类[7]。前者包括阿尔泰山、天山、祁连山、昆仑山、喜马拉雅山北坡和青藏高原内部山地的大多数冰川，后者指西藏东南部念青唐古拉山和喜马拉雅东端山地的冰川。最近研究，若干跨越几个高山垂直自然气候带的大山谷冰川，冰川的物理特性比较复杂，有必要补充划为一种复合类型(complex type)。

我们所选择的大陆性冰川的指标是：冰川积累区年降水量较少，一般为300–1000mm，雪线附近的年平均气温为-6°—-15°C，冰川温度全层一般低于-2°C的负温(例如祁连山老虎沟冰川活动

15×20=300 第 8 页

中国科学院兰州冰川冻土研究所稿纸

层下部冰层最低温度达到-12.8°C，冰川末端处在多年冻土带内。谢自楚研究[?]，粒雪变质成冰作用以渗浸和冻结(infiltration and congelation)为主。零平衡线(zero equilibrium line)和粒雪线间存在1-2千米的附加冰带(Superimposed ice zone)，在中纬度的祁连山或天山冰川的粒雪线以上有较大范围的渗浸带或粒雪—冰带(firn-ice zone)，更上为冷渗浸—重结晶带(cold infiltration and recrystallization zone)，融水渗浸微弱，而部粒雪经过重结晶成冰。(文3) 在纬度较低喜马拉雅山太阳辐射极其强烈，融化现象一直达到千米以上高度。珠穆朗玛峰北坡7450m高度的雪层中发现有渗浸—冻结作用所成的白色冰壳。海拔8012米的希夏邦马峰顶的粒雪也是经过融冻结的。这里渗浸—冻结带的最大垂直高差000米，在世界山岳冰川中是首屈一指的。(文4)

第 9 页

▲ 中国山地冰川研究的若干成就

中国科学院兰州冰川冻土研究所稿纸

第 10 页

中国科学院兰州冰川冻土研究所稿纸

第 11 页

中国科学院兰州冰川冻土研究所稿纸

第 12 页

中国科学院兰州冰川冻土研究所稿纸

第 14 页

▲　中国山地冰川研究的若干成就

中国科学院兰州冰川冻土研究所稿纸

7495m，冰川末端则降至2540m，高差达5455m。冰川上游有较丰沛的降水，粒雪盆下部接近雪线（5000m）处的年纯积累量达1000—1300mm。从冰川融水量推算结果，年降水量可能达2000mm。雪线附近年平均气温在-5℃左右，粒雪变质成冰作用仍然属于冷变质型。雪线附近有季节性的渗浸冰，4500m高度上活动层的夏季冰温低于-1.5℃，3300处升高至-0.5—-0.9℃，2560m处更升至0℃。重力法测到的冰川最大厚度为432m，接近冰川末端减至85m，冰流速较高，纵剖面上出现高速区与低速区的交替变化，最大冰流速达517.5m/yr，在冰川末端的冰崖还有30m/yr。冰舌下段两侧山坡呈现干旱荒漠景象，年降水量仅100mm左右，冰面消融以太阳辐射热为主，海拔2600m处裸露冰的年消融冰层厚18.4m/年，但冰舌下段20km冰面大部分为[illegible]

15×20=300 第13页

中国科学院兰州冰川冻土研究所稿纸

川（6条在喀喇昆仑山，1条在帕米尔，1条在天山中的[illegible]冰川）都是复合型冰川。其规模之大，冰川长度跨越几个自然气候带，冰川的表面温度也有明显变化（即由冷冰川转为温冰川），应该划入复合型。

3. 冰川的进退变化及趋势

五十年代与六十年代初，我国冰川学家普遍认为冰川处于衰退状态。但亦有个别地区有重复观测资料，如天山土九特冰川（长29km）1907—1959年间退缩了250m，帕米尔慕士塔格3条冰川1956—60年间以1.7—5.7米/年速度后退。七十年代冰川考察范围扩大，对比不同年代的航空相片、卫星影像Landsat images和地形资料，发现多数冰川仍在后退，若干冰川处于平衡状况，雪[illegible]下降，少数冰川有显著的前进。

15×20=300 第15页

中国科学院兰州冰川冻土研究所稿纸

祁连山的26条小冰川（长度均在10km以内）有间隔20年左右的末端变化数值（从1956至1976年间，附航空照片）。祁连山东段（冷龙岭）的8条冰川以12.5—22.5米/年的速度后退。中西段的18条冰川中，有14条冰川是以1.0—7.1米/年速度后退，有4条冰川的末端是稳定的。近年冰川后退速度明显减缓，如冷龙岭的水管河4号冰川1956—76年间平均后退16m/年，1976—78年间减为6m/年。1974年起祁连山有的冰川物质平衡观测，如七一冰川测的4条冰川连续几年出现正值，[illegible]达768mm。1967至1974—77年三年累计正值[illegible]；祁连山在1967—76年受近期气温下降的影响[illegible]；十年的平均气温较1967年以前十年平均值下降0.8—1.3℃；1967年的气温下降影响北半球[illegible]太山2150米处6—9月气温低于正常值1.2℃，降水增加162mm。

15×20=300 第16页

中国科学院兰州冰川冻土研究所稿纸

天山的39条冰川（其中长度超过10公里的19条）具有间隔十多年至二十多年的变化数值，经初步统计，显著后退的24条，末端变化不明显的10条，显著前进的5条。后退冰川中乌鲁木齐河源1号冰川（长2.2km），1962—73年间，共后退了75米，平均为6.9米/年。伊连哈比尔尕山奎屯河源的阿克达斯6号冰川，长14km，以1972年[illegible]和1964年航测地图比较，后退了1.5km，平均达[illegible]米/年，是天山山区已知的后退最快的冰川。前进的5条冰川长度都在10km以上，[illegible]托木尔山区和博格达山。二条冰川（[illegible]卡尔巴西和沙依拉木巴尔）是1942至1976变化值分别前进了850m和2100m，三条冰川（[illegible]的二条）是196[illegible]至197[illegible]年的变化值前进了1800、300和600m。可以肯定的是[illegible]大

第17页

▲ 中国山地冰川研究的若干成就

中国科学院兰州冰川冻土研究所稿纸

15×20=300　第18页

中国科学院兰州冰川冻土研究所稿纸

15×20=300　第19页

中国科学院兰州冰川冻土研究所稿纸

第20页

中国科学院兰州冰川冻土研究所稿纸

第21页

▲　中国山地冰川研究的若干成就

▲ 中国山地冰川研究的若干成就

青藏高原的冰川研究

1980 年在青藏高原科学讨论会，施雅风应邀作“青藏高原的冰川研究”报告。

青藏高原是地球上最大的山地冰川区，其冰川面积占高亚洲冰川面积的一半。1958 年的祁连山冰川考察，开启了现代意义上的冰川研究。随后又对天山和喜马拉雅山等山地冰川进行了考察，以及对喀喇昆仑山巴托拉冰川进行了观测研究，为施雅风报告提供了较为丰富的内容。施雅风在充分肯定中国冰川 20 多年研究成就的同时，强调指出了今后冰川深入研究需要发展的学科方向和建议。

在谈到冰川和气候关系研究时，主要是总结了各类型冰川辐射平衡特征及其对冰川消融影响的差异，建立了降水量和气温与雪线的关系，阐明了雪线的分布规律及其区域特征。为了将冰川与气候关系研究进一步系统化，并预测其未来变化趋势，应选择平顶冰川或山谷冰川积累区进行钻孔冰芯的地球化学分析。

20 世纪 60 年代初，施雅风等依据冰川发育的水热条件，将中国山地冰川划分为大陆型和海洋型。1974 ~ 1975 年的喀喇昆仑山巴托拉冰川考察，首次发现了复合型冰川，并将其列为第三种冰川温度类型。在这次青藏高原科学讨论会上，施雅风又以“喀喇昆仑山巴托拉冰川是一种特殊复合型冰川”为题，专门做了报告。

应用不同年份的航测图和陆地卫星影像比较，获得了 110 条冰川近期变化资料，并与世界有关冰川进行对比。尤其是运用波动冰量平衡计算方法，定量预测了巴托拉冰川变化。与此同时，施雅风强调指出，需要有计划地增加逐年测量若干代表性冰川的物质平衡与冰川末端变化，为改进的冰川预报模式提供依据。

根据古冰川遗迹与孢粉分析资料，确定青藏高原第四纪期间发生过四次冰川作用。晚更新世以来，冰川遗迹丰富，需要细致研究其侵蚀和堆积过程，区别冰川、冰水和泥石流堆积的异同。为建立古冰川遗迹鉴别的标准，施雅风建议选择有代表性的高原内陆湖泊进行深钻孔采样，作沉积物、古地磁、孢粉等分析，阐明青藏高原第四纪气候和环境变化，建立可以和冰川变化相对应的年代际序列。

根据当时可能获得的资料，粗略估计青藏高原中国境内的冰川年融水量 $400 \times 10^8\ m^3$，并对大陆型和海洋型冰川的消融深和径流模数分别进行了估算。冰川泥石流研究始于 1963 年，随后又开展西藏古乡冰川泥石流考察和成昆铁路的泥石流调查。为深入开展冰川融水径流和泥石流研究，施雅风在报告中指出，需要设计若干观测站，进行长期定位观测研究。

第　　　页

青藏高原的冰川研究（摘要）

施雅风　李吉均

青藏高原及其周围高山是地球上最大的山地冰川区，此地区的冰川考察已持续一世纪，中国境内冰川研究，也有了初步成就，但广阔的未知领域有待我们去探索或开拓。

1. 关于冰川资源的计算与评价　冰川作为调节河流径流的高山固体水库，在水分循环和对人类活动的影响中，日益显示重要意义。中国境内青藏高原各山系的冰川总面积据1979年统计为47113方公里，约全国冰川总面积的82%，或也指国外部分高亚洲冰川总面积的一半。数字有待于精确化，即冰川编目工作严格、系统进行，冰川测量数据的增加，并须快改进编目与数据储存手段。

2. 冰川与气候关系研究　冰川是气候的产物，又是气候的记录器，它相对稳定地变化又揭示着现代和古代气候状态。基于冰川区辐射与热量平衡研究；高山区次大或最大降水带的

1

北京市电车公司印刷厂出品　七八・三

装　订　线

▲ 青藏高原冰川研究（摘要）

▲　青藏高原冰川研究（摘要）

山区建设必须注意泥石流的危害

1963年，施雅风等在西藏考察时发现，西藏东南部波密县古乡地区的“冰川爆发”断道阻车，危害十分严重。施雅风断定是冰川融水冲击陡坡松散物质形成的泥石流，即撰写“西藏古乡地区的冰川泥石流”（《科学通报》，1964年）一文加以详细报道。由此引起全国干部和群众的广泛关注，也引来记者的多次采访。施雅风接受《人民日报》记者约稿，随即撰写“山区建设必须注意泥石流的危害”一文（刊登于1965年2月8日《人民日报》），对泥石流形成条件、泥石流调查方法、泥石流危害及其防治措施等作了简明通俗的论述，是一篇普及泥石流知识的科普读物。

施雅风晚年接受中国科学院南京地理与湖泊研究所人文地理学家顾人和采访，回顾他开创泥石流研究和成昆铁路西昌地区泥石流调查、彩色电影《泥石流》拍摄过程及其科学普及意义，最后对2010年甘肃舟曲特大泥石流的成灾原因进行了科学分析。采访结果以“回顾‘泥石流’科学研究的开创与科学普及”为题，发表于2010年《冰川冻土》第32卷第6期。

施雅风提出拍摄并担任科学顾问的彩色电影《泥石流》，科学意义充实，语言鲜明生动，是一部形象化科学普及“泥石流”知识的优秀科教片。《泥石流》彩色电影放映后，受到全国民众的广泛关注和赞许，使“泥石流”这一专门名词家喻户晓，为全国所普及了解，大大促进了泥石流调查研究和预防工作的开展。《泥石流》电影在欧洲一个国际会议展出获得金奖。时任中国科学院副院长的竺可桢先生非常赏识这部影片，表扬这项工作做得好，对山区建设和人民生命财产安全都有现实意义，为地理学开拓了新的研究领域。为了缅怀施雅风开创的“泥石流”科学研究和创建的“泥石流”学科，《泥石流》彩色影片以多种版本珍藏在国家档案馆和中国科学院有关单位的档案室。

中國科学院地理研究所冰川冻土研究室

本文第 頁

山区建设必须注意泥石流的危害

施雅风

泥石流是一种破坏力特强大的特殊山洪。在西南、西北和华北山区进行工业、矿和交通建设中必须予以足够的重视。如不注意，可能会吃大亏。

泥石流不同于一般洪水。一般洪水中泥沙石块等固体物质的含量大体低于五十至一百公斤/立方，超过这个界限就成为泥石流。泥石流中固体物质含量可高达百分之六十至百分之九十。石块在里面翻滚，可以搬运数十吨、数百吨以至数千吨的巨石。当爆发之时，山谷雷鸣，大地颤动，前锋是一股浓浊的洪流，奔腾咆哮，破峡而出，可以在很短促的时间内（数小时）冲出数十万方以至数百万方的物质，冲断河谷、冲走桥梁和铁路，毁灭村庄以至整个城市，埋没大片农田。

例如，1921年苏联天山北坡爆发一次泥石流，总体积达五百万方的巨大石块和黏稠的泥土，冲进阿拉木图城，带来了巨大的损失。1958年中国天山南坡爆发一次泥石流，造成了库车县城毁灭性的巨灾。1964年夏季，兰州也爆发了泥石流，但规模较小，从一条黄土沟中冲出泥土（含少量石块）16万方，毁坏了一些民房之窝窖，造成了少数居民之死亡事故。

大多数山区泥石流数年或数十年发生一次，并且突然爆发，科学工作者很少有机会观察到它的发生过程。但也有个别的泥石流一年爆发数十次，例如云南东川地区有数十条泥石流沟，每年爆发二三十次，影响到铁路的正常通车。

西藏东南部有一条特大泥石流，它在1953年农历8月24日夜

25×28=700

本稿第 頁

▲ 山区建设必须注意泥石流的危害

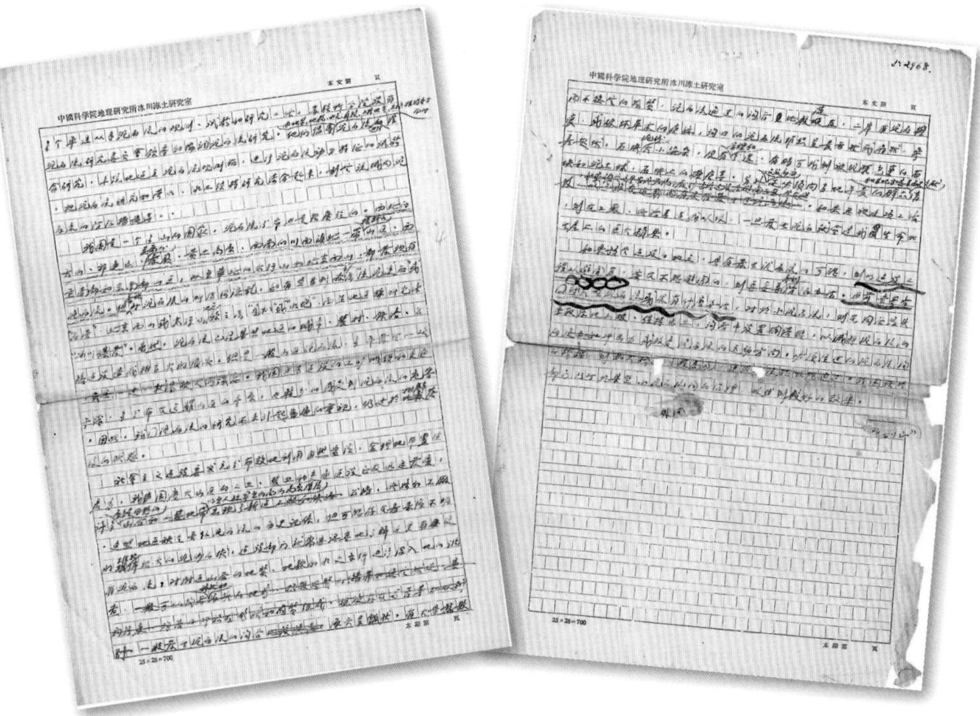

▲ 山区建设必须注意泥石流的危害

对 21 世纪中国地理科学的期望

这是施雅风 2000 年 11 月 28 ~ 29 日出席中国地理学会举办的“地理学 21 世纪战略研讨会”上的大会发言稿。

施雅风在肯定我国地理科学 40 多年来取得重大成就的同时指出，对地理学不适应社会需要和不适应科学发展水平要有清醒认识，要有迫切的危机感。施雅风为此提出地理科学要在改革与提高中前进，并对 21 世纪地理学的发展提出如下期望。

（1）地理学的研究中心是对环境的认识和促进可持续发展。当前对全球变化及其对环境影响的系统认识尤为重要，要在深入和创新专业研究的基础上，应用现代化的信息技术和地理信息系统进行综合研究，取得一批创新性的重大成果。

（2）地理科学研究的灵魂是进行高水平创新性研究，这是高校和专业科研院所的共同责任，特别是中国科学院有关研究所更要开拓奋进，承担和解决经济和国防建设中提出的应用性重大任务，承担基础性、探索性和远景性科研课题，也要在获奖、培养人才等方面发挥重要作用，在科学实践中增强地理科学的国家地位。

（3）地理教育是基础。必须大力加强高校特别是师范院校地理系建设，要培养与输送科研院所所需的优秀人才，也要培养输送优秀的中学地理师资。中学要增设地理环境和环境保护课程，为全民环境认识普及架起桥梁。

（4）大力加强地理知识和环境教育的普及工作，提高 21 世纪我国人民和干部的地理科学知识水平及地理认识素质。

DATE　　　　　　　　　　　　　　　　NO.

TEEME:

对21世纪中国地理学的期望

1). 40年代末以来[illegible]

地理学[illegible]

[illegible]

[illegible]（56年[illegible]

[illegible]

[illegible]

[illegible]

[illegible]

2). 综合[illegible]

[illegible]

[illegible]

[illegible]

1980. 地理学[illegible]

[illegible]

地理[illegible]

[illegible]

[illegible]

[illegible]

▲ 对21世纪中国地理学的期望

▲　对 21 世纪中国地理学的期望

笃学创新　争上一流

这是 2002 年施雅风在中国科学院寒区旱区环境与工程研究所研究生奖学金评选会上的发言稿。

施雅风在谈到培养一流人才时说，培养一个国际一流科学家是很不容易的，要像选拔运动员一样，要一步一步来，要为其创造出较好的条件和环境，鼓励创新出较前辈有更大突破的成果。所领导要摒弃门户之见，不论资排辈，把真正合格的英才选出来。

施雅风是国内外都有重要影响的著名科学家，但作为科学家的谦虚美德，认为自己算不上是一流科学家，在国际上的知名度还不算很高。他以自己的科学实践，着重就争取做国际一流学者应具备的修养谈了自己的看法。

立志争做一名国际一流学者，首先要树立笃学奋进的思想。笃学就是专心一致，忠诚于学问，忠心于科学研究。笃学就是为公不为私，科学成就是代表先进文明的标志，是人类共有的产物，要乐于贡献出来，为国家社会进步服务。

争做国际一流学者还必须不断创新。通过创新出若干举世公认的成果，逐渐在国际科学家心目中占有一定地位。地学创新实践就是野外工作，钻探采样分析等工作是其基本功，还必须广泛参阅文献，与国内外有关工作相比较，发现创新点，做出较前人有较大突破的成果。

争做一名学者，还应具备辩证的科学思想方法和良好的科学道德。

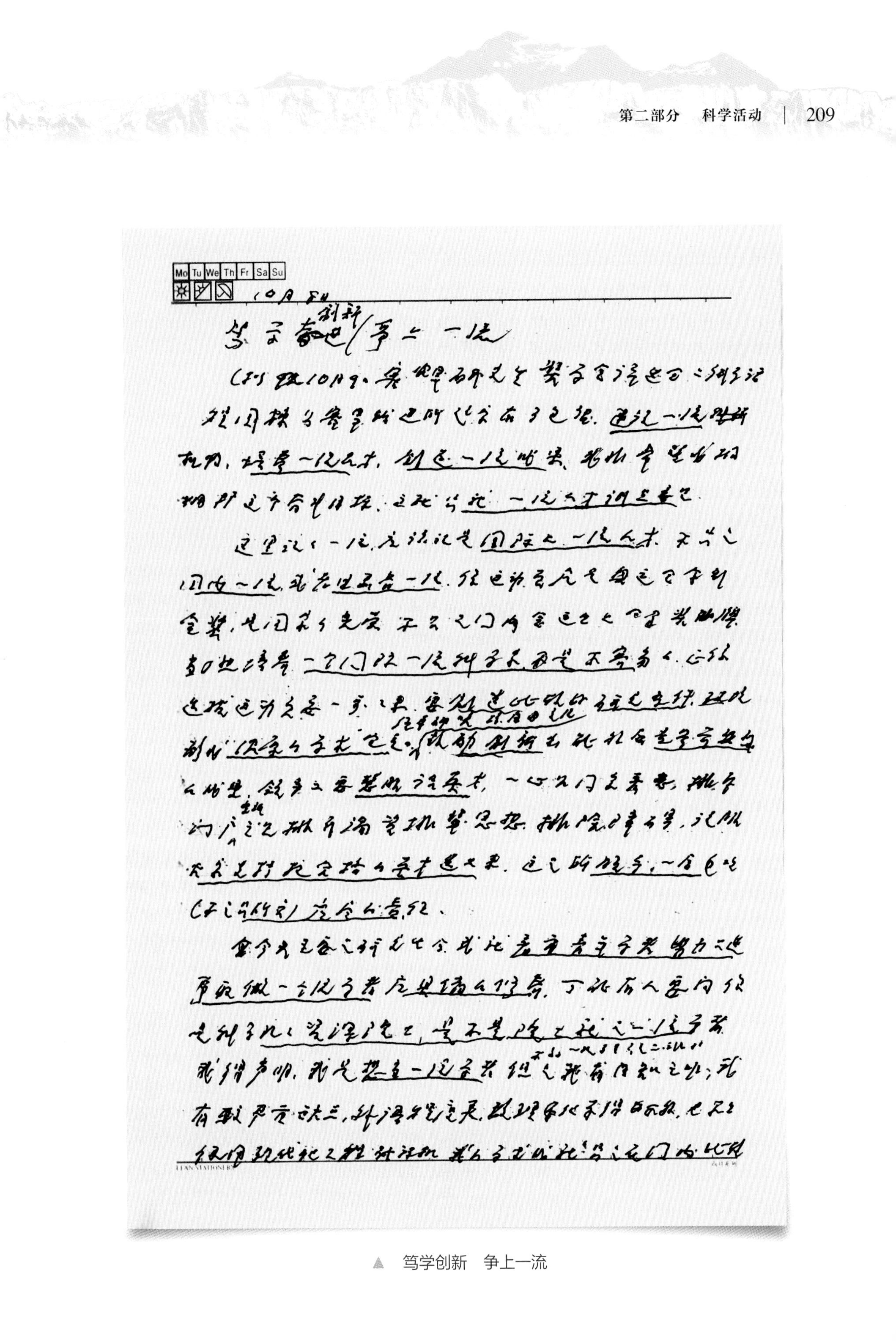

Mo Tu We Th Fr Sa Su

10月8日

笃学创新 争上一流

▲ 笃学创新 争上一流

▲ 笃学创新　争上一流

记台湾杰出的环境地貌学家——王鑫教授和他的启示

2000 年施雅风参加第二届海峡两岸山地灾害和环境保育研讨会，在台中中兴大学会议后环台湾旅行一周，中途访问了台南成功大学、高雄中山大学、台北台湾大学、台湾师范大学和中国文化大学，感触很深，回大陆后撰写“台湾的环境教育与水土保持”（中国科学院院士建议）和“记台湾杰出的环境地貌学家——王鑫教授和他的启示”（《山地学报》，2001 年第 2 期：189 ~ 192）。

1945 年王鑫出生于山西昔阳，自幼随父亲去台湾。1967 年毕业于台湾大学地质系，1973 年获美国哥伦比亚大学地质研究所经济地貌学博士学位。现任台湾大学地理环境资源系教授，历任台湾环境教育学会理事长、台湾公园学会理事长、台湾地理学会秘书长，以及自然生态保育协会、永续发展协会、生态旅游协会等相关学术团体的理事或监事。王鑫教授对台湾区域地理与环境地理研究有突出贡献，他创立了环境教育协会，致力推广环境保育工作，并撰写《台湾的地形景观》《垦丁公园地形景观简介》和《从空中看台湾》等区域地貌著作和大量的科学普及文章。他的治学方向和实践精神对大陆广大地貌工作者和教师很有启示意义。

台湾王鑫教授的业绩提醒我们，大陆的地貌学工作者应该积极开拓环境地貌研究，重视环境教育普及工作，为提高我国人民和干部的环境认识素质作出贡献。在编写旅游指南中，要求由“看”到“知”，使旅客了解较深层次的自然景观形成的原因，在自然界的地位和对人类的作用，人类又如何合理利用而不是破坏这种景观资源。生态环境在多地受到人为破坏，如何重建良好的生态环境，保护有可能受到破坏的生态环境，是当前普遍令人忧虑的问题。王鑫教授环境地貌的研究和实践告诉我们，在环境教育工作中，地理学家和地貌学家可以发挥主要作用，从普及工作入手，鼓动与团结各方力量，群策群力，当好领导者和领导单位的参谋，踏踏实实、点点滴滴地去做，终究能做出人们看得到的成效来。

中国科学院南京地理与湖泊研究所稿纸　　第1页共8页

记台湾杰出的环境地貌学家——

王鑫教授和他的启示

施雅风

（中国科学院寒区旱区环境与工程研究所，兰州730000

〃 〃 〃 、南京地理与湖泊研究所，南京210008）

台湾大学地理环境资源系王鑫教授对台湾山地地貌与环境地貌研究有突出贡献，他创立环境教育学会，致力推广环境保育工作，并撰写有大量科学普及性文章。他的治学方向和奉献精神对大陆上广大地貌工作者和教师很有启示意义。

1.台湾的地形景观学者

王鑫教授1945年出生于山西晋阳，随父去台湾。1967年毕业于台湾大学地质系，1973年得美国哥伦比亚大学地质研究所经济地质学博士学位。以后多次去美国进行合作研究，担任过美国剑桥大学客座教授。后回国先任台湾某矿业研究所研究员，1975年转任台湾大学地理系副教授，1979年升教授。先后从事铜矿勘查，公路工程环境调查，铁路工程地质顾问，水库区地形调查，并与林务部门和国

▲ 记台湾杰出的环境地貌学家——王鑫教授和他的启示

▲　记台湾杰出的环境地貌学家——王鑫教授和他的启示

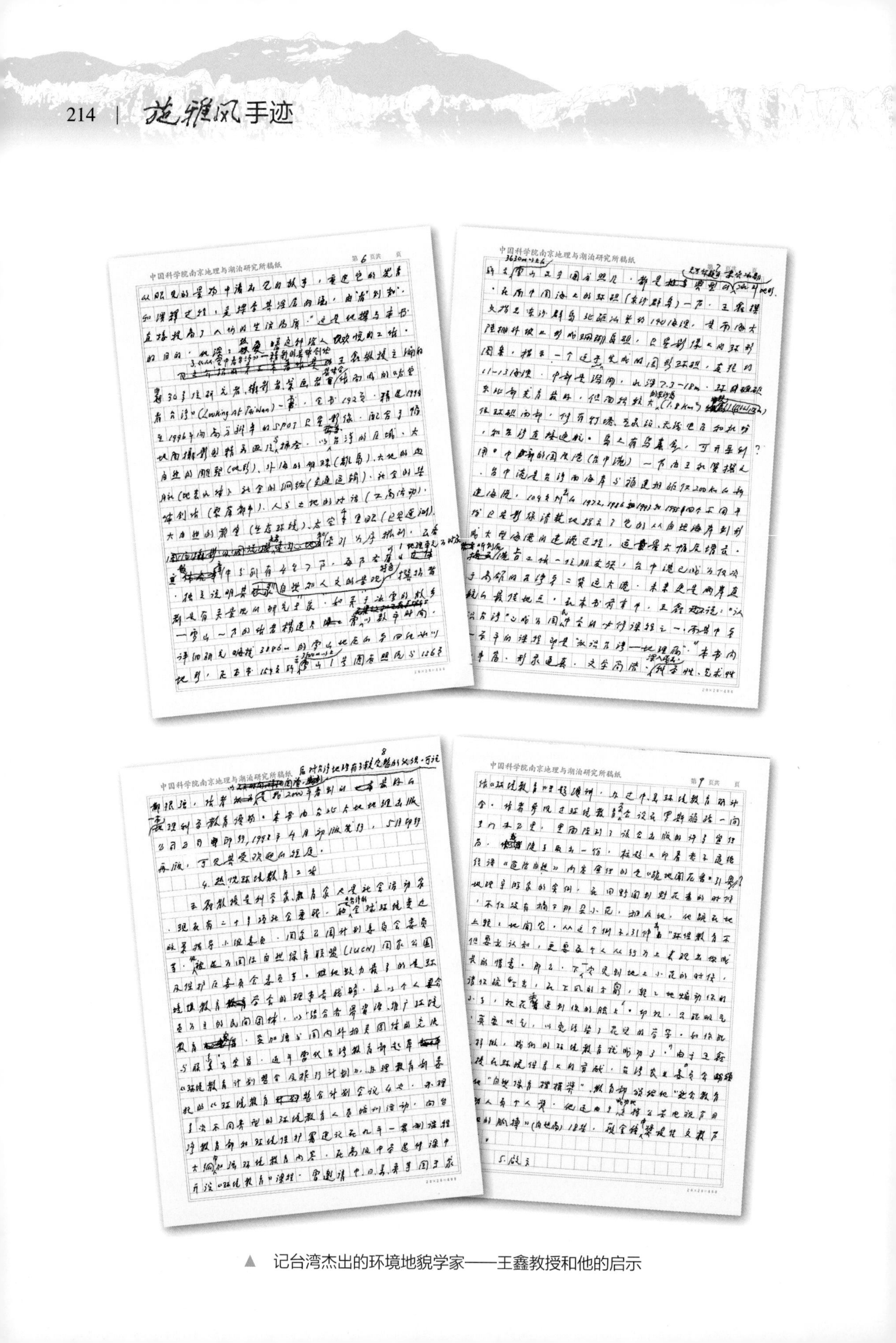

▲ 记台湾杰出的环境地貌学家——王鑫教授和他的启示

▲　记台湾杰出的环境地貌学家——王鑫教授和他的启示

瑞士和她的冰川——从冰期到现在

1981 年，施雅风参加在瑞士举行的冰川目录工作会议和国际生态会议之际，瑞士联邦高等技术学院水利水文冰川所赠予施雅风《Switzerland and her Glaciers—From the Ice Age to the Present》专著。该书是一本精装的大型图片集，不仅图片精美，艺术性很强，而且科学内容也非常丰富，综合表述了 200 多年来瑞士冰川学研究、冰川利用和冰雪灾害防治的成就，是一本极其出色的冰川知识普及读物。施雅风读后为其写下书评，发表在 1982 年《冰川冻土》第 4 卷第 4 期上。施雅风把这本书推荐给冰川冻土研究所的同事们，目的是借鉴瑞士冰川学研究的成果，以促进我国冰川及其环境研究的深入发展。

瑞士阿尔卑斯山冰川观测研究已有 200 多年的历史。L. 阿加西斯在 19 世纪初具体开始了现代观念的实验冰川研究，是现代冰川学研究的奠基人，他提出的冰川学说是当时最引人注目、最大的科学成就（施雅风，1986）。瑞士是冰川学研究的发祥地，观察、理论、有成效的交流思想和观念并应用于实际问题的优良传统一直保留至今。在山地冰川研究中，瑞士依然走在世界的前列。

18 世纪末期，依据阿尔卑斯山冰碛和基岩上发现的擦痕远离现代冰川的分布情况，提出了“冰期理论”。第四纪冰川研究最具里程碑意义的代表作是《冰期之阿尔卑斯》。根据地貌地层原理把阿尔卑斯山第四纪冰川划分为武木、里斯、民德和贡兹四大冰期，成为世界各国第四纪冰川早期研究的蓝本。李四光先生在我国东部划分的鄱阳、大姑、庐山和大理四次冰期，并与阿尔卑斯山的四次冰期相对应。

瑞士是世界上最早开展冰川变化观测的国家。1880 年瑞士就对选择的冰川长度进行逐年测量，现今冰川末端变化逐年测量的冰川增加到 116 条。以后将冰川物质平衡、冰川运动速度、冰川面积等也纳入逐年的观测内容。上述冰川变化资料发表在两年一期的《瑞士冰川》期刊上。我国冰川学者将中国冰川变化与阿尔卑斯山冰川变化相比较，以期研究全球气候变化与冰川变化之联系。

瑞士是较早开展冰雪灾害及其防治的国家。1595 ~ 1965 年间，发生过八次大的冰崩与冰湖溃决灾害。他们在详细研究冰川运动、冰压力状态后，采取掘开冰下管道隧洞、加固终碛的办法来控制冰湖溃决。

瑞士是最早充分利用冰川及其融水资源的国家。他们把公路修到冰川末端，在冰川下开挖冰洞，供数百万游客观光游览。瑞士约有 1 300 km^2 的冰川，冰川体积约为 67 km^3。瑞士在冰川下方的古冰川槽谷修建蓄水水库和电站，储蓄的冰川融水可充填水库库容的 2/3，瑞士一半的电能是靠这种水库的蓄能发电。

第 页共 页

书刊评介

《瑞士和它的冰川——从冰期到现在》

(Switzerland and her Glaciers — From the Ice Age to the Present)

瑞士国家旅游局(Swiss National Tourist Office)1981年英文版

这是一本精装的大型图片集，全书191页，内载精选照片插画337幅，各有简要的说明，不仅图片精美、艺术性强，而且科学内容丰富，综合表达了二百多年来的瑞士冰川研究、冰川利用和冰害防治的成就，并且文字精炼，深入浅出，发人思考，引诱人一口气将它看完的本色的科学普及著作。它也是瑞士科学家集体劳动成就，他们先组织一个"瑞士和她的冰川"的巡回展览，以后再编印这本书，在书末作者和合作者栏内开列了十多个著名的科研、旅游、生产单位和廿二个学者专家，由瑞士联邦理工大学冰川研究所著名老冰川学家卡塞尔(Peter Kasser)教授及研究冰害防治和高山冻土研究有成就的海勃利(Wilfried Haeberli)博士任科学协调和编辑，337幅全色精美照片和作者也一一注明，更多是上百人。

北京市电车公司印刷厂出品 七六·三

(1158) 20×20=400

▲ 瑞士和她的冰川——从冰期到现在

▲ 瑞士和她的冰川——从冰期到现在

▲ 瑞士和她的冰川——从冰期到现在

（中国希夏邦马峰登山队科学考察队）

希夏邦马峰[1]为世界上海拔八千米以上的14座高峰[2]之一，
座落在喜马拉雅山中段，我国西藏地区聂拉木县境内。虽然这座
的高峰早就吸引着旅行家和登山者的注意，但一直没有被
过、考察过，成为科学上的空白点。中国登山队在经过了
半年准备工作以后，以队长许竞为首的十名登山运动员于
月二日胜利地安全地登上到达峰顶，为中国登山史写下了
辉的一页。中国登山队在进行登山活动的同时，还进行了
科学考察希夏邦马峰地区的科学考察。

参加希夏邦马峰科学考察的人员有二个组成部分，一部分为
地质、地貌、古生物、地震、测量方面的十余人员，[illegible]
夏邦马峰当地藏人对这个高峰的称呼，意思是"牛羊死
亡"的地方，这在天气严酷的峰顶高处的写照，一般地
[illegible]，非当地居住，度牛羊。

[illegible]希夏邦马峰为第二等级高峰，到世界上八千米
高峰第14座。

参加人员及撰写者：施雅风、郑本兴、谢自楚、崔之久、季子
修（以上中国科学院地理研究所冰川冻土研究室）刘东生（
中国科学院地质研究所第四纪地质研究室）崔之久、王[illegible]（以上北京
[illegible]地理系）[illegible]（北京地质学院）[illegible]（地质部[illegible]

第三部分

纪念追忆

尊师崇教是施雅风优秀品格的重要和突出的方面。他对就读的浙江大学校长竺可桢教授，对他授课辅导的涂长望、叶良辅、张其昀、黄秉维等恩师和中学教师陈倬云先生都十分敬重，生前深受其教诲，并多次拜访看望，对其逝世深表痛惜。先后撰写过 20 多篇纪念文章，发起编辑《竺可桢文集》和《竺可桢传》。颂扬他们为国、为民、为真理献身的高贵品格和为振兴我国科教事业的毕生奋斗精神。

施雅风十分关心我国教育事业的发展，将获得“甘肃省科技功臣奖”的部分奖金为康乐县景古乡中心小学修建一座教学楼。为母校南通中学赠书，回海门树勋中学为纪念先父母设立奖学金，奖励成绩优良又较贫寒的学生。出资设立科学基金，以表彰和奖励为冰冻圈科学作出贡献的科技工作者。

施雅风特别关注人才的选拔和培养。在改革开放初期，他就选派一批各学科的年轻科技人员到国外著名学府或研究机构深造，带回全新的学术思想和技术方法，推动我国冰川、冻土学科的发展。他也十分重视研究生的培养，亲自培养数十名博士生，为地球科学发展造就了大量优秀的后续人才。

施雅风以高超的跨学科组织才干、公正无私的高尚品德和海纳百川的开放精神，团结和吸引国内外科研机构和大专院校的科学工作者，组成跨学科的重大科研课题，创造出一系列优秀成果。鼓励科研人员著书立说，总结他们的科研成果，并为他们的著作撰写序言。他作为多单位、多学科重大课题首席科学家或科研项目负责人，在总结出版科研成果时，善于组织协调，思想先行，反复讨论，确定编写提纲，委托合适者担任执行主编，出版了多部永载科学史册的巨著。

施雅风是著名的大科学家、院士，又长期担任领导职务，但他平易近人，和蔼可亲，无论在台上台下，不分职务大小，一律平等待人，一如既往。对生病的同事，亲往医院探视，为困难的同事捐款捐物，还为年长的同事操办寿宴。对先逝的同志撰文，肯定他们的科研成果和工作业绩。每年岁末年初为亲友和同事寄送制作精美的贺年信卡，通报一年工作和来岁目标展望。施雅风谦虚谨慎、平易近人的高尚品德和知人善任的优良作风，赢得了人们普遍的尊敬和爱戴。

这一版块我们选择刊登了施雅风为领导、师长和同辈友人撰写的纪念追思文章或贺寿电文。在他诞辰一百周年之际，以此纪念值得我们永远怀念的先辈，以他尊师崇教的优秀品格为榜样，尊敬值得我们永远尊敬的施先生。

竺可桢的学术思想引导我国的冰川研究

竺可桢（1890 年 3 月 7 日 ~ 1974 年 2 月 7 日） 院士是我国近现代最卓越、影响最深远的大科学家、大教育家，是近代地理学和气象学的奠基者。

竺可桢 1918 年获得哈佛大学博士学位，1936 年担任浙江大学校长兼气象研究所所长。新中国成立后，竺可桢被任命为中国科学院副院长，此后以全部精力贡献于新中国科学事业的建立和发展。他分工负责生物学、地学研究机构的组建和确定其研究任务。在院内兼任生物学地学部主任、综合考察委员会主任、编译出版委员会主任、自然科学史委员会主任，院外被选为中国气象学会理事长、中国地理学会理事长、中国科学技术协会副主席等职务。

施雅风 1937 ~ 1944 年在竺可桢任校长的浙江大学学习，1950 年起在中国科学院又在他直接领导下工作多年，深受其教诲，也深切怀念他，发起并参与编辑《竺可桢文选》和《竺可桢传》，先后撰写十多篇纪念文章，其中“竺可桢的学术思想指导我国冰川研究”一文，是施雅风为《竺可桢逝世十周年纪念论文报告集》所撰写的纪念文章，借以缅怀竺可桢对我国冰川研究的指引和关怀。

1956 年我国第一次制定长远科学技术规划时，竺可桢主持制定的我国西部地区几项综合考察任务中都列入了高山冰川研究内容。施雅风拟定的高山冰川考察报告得到竺可桢副院长的批准，1958 年在兰州成立高山冰雪利用研究队，首先对祁连山冰川进行考察，开启了现代意义上的冰川研究。1965 年，北京沙漠研究室和兰州冰川冻土研究室合并成立中国科学院兰州冰川冻土沙漠研究所，竺可桢在成立大会上明确提出了冰川、冻土、沙漠和干旱区水文四方面为该所研究内容，并在阐明这个所的学科特点时指出：“冰川、冻土和沙漠都是以大自然为研究对象的学科，要认识这些现象和掌握自然规律，工作重点就得放到野外去，主要工作应该放到现场去做。实验站是你们工作的前哨，应该作为全所工作的重点。”他为冰川冻土和沙漠研究指明了方向。

竺可桢强调，在冰川研究中要重视气候变化的研究工作，正确地预报气候、冰川和水资源的变化，这是我国气候、冰川与水文学者的重要任务。

竺可桢教授是一位伟大的科学家，他的学术思想是非常丰富和正确的。他对冰川研究的关怀、指点以及他所提倡的科学精神，对推动我国冰川学发展发挥了极其重要的作用。

#172 手稿

中国科学院兰州冰川冻土研究所

竺可桢的学术思想指引我国的冰川研究

（纪念竺可桢副院长逝世十周年）

竺可桢教授是对我国科学发展有重大贡献的科学家和教育家，他视野广阔，目光远大，他倾注毕生心血于组织推动我国科学事业的发展，培养鼓励青年学者的成长，他是我国地理学、气象学与自然资源和环境综合考察的奠基人，他对生物学、天文学、地质学、地球物理学、自然环境的保护和自然资源利用、自然科学史研究都起着积极的推动作用。我国冰川学的建立和发展一开始就得到竺可桢的关怀指导，他的若干思想观点对我国冰川研究具有长远的指导意义，现就我体会较深的概述于后。

一、向高山和南北极的冰雪进军

竺可桢早就注意到我国西部高山冰雪研究

001149.80.5　15×20=300　第　页

▲ 竺可桢的学术思想引导我国的冰川研究

中国科学院兰州冰川冻土研究所

001149.80.5　15×20=300　第　页

中国科学院兰州冰川冻土研究所

001149.80.5　15×20=300　第　页

中国科学院兰州冰川冻土研究所

001149.80.5　15×20=300　第　页

中国科学院兰州冰川冻土研究所

001149.80.5　15×20=300　第　页

▲ 竺可桢的学术思想引导我国的冰川研究

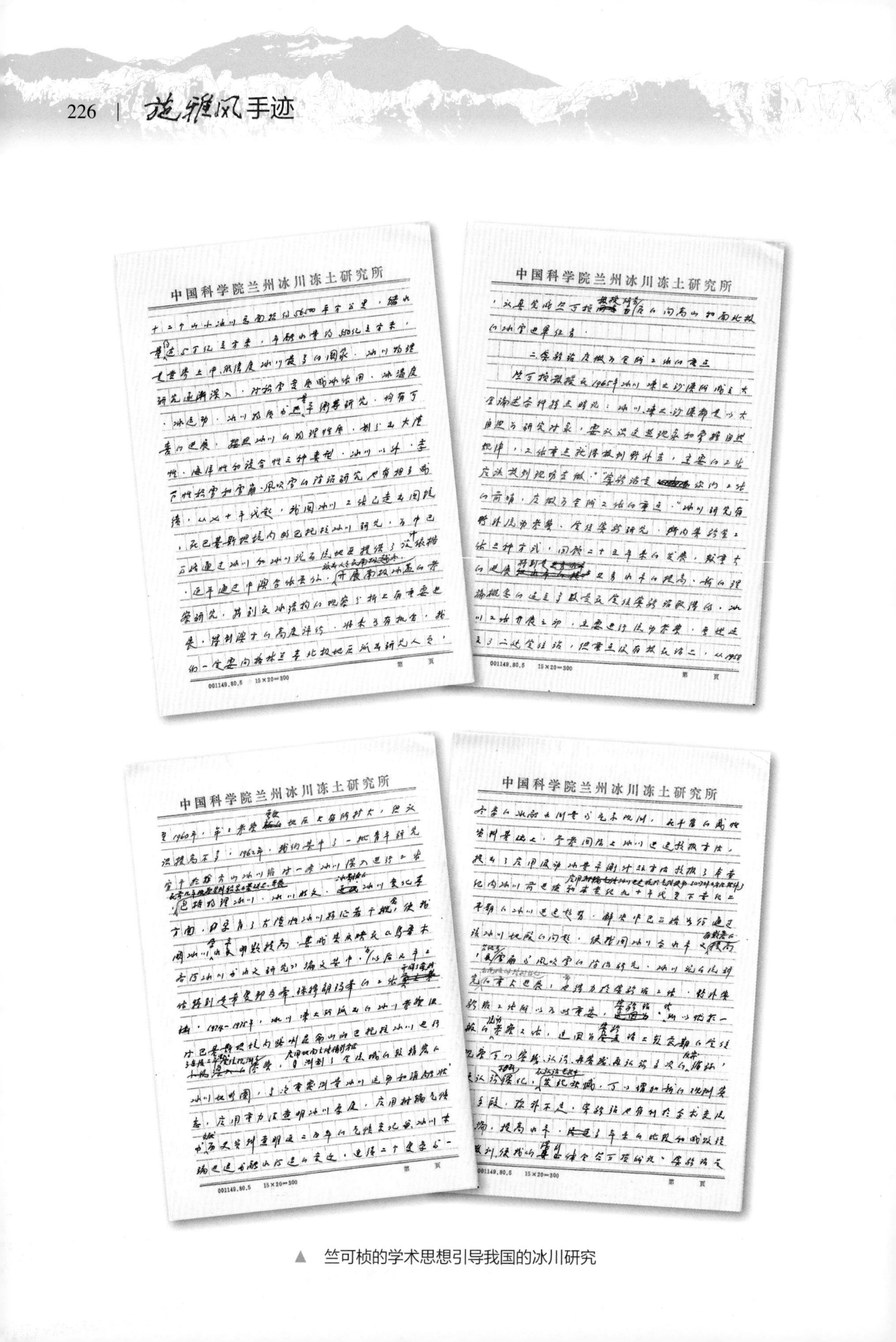

中国科学院兰州冰川冻土研究所

001149.80.5 15×20=300 第 页

中国科学院兰州冰川冻土研究所

001149.80.5 15×20=300 第 页

中国科学院兰州冰川冻土研究所

001149.80.5 15×20=300 第 页

中国科学院兰州冰川冻土研究所

001149.80.5 15×20=300 第 页

▲ 竺可桢的学术思想引导我国的冰川研究

中国科学院兰州冰川冻土研究所

001149.80.5　15×20=300　第　页

中国科学院兰州冰川冻土研究所

001149.80.5　15×20=300　第　页

中国科学院兰州冰川冻土研究所

001149.80.5　15×20=300　第　页

中国科学院兰州冰川冻土研究所

001149.80.5　15×20=300　第　页

▲　竺可桢的学术思想引导我国的冰川研究

▲ 竺可桢的学术思想引导我国的冰川研究

中国科学院兰州冰川冻土研究所

001149.80.5 15×20=300 第 页

中国科学院兰州冰川冻土研究所

149.80.5 15×20=300 第 页

中国科学院兰州冰川冻土研究所

Chen Kezao, Yang Shaoxiu, Zhen Xiyu 1981 The Saline Lakes On the Qinghai Xizang Plateau Geological and Ecological Studies Of Qinghai Xizang plateau vol.2 1719–1729. Science Press. Beijing.

001149.80.5 15×20=300 第 页

▲ 竺可桢的学术思想引导我国的冰川研究

学习涂长望教授为中国气象事业的献身奋斗精神

涂长望教授（1906 ~ 1962）是我国卓越的气象学家、新中国气象事业的主要创建人之一，他又是旧中国爱国民主运动的积极参与者，为新中国的成立作出了不可磨灭的贡献。施雅风在浙江大学读书时聆听过他的气象学授课，在新中国成立前又参加涂长望发起组建的中国科学工作者协会的活动，追求民主和解放的共同愿望把他们紧密地联系在一起，建起了深厚的师生之谊。在涂长望教授诞辰一百周年之际，特撰文学习涂长望教授为民主与科学和为中国气象事业的献身奋斗精神。

涂长望等发起和组建了“九三学社”，成为共产党领导下的一个永久性政治组织，被选为秘书长与副主席。1945 年发起成立中国科学工作者协会，为迎接新中国的成立和动员科学家回国都起到了重要作用。涂长望先生又代表中国科协，参与发起组织了世界科学工作者协会，被选为世界科协远东区的理事。1949 年到北京参加筹备我国第一次自然科学工作者协会，迎接新中国的诞生。涂长望教授是出色的社会活动家，为中国实现民主和解放尽心尽力。

涂长望 1949 ~ 1962 年任中央军事气象局局长，长期从事气象事业和气候研究工作，是新中国气象事业的奠基人，对统筹规划气象事业作出了开拓性贡献。他高度重视气象事业尤其是基础气象观测的发展，为建设我国气象台站网作出了重要贡献。他积极发展气象研究和灾害性天气预报业务，推动人工影响局部天气的试验研究，倡导发展我国气象卫星事业，奠定了中国气象事业发展的方向。

涂长望为我国气象教育事业和人才培养做出了突出贡献，为气象事业发展造就了一大批专家和领导骨干。

涂长望的一生，是为中国实现民主、振兴科学而坎坷奋斗的一生，是为中国气象事业鞠躬尽瘁的一生；他为中国气象事业发展呕心沥血，他为祖国和人民无限忠诚的高贵品质，永远值得我们深切怀念。

涂长望为国、为民、为真理献身的高贵品格，赢得了科学界人士的广泛尊重，他是中国知识分子的楷模。

《学习涂长望教授为民主与科学和为中国气象事业的献身奋斗精神》一文，原载于《百年长望——纪念涂长望百年诞辰》（秦大河主编）. 北京：气象出版社，20 ~ 23（2006）。

学习涂长望教授为民主与科学和为新中国气象事业的献身奋斗精神

施雅风

涂长望教授是新中国气象事业的主要创建人。他首任国家气象局长，在他卓越主持下，气象事业得到突飞猛进的发展。他热烈的爱国思想、参与民主革命的献身奋斗精神和重大贡献，能够彪炳史册。我有幸受教于涂先生多年，目睹他参与革命斗争的若干事例。前几年涂先生85岁诞辰时撰文纪念，以后看到《纪念涂长望》、《涂长望文集》，更令我怀念不置。

受教涂师，获得气象学、气候学的基本知识

—— 1939年—1941年间，涂师在贵州遵义的浙江大学史地系，开设了气象学、气候学、中国气候、天气预报与大气物理五门课，我学习了除天气预报以外的四门课，获得了气象、气候的基本知识，印象特别深刻的是大气团理论、锋面与季

MAXLEAF　20 × 20 = 400　第　页

▲ 学习涂长望教授为民主与科学和为中国气象事业的献身奋斗精神

▲ 学习涂长望教授为民主与科学和为中国气象事业的献身奋斗精神

黄汲清院士与第四纪冰川研究

黄汲清（1904 年 3 月 30 日～1995 年 3 月 22 日）　四川仁寿人，是我国著名的构造地质学家、地层古生物学家和石油地质学家。黄汲清 1928 年毕业于北京大学地质系，1935 年获得瑞士浓霞台大学理学博士，1948 年当选为中央研究院院士，1955 年被聘为中国科学院学部委员，1988 年当选为苏联科学院外籍院士。

黄汲清院士是施雅风的师长，在他逝世一周年之际，特撰写“黄汲清院士与第四纪冰川研究”一文，纪念这位大师在开创我国第四纪冰川研究中所作出的杰出贡献。

黄汲清院士 1932 ～ 1935 年在瑞士完成博士论文期间，受到良好的冰川地质学训练。在博士论文中，详细论述了阿尔卑斯彭宁带的基础地质、推覆体构造情况。在其地质图中，详细展示了现代冰川、第四纪冰川堆积和高山区第四纪地质地貌。

1943 ～ 1944 年对天山南麓台兰河谷中游的地质调查中，对冰碛与非冰碛沉积物进行了仔细的调查，绘制了精美的地质图，最早提出和划分了台兰河第四纪冰期与间冰期，利用古冰斗底部高度所指示的古冰川平衡线位置，判识末次冰期雪线较今下降的高度，所撰写的“新疆阿克苏北乡塔克拉克地方之第四纪冰碛及非冰碛停积”一文，是新中国成立以前真正意义上的第四纪冰川研究论文中最细致、翔实、可信的高水平著作，是我国名副其实的第四纪冰川研究的先驱者。

黄汲清院士在关注中国东部第四纪冰川研究的进展时指出，在第四纪冰川研究中，只注重和探讨冰川地形和沉积物，而忽视古气候变迁研究是工作中的重要缺憾。他对施雅风等主编的《中国东部第四纪冰川与环境问题》著作的评论说：“内容丰富，论证精详。他们的结论基本上否定了李四光学派的成果和观点，这是一件好事。”

黄汲清大师是地球科学界中少有的科学巨人，他在大地构造、地层、古生物等基础领域，矿产资源普查勘探应用研究等方面的杰出成就和严谨、坦诚、高尚、不畏艰难险阻、热爱祖国的人品，赢得了国内外学者的高度尊敬，是我们应该大力提倡的学习榜样。

“黄汲清院士与第四纪冰川研究”发表于 1996 年的《冰川冻土》第 18 卷第 4 期，第 289 ～ 296 页。

中国科学院南京地理与湖泊研究所稿纸

黄汲清院士与第四纪冰川研究

施雅风

（中国科学院兰州冰川冻土所，南京地理与湖泊所）

摘要：黄汲清院士是在多方面作出重大贡献的地质学大师，也是第四纪冰川研究的先驱者。他于1932~1935在瑞士完成博士论文期间，受到良好的冰川学训练，他于1944年与合作者对天山南麓台兰河谷中游地质调查中，对冰碛与非冰碛沉积物进行了仔细的正确的调查和精美地质制图，提出高水平的论文，对中国第四纪冰川研究作出了重要贡献。他关注中国东部第四纪冰川研究的进展，指出忽视古气候研究是工作中的重要缺憾。

关键词：第四纪冰川　冰碛　台兰河　天山　李四光

（20×20＝400）　　1　92612922

▲ 黄汲清院士与第四纪冰川研究

▲ 黄汲清院士与第四纪冰川研究

▲ 黄汲清院士与第四纪冰川研究

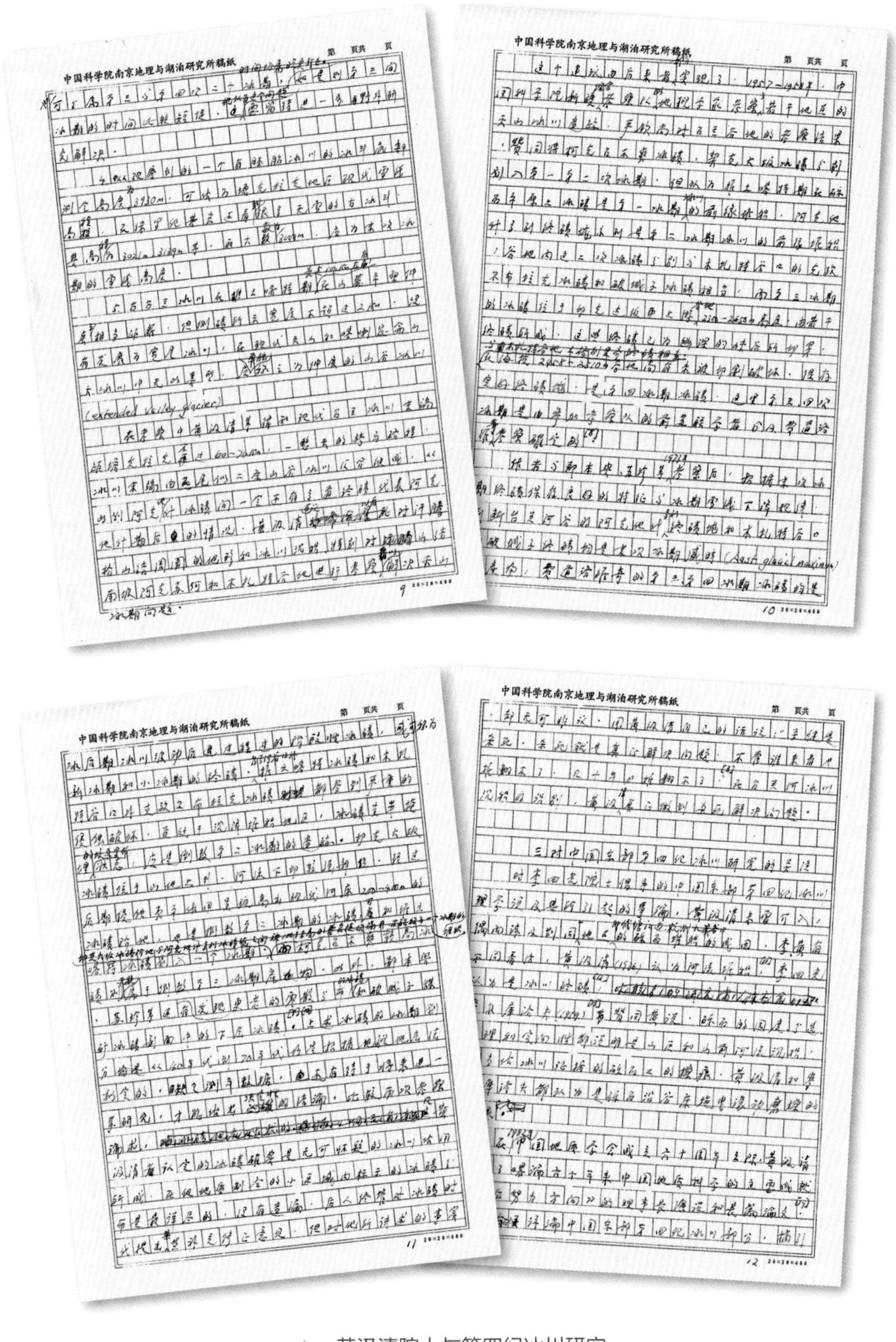

▲　黄汲清院士与第四纪冰川研究

▲ 黄汲清院士与第四纪冰川研究

超地理学的帅才　科学工作者的楷模

周立三（1910 ~ 1998 年）　著名经济地理学家，中国科学院院士。新中国成立前夕领导地理所南京工作站，积极参与和领导中国科学院地理研究所的筹建工作，筹备与举办中国地理学会第一次会员代表会议，并担任理事，为新中国地理研究所的成立作出了卓越的贡献。施雅风也目睹和参与了中国科学院地理研究所从筹建到成立的全过程，撰写了“周立三院士在解放前后重建地理所工作中的重大贡献”一文（中国科学院南京地理与湖泊研究所编《周立三院士纪念文集》），以示敬佩与怀念。

中国科学院地理研究所成立后，周立三先后担任副所长、所长，中国科学院南京地理与湖泊研究所名誉所长。周立三先生毕生致力于地理科学研究，对自然地理有较深素养，以农业地理为中心开展调查研究，先后主持的新疆综合考察、农业区划和国情分析三大项目，贡献突出，举世钦佩。

1956 ~ 1960 年，周立三主持的新疆综合考察，以新疆农林牧为中心的自然条件、自然资源的合理开发和生产力布局为主要任务，总结所提出的一部战略性和实践性很强的综合报告以及 13 个专题报告，获得新疆维吾尔自治区党政领导的高度评价。随后他又组织撰写了地貌、气候、水文、土壤、植被等 10 部专著，并主编了《新疆地理》一书。在中华人民共和国成立初期中国科学院的多项综合考察工作中，以新疆综合考察取得的成果最为丰富，水平也最高。

1963 年制定的十年农业科学技术发展规划，将农业自然资源调查和农业区划列为第一项重点项目。在周立三主持下，对江苏省农业区划做出较系统的分析研究，编写了近 30 万字的《江苏农业区划报告》，成为各省、自治区、直辖市农业区划的样板。1979 年农业区划委员会组织以周立三为首的专家组编写《中国综合农业区划》一书，受到社会上热烈欢迎，被授予国家科技进步奖一等奖。

周立三晚年作为首席科学家主持国情分析重大课题，高瞻远瞩，视野宽广，正确联系实际，为国家领导提出了长远的根本性决策建议。他又善于组织协调中青年科学家，思想先行，反复讨论，确定编写框架，委托合适者为执行主编，形成一系列雅俗共赏的专著，其贡献之巨大，在科学界中是罕见的。

周立三院士具有高超的综合性学术素养，高明的跨学科组织才干和公正无私的高尚品德，他长期严格自律，克己奉公，他是“超地理学的帅才，科学工作者的楷模”（发表在 2007 年《科学新闻》，(1)：43 ~ 45）。

小刘：请编出一份，便于校改。采

地理学家的帅才，科学工作者的楷模——周立三院士

施雅风

1. 解放前后的处境与作用

周立三院士离开我们已经八年了。我和他相识五十多年，比邻而居，相互支持，深深怀念他。

自1944年我进入重庆北碚乡下的中国地理研究所与周先生相识，他长我9岁，是副研究员，领人文地理组，正在主编《四川经济地图集》，我是助理员，在自然地理组。我读过他发表的《成都平原东北部的农业地理》《北碚附近战时经济及其特征》和他去甘肃河西与新疆考察后所写的论文，感到他洞察深入细致，融自然与人文为一体而甚为敬佩。他为人和善，和我们初级人员接近，逢年过节常请我们单身人到他家吃饭款待。夫人没有工作，已有2个孩子，以当时的微薄工资，好以款待单身人，这在当时地理所高研中是仅有的。

1949年初，淮海战役后，国民党败局已定，一面宣布蒋介石引退，李宗仁代总统，要和共产党和谈，一面又

▲ 超地理学的帅才　科学工作者的楷模

▲ 超地理学的帅才　科学工作者的楷模

▲ 超地理学的帅才　科学工作者的楷模

▲ 超地理学的帅才 科学工作者的楷模

▲ 超地理学的帅才 科学工作者的楷模

中国科学院南京地理与湖泊研究所稿纸　　第1页共　页

周立三院士在解放前后重建地理所工作中的重大贡献（初稿）

施雅风

（中国科学院兰州冰川冻土所、南京地理与湖泊所）

自1944年在重庆北碚中国地理研究所与周立三先生相识，至1998年周老逝世，先后54年，其中1949至1953年，即解放前后数年朝夕相处，相知较深。周老毕生致力于地理科学研究，为国民经济建设服务。他先后主持甘肃河西与新疆综合考察、农业区划和国情分析三大科研项目，贡献突出，举世钦佩。解放前后，国内政治形势大变化，当时国内唯一的地理研究机构即中国地理研究所（经由教育部领导），人少力薄，在社会上影响微弱，如举步不慎，就有被解散或在大浪潮中被淹没的危险。当时地理所留在南京的同志若干，推周立三先生为首，同心协力，迎接解放，解放后就积极开展工作，扩大社会影响，主动向新建立的中国科学院领导，提出建议

20×20=400

▲　周立三院士在新中国成立前后重建地理所工作中的重大贡献

中国科学院南京地理与湖泊研究所稿纸

中国科学院南京地理与湖泊研究所稿纸

中国科学院南京地理与湖泊研究所稿纸

中国科学院南京地理与湖泊研究所稿纸

▲ 周立三院士在新中国成立前后重建地理所工作中的重大贡献

▲　周立三院士在新中国成立前后重建地理所工作中的重大贡献

▲ 周立三院士在新中国成立前后重建地理所工作中的重大贡献

▲ 周立三院士在新中国成立前后重建地理所工作中的重大贡献

▲ 周立三院士在新中国成立前后重建地理所工作中的重大贡献

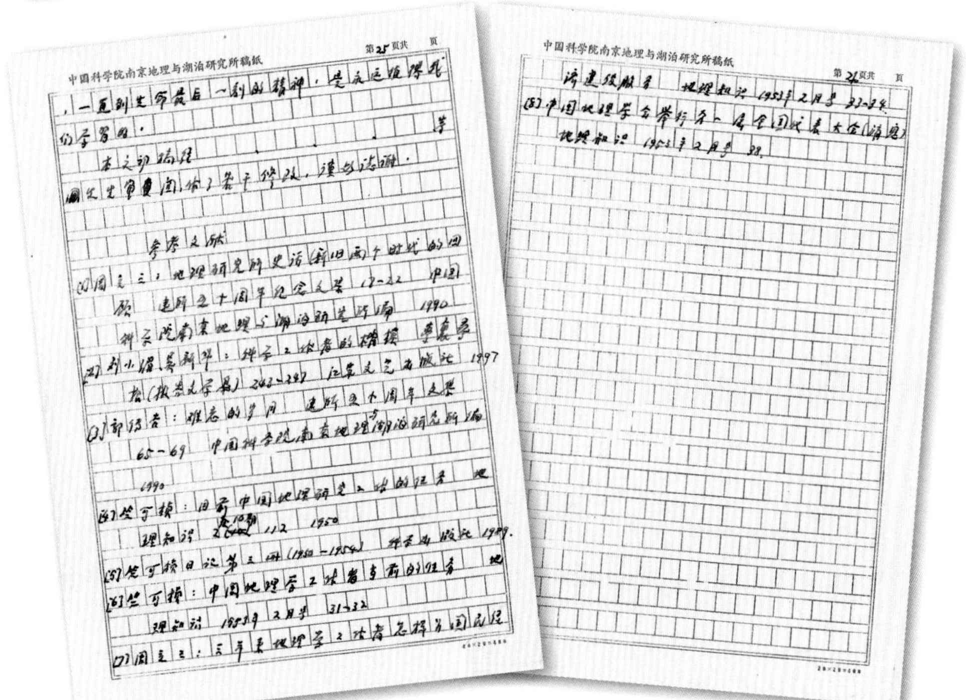

▲ 周立三院士在新中国成立前后重建地理所工作中的重大贡献

缅怀李承三教授

李承三（1899 ~ 1967 年） 河北涉县人，1928 年毕业于河南大学，1936 年获德国柏林大学哲学博士，是我国著名的地质学家、地理学家和地质教育家，为我国地球科学事业的发展做出了卓越的贡献。

李承三在 1940 年重庆北碚新建的中国地理研究所任研究员兼自然地理组组长，并在后期代理所长之职。施雅风 1944 年进入该所任助理研究员，虽不在李先生所在的课题组工作，但仍与李先生朝夕相处，得益很多。在李承三教授一百周年诞辰之际，施雅风以重读李承三撰写的《嘉陵江流域考察报告 上卷 地形》为题，缅怀尊敬的前辈地质学家李承三教授对地貌学发展所作出的突出贡献。

1940 ~ 1941 年，李承三领导的嘉陵江流域地理考察，历时八个半月，行程 4 000 余公里，工作细致入微，一路素描绘制了大量地景和详细的地貌制图，重现了嘉陵江流域确切的自然面貌。在其后出版的《嘉陵江流域考察报告 上卷 地形》一书中，绘制了我国第一幅河流地貌图，图文并茂地展示了嘉陵江河流地貌特征和水系变化，特别是对河曲地貌的形成演化进行了深入研究，率先在我国开辟了河流地貌研究领域，是我国河流地貌研究的奠基人。

李承三教授在从事科学研究的同时，始终潜心于地质教育事业，置身于教育第一线，培养了一大批高级专业人才。1950 年在重庆大学地质系担任系主任期间，创办了我国第一个石油地质专业，开中国石油地质教育的先河，为发展中国石油教育事业起了先行作用，为中国油气资源开发作出了不可磨灭的功绩。

“缅怀李承三教授——重读《嘉陵江流域考察报告 上卷 地形》”一文，发表在《成都理工学院学报》（纪念李承三教授诞辰一百周年专辑），第 15 卷第 2 期：119 ~ 128。

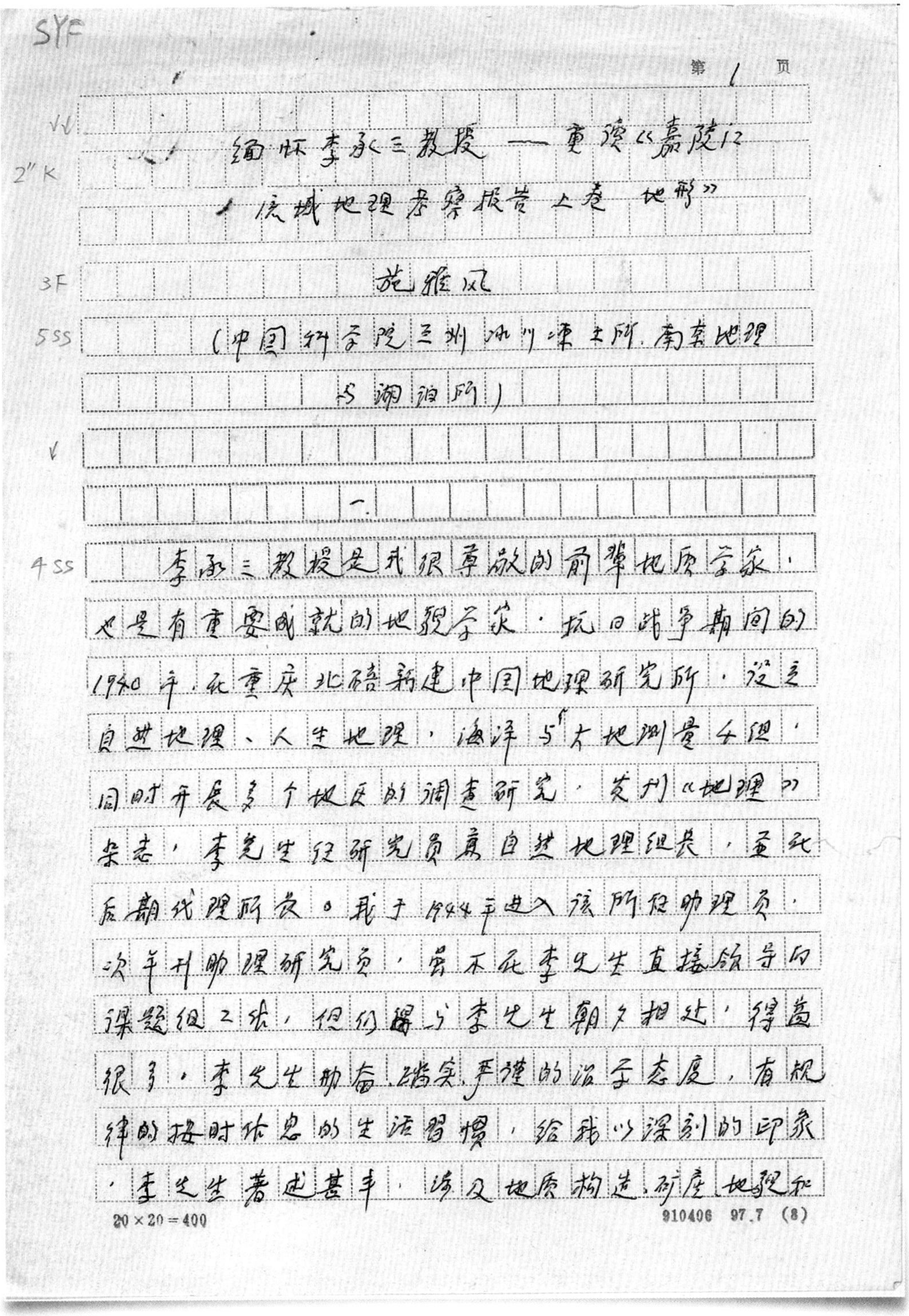

第 1 页

缅怀李承三教授——重读《嘉陵江流域地理考察报告 上卷 地形》

施雅风

（中国科学院兰州冰川冻土所、南京地理与湖泊所）

一、

李承三教授是我很尊敬的前辈地质学家，也是有重要成就的地貌学家。抗日战争期间的1940年，在重庆北碚新建中国地理研究所，设立自然地理、人生地理、海洋与大地测量4组，同时开展多个地区的调查研究，发刊《地理》杂志，李先生任研究员兼自然地理组长，并兼后期代理所长。我于1944年进入该所任助理员，次年升助理研究员，虽不在李先生直接领导的课题组工作，但仍得与李先生朝夕相处，得益很多，李先生勤奋、踏实、严谨的治学态度，有规律的按时休息的生活习惯，给我以深刻的印象。李先生著述甚丰，涉及地质构造、矿床、地貌和

20×20=400　　910406 97.7 (8)

▲ 缅怀李承三教授——重读《嘉陵江流域考察报告 上卷 地形》

第 2 页

述这地区的风土人情，在地貌学方面，我们有共同的爱好。他领导和主写的《嘉陵江流域地理考察报告 地形卷》，是我读过多次的重要著作。由于战时各种困难，所内积压了大量稿件和研究成果，未能出版；大约在1945年冬，次年由李先生代理所长后，李先生决心克服困难，仅以一年左右时间，将所内研究成果，全部清理出版，包括以地理专刊名义编印的《嘉陵江流域地理考察报告 上卷地形 下卷人生地理》《川东地理考察考察报告》《汉中盆地地理考察报告》《大巴山地理考察报告》《四川经济地图集》等。这是对地理研究的重大贡献，为全所人员所称道。《地理》杂志也加快了出版周期，作者撰写的《川西地理考察记》一稿于1946年5月呈交李先生，当年就在《地理》6卷1-2期刊出，这对我是莫大的鼓励。

二

嘉陵江流域考察队由李承三、林超二先生任正副队长，分率自然和人生地理两组进行。自然组全力进行地貌（当时称地形）调查，有周廷

20×20=400　　910406 97.7 (8)

第 3 页

先生参加，于1940年11月1日从
日返所，历时8个半月
本文是步行观察，之外
素描，一路绘制了大量
与照片，照相机和胶卷
的地貌剖面图，重视确切
报告的序言中指明：
嘉陵江之发育及红盆地
徒步攀山涉水，随时随
为了确实文字之叙述，
而图之测绘。”因此报告
页，而图版达63幅，含

报告最具特色部分是对于红盆地区嘉陵江河道变迁史的论述，在红盆地中央南充至合川间，直线相距只200余公里，而嘉陵江河道曲折长600公里。这里红色岩层大体呈水平状态，经过流水分割，发育方山地形，河流曲折地侵蚀下切，先后出现的阶地达8级之多，最低的高出枯水江面16米左右，这级阶地除南部略有例外，由

20×20=400　　910406 97.7 (8)

▲ 缅怀李承三教授——重读《嘉陵江流域考察报告 上卷 地形》

▲　缅怀李承三教授——重读《嘉陵江流域考察报告 上卷 地形》

缅怀杰出土壤学家马溶之教授

马溶之（1908 ~ 1976）是我国著名的土壤地理学家。1933 年毕业于燕京大学地质地理系，曾任中央地质调查所技正。新中国成立后历任南京地质调查所、中国科学院地质研究所研究员，中国科学院土壤研究所研究员兼所长，国际土壤学会会员。

新中国成立前夕，马溶之积极参加由施雅风任组织干事的中国科学工作者协会，并明确表示留在南京，对当时稳定人心、争取更多科技人员留下来起了相当作用。新中国成立后，马溶之被选为中国科学工作者协会土壤学科组长，积极组织会员活动，并为施雅风所在的地理学科组主办的《地理知识》投稿。马溶之为中央地质调查所土壤研究室留在科学院，并为筹建中国科学院南京土壤研究所作了大量工作。马溶之任自然资源综合考察委员会副主任期间，由他制订的希夏邦马峰和珠穆朗玛峰科学研究计划，施雅风被任命为科考队副队长。马溶之是施雅风尊敬的长辈，在长期交往中建立了深厚的师生之谊。在马溶之诞辰一百周年之际，施雅风撰写“缅怀杰出土壤学家马溶之教授”，以示敬佩与怀念。

马溶之先后担任中国科学院黄河中游水土保持综合考察队和青海、甘肃和内蒙古、宁夏综合考察队领导，所提出的一系列独到见解和治理水土流失的若干建议及措施，为土壤地理科学的发展作出了大量创新性工作。马溶之对欧亚大陆土被分布特点及对我国土壤分布规律的论述，是对土壤地理分布规律研究的重要贡献。马溶之晚年不懈地致力于耕种土壤的研究，对推动我国土壤界重视和研究耕种土壤起到了重要作用。

马溶之有广博的地质地理学知识。他开拓了古土壤学研究，并以此分析第四纪地层的成因类型、古地理环境以及第四纪研究中的突出问题之一的黄土，从而丰富了第四纪研究内容。

马溶之是我国第一代著名土壤学家和中国土壤地理学的奠基人之一。在我国土壤分类、土壤地理分布规律、土壤区划、水土保持、古土壤研究和农业丰产经验总结等领域，均有重要建树。马溶之一生勇于创新，以其严格、严肃、严谨的学术作风和积极培养传承新人的高尚道德风范，在我国科学界享有崇高的威望，永远是我们后辈学习的榜样。“缅怀杰出土壤学家马溶之教授”一文，发表在中国科学院南京土壤研究所主编的《马溶之与中国土壤科学——纪念马溶之诞辰一百周年》，南京：江苏科学技术出版社。

初稿

中国科学院寒区旱区环境与工程研究所

缅怀杰出土壤学家马溶之教授

施雅风

（中国科学院寒区旱区环境与工程研究所、南京地理与湖泊研究所）

1.

马溶之先生是我一贯尊敬的前辈和学者。他的专长是土壤学，但对地理学也较爱好。在抗战期间，一直和地理所保持着良好的合作关系。我最早在抗日战争期间，读到他在《地质论评》第9卷3~4期上发表的《中国黄土之生成》，细致深入的论述了西北很厚的黄土沉积是风成的原理和论据，很为敬佩。南京解放前，我们相识了。他较早参加了竺可桢、涂长望等进步教授组织的中国科学工作者协会，我是该会南京分会的组织干事，得有机会与马先生较多接触。1949年

20×15=300　　第 1 页

▲　缅怀杰出土壤学家马溶之教授

中国科学院寒区旱区环境与工程研究所

20×15=300 第 2 页

中国科学院寒区旱区环境与工程研究所

20×15=300 第 3 页

中国科学院寒区旱区环境与工程研究所

20×15=300 第 4 页

中国科学院寒区旱区环境与工程研究所

20×15=300 第 5 页

▲ 缅怀杰出土壤学家马溶之教授

中国科学院寒区旱区环境与工程研究所

第 6 页

20×15=300

中国科学院寒区旱区环境与工程研究所

第 7 页

中国科学院寒区旱区环境与工程研究所

第 8 页

20×15=300

中国科学院寒区旱区环境与工程研究所

2006年10月

20×15=300

第 9 页

▲　缅怀杰出土壤学家马溶之教授

深深怀念老领导张劲夫同志

张劲夫1956年被任命为中国科学院党组书记、副院长，其时施雅风在中国科学院地理研究所任副研究员、所务秘书，兼任生物学地学部（后更名为地学部）副学术秘书。施雅风有机会列席参加张劲夫主持的中国科学院院务扩大会议和党组扩大会议，聆听他的讲话和报告，目睹了张劲夫作为科学规划委员会秘书长为制定《1956～1967年科学技术发展远景规划》，并使之实施的努力和过程，对其影响极为深刻，特撰文深深怀念。

张劲夫（1914年6月6日～2015年7月31日）安徽肥东人。早年参加革命，1935年参加共产党。新中国成立后曾在国务院、国家部委和地方多个领导岗位任职，是我国科技和财经战线上的杰出领导人。张劲夫在任中国科学院党组书记和副院长期间，为我国和中国科学院的科技事业发展作出了不可磨灭的重大贡献，在制定“十二年科技远景规划”、参与“两弹一星”研制过程中发挥了不可替代的重要作用。张劲夫尊重知识，尊重人才，在当时非常困难的条件下，帮助和解决科技人员的工作和生活困难，并勇于担当，保护了一大批科学家免受政治冲击。张劲夫是中国科学技术大学的创校元老之一，和郭沫若一道，对中国科学技术大学的创建起到了关键作用。

施雅风作为科学院的老人，目睹中国科学院建院五十多年的时间内，领导班子几度更换，以张劲夫同志为首的领导班子的十年，是中国科学院发展最快、领导最得力的十年，也是官僚主义相对较少和科学家创造性贡献最高的十年。

施雅风1959年在北京反右倾主义运动中受到强烈批判，张劲夫认为施雅风工作积极，决定不予处分，这使施雅风1960年能安心迁居兰州主持冰川考察研究工作。1959年对施雅风的批判是错误的，中国科学院院党组又决定撤消这次批判。

2003年春节，时任中国科学院院长路甬祥院士拜访张劲夫同志，在谈起冰川冻土研究所对青藏铁路修建的贡献时，张老又指出西北研究中施雅风的作用。当此消息在《科学时报》刊出时，施雅风感到十分欣慰。2004年施雅风看望张劲夫同志，并通读其所赠《嘤鸣·发声》一书，受益很深，对张老以陶行知先生为榜样、献身科教兴国伟大事业的精神所感动，深情地写道：“张劲夫同志不但是非常杰出的老领导，更是我晚年的指路明灯。”

烦请刘欣同志打字，先打出一份我校对 雅风

深深怀念老领导张劲夫同志

施雅风

张劲夫同志任中国科学院领导工作10年，我当时作为地学部副学术秘书，后为兰州主持冰川冻土研究工作，与劲夫同志直接接触不多，但受他影响深刻，一直深深怀念着他。

1956年初，12年科学技术发展远景规划工作已经开始，国家科委（科学规划委员会）副主任范长江向我们宣布，规划工作都由学部（脱离科学院）归国务院直接领导，而不处理科学院日常事务，全力搞规划。不久听了张副院长向我们传达：中央给科学院调来一批高级干部，加强科学院工作，由地方工业部调来的较年轻的张劲夫同志接替调任较早的陈康白同志任党组书记、副院长，他和新来的杜润生副秘书长全力参加规划工作。从山西省长任内调来的裴丽生同志为党组副书记，兼院秘书长，主持院内日常工作。当时，劲夫同志兼任规划委员会秘书长，和主持规划工作的十人小组

MAXLEAF　20×20＝400　第 1 页

▲ 深深怀念老领导张劲夫同志

▲ 深深怀念老领导张劲夫同志

▲　深深怀念老领导张劲夫同志

▲ 深深怀念老领导张劲夫同志

热忱祝贺张直中院士九十大庆

该手稿是施雅风欣逢张直中院士九十华诞，谨致热烈祝贺的电文。

施雅风与张直中学长，同在抗日战争艰苦时期求学于崇尚求是精神的浙江大学。得知他成绩优异，以后赴英国深造，选择第二次世界大战中新成长的雷达科学技术，奋力博学，功底深厚，新中国成立后调到新建的十四所工作。

张直中，1917 年 4 月生，浙江省海宁市盐官镇人。中国工程院首届院士，电子工业部第十四研究所研究员，西安电子科技大学教授、博士生导师，我国雷达技术的主要先驱者，为我国新型多功能高效雷达的研制做出了杰出贡献。施雅风在南京市科技大会上，听到十四所领导介绍自主创新经验得知，在国外对国防科技严密封锁的条件下，张直中带领一批科技人员，完全凭自己的力量，原始创新，研制出成批适用不同方面的新雷达，对张直中院士这种不畏困难的创新精神十分敬佩，感动得五体投地。

张直中院士现在仍然思想敏捷，身体也较健康，施雅风真诚祝贺张老活过一百岁，为我国雷达科技事业再做贡献。施雅风在电文中还建议十四所领导应组织一定力量，帮助张老总结创新经验、思维特色，写成文字传播给大家，为国家进一步发展壮大作出贡献。

施雅风

2006 年 3 月 29 日

中国科学院寒区旱区环境与工程研究所

025-83772668 十四所

热忱祝贺张直中院士九十大庆

欣逢直中院士九十华诞，谨致热忱祝贺。我有幸与直中学长同在抗日战争艰苦时期求学于实事求是精神的浙江大学。得知他毕业后赴英国深造，选择了二战中新兴的雷达科学技术，获博士，功底深厚。解放后调到新建的十四所之后，十四所老领导知人善任，得发挥所长，克服困难，于新型高精度雷达的研制，作出了杰出贡献。在中国工程院成立之初，荣幸当选院士。直中院士品德高尚，思维开朗，带领培养了一批批人才。不久前南京市列

第 页

院寒区旱区环境与工程研究所

[illegible]到十四所领导介绍自主创新经验，[illegible]对国防科技产品[illegible]全体[illegible]的力量，更好创新研制出一批批[illegible]新雷达。真使我感到[illegible]中[illegible]包含了张老许多心血。[illegible]张老祝贺。张老现在仍然思维敏捷，身体也较健康。真诚祝愿他[illegible]。建议十四所领导组织一定力量帮助张老总结创新经验，思路特色，多形文字传播给大家，为国家进一步发展强大，作出新贡献。我因甘肃省召开科技大会，令我参加，不能回宁亲与祝寿，特致歉意。

施雅风 08年3月29日

第 页

▲ 热忱祝贺张直中院士九十大庆

地学部初建阶段回顾

1954 年，施雅风被任命为拟成立的生物学地学部秘书，目睹和经历了学部从筹建到成立的全过程，参与全国第一次科学技术长远规划有关地学规划的编制工作。

1953 年，中国科学院访苏代表团了解苏联科学院在组织和领导科学研究中，学部发挥着重要作用。据此，中国科学院党组给中共中央报告中作为改进工作的建议之一就是建立学部。获中央批准后开始了紧张的学部筹建工作，拟设物理学数学化学部、技术科学部、生物学地学部和哲学社会科学部，并任命了学部各部主任和推选出学部委员，其中生物学地学部委员共 84 人，竺可桢、李四光、黄汲清、涂长望等老一辈著名科学家均在列。1955 年 6 月 1 日至 10 日，学部成立大会在北京饭店隆重举行，周恩来总理出席，当时负责领导中国科学院的陈毅副总理到会并讲话:“工农业和国防建设需要中国科学院的理论指导，而中国科学院需要他们的经验”。郭沫若院长在开幕词中指出：“中国科学院各学部的成立标志着我国科学事业发展中的新阶段的开始，是党和政府给予我们的崇高任务。”

国家计划委员会要求科学院抓紧科学远景规划编制工作，国务院成立了以陈毅副总理为主任的科学规划委员会，召开有关领导与科技人员参加的动员大会。李富春主任讲话指出：“生产力的发展必须依靠科学技术水平的提高”，并成立了以范长江为组长、张劲夫为秘书长的十八人小组，具体组织领导科学技术远景规划的编制工作。在编制规划期间，学部暂归国务院领导，全力投入并在规划编制中发挥了重要作用。1956 年 6 月，完成了我国第一部《1956 ~ 1967 年科学技术发展远景规划》，明确重点任务有 12 项，其中最重要的任务有 6 项，除原子弹和氢弹以外，计算技术、半导体、自动化技术和无线电电子学要摆在其他重点任务前面抓，就叫四项“紧急措施”。施雅风参加第一次科学技术长远规划编制工作，任地学组秘书，在 57 项任务中主要参与撰写第一项“中国自然区划与经济区划和地理学科规划”。为承担中国自然区划工作，1956 年成立了以竺可桢为主任、黄秉维为副主任的自然区划工作委员会；为承担各项自然资源、自然条件与区域发展的综合考察任务，成立了综合考察委员会，竺可桢兼任主任；成立中国第四纪研究会，李四光任主任，侯德封、杨钟健为副主任，刘东生为秘书。为适应学科发展，1957 年生物学地学部分为生物学和地学两个学部。

中国科学院南京地理与湖泊研究所稿纸　　№ 1

地学部初建阶段回顾

施雅风

中国科学院学部的建立是中国科学事业史上的一件大事。从1955年第一次学部成立大会宣告学部成立迄今已经40年了。学部的任务和面貌有了重大变化。我有幸在1954年被任为的生物学地学部副学术秘书，配合竺可桢学术秘书，在兼生物学地学部主任竺可桢副院长领导下，做有关地学方面的具体工作。以下就1957年夏季反右派运动开展以前的地学部工作作一简要的回顾。

一、学部筹建和学部成立大会

1953年中国科学院访苏代表团了解苏联科学院在组织和领导科学研究中，学部有重要作用。据此，中国科学院党组给中共中央报告中所提的建议之一，就是建立学部，拟设物理学数学化学部、技术科学部、生物学地学部和哲学社会科学部，由各所所长与有关专家组成，领导有关所。学部只管学术领导，不管行

（20×20＝400）　　911241.89.10

▲ 地学部初建阶段回顾

中国科学院南京地理与湖泊研究所稿纸　№ 2

(20×20=400)　911241.89.10

中国科学院南京地理与湖泊研究所稿纸　№ 3

(20×20=400)　911241.89.10

中国科学院南京地理与湖泊研究所稿纸　№ 4

(20×20=400)　911241.89.10

中国科学院南京地理与湖泊研究所稿纸　№ 5

(20×20=400)　911241.89.10

▲　地学部初建阶段回顾

中国科学院南京地理与湖泊研究所稿纸 No 6

(20×20=400) 911241.89.10

中国科学院南京地理与湖泊研究所稿纸 No 7

(20×20=400) 911241.89.10

中国科学院南京地理与湖泊研究所稿纸 No 8

(20×20=400) 911241.89.10

中国科学院南京地理与湖泊研究所稿纸 No 9

(20×20=400) 911241.89.10

▲ 地学部初建阶段回顾

中国科学院南京地理与湖泊研究所稿纸　No 10

(20×20=400)　911241.89.10

中国科学院南京地理与湖泊研究所稿纸　No 11

(20×20=400)　911241.89.10

中国科学院南京地理与湖泊研究所稿纸　No 12

(20×20=400)　911241.89.10

中国科学院南京地理与湖泊研究所稿纸　No

(20×20=400)　911241.89.10

▲　地学部初建阶段回顾

▲ 地学部初建阶段回顾

生命不息　探索不止

2001 ~ 2010 年的每年岁末，施雅风都会向亲友、同事和有关单位通报一年工作回顾和展望来岁目标的贺信，内含制作精美的贺岁卡。这些贺岁信卡不完全是手写体，我们还是将其节选出来，借以反映施雅风晚年的科研活动和展示其最新的科研成果，颂扬一位杰出科学家“生命不息，探索不止”的科学精神。

施雅风在贺岁信中所列举的科研活动和展示最近的研究成果仅是其中很少一部分。其中，2001 ~ 2010 年的十年中，施雅风发表的科技论文和纪念文章达 65 篇之多，由他主编的《中国西北气候由暖干向暖湿转型问题评估》《简明中国冰川目录》《中国第四纪冰川与环境变化》等 8 部著作问世，出席并在“国际冰冻圈与气候变化大会”和“全球华人地理大会”等 10 次国内外重大会议上作学术报告。

施雅风在“2003 年回顾”中道：“精力衰退，特别耳聋加深，思维尚佳，即进入 85 岁，有信心再工作 5 年”。在“2009 年回顾”中又说：“自觉体力大不如前，多年慢性病控制尚好，日常生活靠女儿精心护理，每天坚持工作 5 ~ 6 小时。”这种勤奋刻苦、孜孜不倦，为科学事业奋斗终生的精神令人感动与敬佩。

施雅风在 2009 年新岁致辞中，除通报《中国第四纪冰川与环境变化》著作获国家自然科学奖二等奖、新出三本著作外，对寒旱所 50 年所庆并为他 90 岁祝寿的领导、同事和亲朋好友表示感谢，深情写下了“人生九十不稀奇，常怀亲恩师友谊，求是创新唯贡献，异日西归少憾遗。”的诗句，真实映像出他 90 个春秋编织的闪光的心曲。

[illegible]:

在06年过去，07年来临之际，向亲友们、特别是长期未通音信的老朋友们问候安好！祝福你们健康快乐！

我得多人合作支持，在06年发表中文论文2篇，英文论文2篇；多人撰写、我为主编的《中国第四纪冰川与环境变化》专著问世；感谢甘肃省领导发给我甘肃省科技功臣奖；多年前组织、坚持完成的《中国冰川目录》得到国家科技进步二等奖；参加各地举行学术会议与讲学访问7次，包括贵州遵义与浙江金华等地。看到经济的繁荣发展与生活改善，“衰年未敢忘忧国”的思想，一如既往，坚持阅读《炎黄春秋》和《同舟共济》杂志，感谢张哲民同志多次寄赠好文好书。6种慢性病控制尚好，但左耳全聋右耳半聋，视力衰退至0.3以内，期望半休半工作状态再坚持2-3年，即达到90岁，完成约定的工作。

[illegible]

[illegible]

施雅风 06/12/24

▲ 贺信贺卡

2001 年的回顾

年终发贺卡，单说新年快乐，似嫌不足，特别对难得见面的亲友来说，因此补充数语。

虚渡 82 岁，多种慢性病缓慢发展，体力与思维明显不及往年，小病二、三次，但绝大部分时间还算健康，做些力所能及的工作。

在于革研究员支持下，《重建 3－4 万年前青藏高原增强印度季风气候的地质记录》英文稿，在荷兰三古（古地理、古气候、古生态）杂志刊出。去年台湾考察回来后撰写的《台湾的环境保育与水土保持》和《介绍台湾杰出的环境地貌学家王鑫教授及其启示》分别在中国科学院学部联合办公室编的《院士建议》与成都刊行的《山地学报》发表；前者有两种刊物摘载。

今年撰写的新作 4 篇，分别讲 3－4 万年前青藏高原高温大降水及其对湖泊、河流的影响，2050 年前气候变暖、冰川萎缩对西部水资源的影响，4－5 万年前气候变冷与亚、欧、北美、南美、澳洲的冰川前进现象，对青藏高原末次冰盛期降温值、平衡线下降值及其西部很小原因的讨论，分别投交《湖泊科学》《冰川冻土》与《第四纪研究》，经过审查修改，预期明年刊出。

今年参加的科学活动主要去北京 3 次参加秦大河组织的西部环境演变评估讨论，去上海 1 次参加海峡两岸地理研讨会，12 月间去昆明参加湖泊富营养化与管理国际研讨会，顺道到西双版纳热带生物区游览，大开眼界。云南经济、交通和旅游事业发展迅速，更令人佩服。

回忆往事，想念未来，订阅了《炎黄春秋》，《百年潮》和《同舟共进》（广东政协）三种杂志，看了《一个革命的幸存者——曾志回忆录》，电影和长篇小说《大法官》，《蔡希陶传》等好书，受到激励与鼓舞，和北京几位早年入党的老友交谈，共同对于政治体制改革，民主化进展缓慢不满，对农村和农民问题忧虑，认为在经济发展、基础改革之后，民主化是建成现代化富强国家的必由之路，应乐观及此。

丰收的 2002 年

，体力较前衰退，多种慢性病控制尚
作，在《冰川冻土》《湖泊科学》《第
文 5 篇，特别是其中关于西北西部气
社会重视，以后又和多人合作充实材
吸湿转型问题评估》小型专著，请多
1 季度出版。此外，为应家族需要编
始的《施臣禄公支系家谱初稿》附有
牺牲者小传多人，这是我 18 岁离家

游览了云南香格里拉（原称迪庆）、
区，后又去了大连旅顺。因全球变暖、
长江洪水灾害的可能性，为此，考察
，深感对此“心腹之患”无根治办法

继续订阅《炎黄春秋》《百年潮》《同舟共进》等刊物并阅《书摘》（系赠阅），以《炎黄春秋》发人深思的文章多，对我最有帮助，阅读李昌平《我向总理说实话》一书，深感“三农”问题是我国最落后、最不易解决但必须解决的困难问题。台湾友人张镜湖赠我《世界资源与环境》一书，全书 20 章 240 多页，对这样一个全球性并涉及每个人的大问题，作扼要、简炼、深入浅出的论述，读后受益匪浅。

敬向众亲友作上述汇报，个人生活的愉快和国家大局、经济与政治顺利发展分不开，与时俱进，今后更好。

热诚祝贺亲友们：

羊年新禧　快乐幸福

施雅风、沈健

2002/12/18

▲ 贺信贺卡

回顾04年，告慰众亲友

1. 力所能及的科研活动：发表新作3篇“青藏高原大冰盖假说的提出与扬弃”（第四纪研究24卷1期）“竺可桢教授与中国地理科学”（竺可桢全集序4，地理教育04年5期）”1840年以来长江大洪水演变与气候变化关系初探”（湖泊科学16卷4期）。对长江中游田家镇附近狭窄并侵蚀至海平面以下90m特殊河段与荆江分洪区进行了短期考察并顺道参观了三峡大坝，游览了张家界石英砂岩峰林地形胜境。夏季在兰州工作5个月，主要用于促进中国冰川目录的总结发展，也曾去乌鲁木齐参加一个会，并到阿尔泰地区观光。

2. “年衰未敢忘忧国……切忌茫然度春秋” 这是老领导张劲夫在近著《嘤鸣友声》前言中两句话。晚上和睡中醒来就阅读《炎黄春秋》《同舟共进》《李慎之文集》等书刊，加深了对近、现代史问题的认识。最近又得友人寄赠的《李锐近作--世纪之交留言》也将仔细阅读，虽然年老力衰，但思维尚可，读好书，交好友，激励自己，老有所为，继续为社会有所贡献。

3. 综上所说反映我身体尚好，虽有几种老年慢性病，遵医嘱，加强检测和按时服药，每天坚持一小时左右户外体力活动。特别是走路，可能是延缓衰老的有效办法。老伴沈健和子女都好。

施雅风

达寿同志

05年终告亲友并热忱贺新年快乐安好

达寿兄：

在05年过去06年来临之际，热忱祝贺亲友们快乐安好！

今年仍然如候鸟6-9月又加4月在兰州、其余时间在南京。5月曾去杭州参加浙大为费巩老师诞辰100年、殉难60年隆重举行的纪念大会，并读到费巩文集，深为感念。多次参加在国内举行的国际和国内学术会议，我也作了多次不太像样的发言。其中印象深刻、得益较大的有4月在北京中国气象局举行的国际冰冻圈与气候变化大会、8月在北京大学举行的全球华人地理大会、9月在兰州举行国际冰川学会的高海拔冰川与记录会议、10月在桂林举行的青藏高原环境与变化研讨会。结合几次会议，自己做的工作集中在全球变暖中国冰川如何响应上，发现问题复杂，青藏高原西北部近二、三十年存在一个降温带，青藏高原东南部有不少前进冰川，当前还不宜作出全球快速升温，冰川普遍大幅度后退，导致水资源萎缩的推断。

和多人合作发表的研究成果：1）长江中游田家镇深槽的特征及其泄洪影响,《地理学报》60卷3期;另有相应英文稿将在Geomorphology杂志刊出。2）《简明中国冰川目录》已由上海科普出版社出版。

晚上和睡觉中醒来仍在阅读《炎黄春秋》《同舟共进》杂志，看了几本好书。其中有沈容《红色回忆》,《中国科学院早期领导人物传》《李锐近作》吴江《政治沧桑六十年》等。国家经济能持续高速发展，可喜，但亦可忧，忧在环境污染严重而广泛，难于治理，民主政治仍踏步不前，总书记倡导科学发展观双手拥护，希望能加强舆论监督，公开揭露实际生活里非科学的决策措施。

身体尚好，晨起后坚持步行活动半小时到一小时。与服药结合，控制多种慢性疾病缓慢发展，但耳聋明显加剧，这样每天尚能工作5-6小时。有信心活过90岁。老伴亦较好。

施雅风
05/12/8

2009 新 岁 致 辞

值此08年即将过去，09年即将来临之际，谨向亲友们特别是向长期未通音讯的老友致以亲切的问候：祝你们健康快乐，阖家幸福。同时也十分怀念近年先后驾鹤西归的曾昭璇、叶连俊、涂光炽、刘东生、任美锷、陈述彭等师友。

08年我虚岁90，在单位领导和多位朋友的支持合作下，得到意外的丰收和快乐：

（1）多人合作、由我主持的《中国第四纪冰川与环境变化》研究项目被评上国家自然科学二等奖；

（2）新出了三本书：主编Glaciers and Related Environments in China，由科学出版社和Elsevier联合印行；英文文集Collectanea of the Studies on Glaciology, Climate and Environmental Change和中文文集《地理环境与冰川研究 续集》由气象出版社印行；11年前的旧作《冰川的召唤》被选入中宣部“五个一工程的一本好书”，由江苏人民出版社重新发行；张九辰研究员执笔的《施雅风口述自传》预期将由湖南教育出版社印行，

（3）十分感谢江苏省浙江大学校友会（3月16日）、南京地理与湖泊所（3月21日）、国际冰川学会与冰冻圈科学重点实验室（9月21日在兰州）先后隆重集会为我祝寿，共有40多位嘉宾出席讲话，表扬我的业绩。特别是浙江大学常务副校长倪明江亲临致词；中共中央政治局委员组织部长李源潮百忙中亲笔书写贺卡祝“生日快乐 健康长寿”；国际冰川学会前主席、杰出的冰川气候学家A.Ohmura、世界冰雪数据中心主任R.Barry致词表扬祝贺，实在愧不敢当。

现在我自感年老体衰，原始创新研究已力不可及，但思维尚可，每天尚能工作5-6小时，自当竭尽绵力，继续作些小事。

曾自题小律一首，特奉寄如下：

人生九十不稀奇，　常怀亲恩师友谊；
求是创新唯贡献，　异日西归少憾遗。

施雅风 偕老伴 沈健

送别09年告亲友

施雅风

值此2009年即将过去、2010年行将到来之际，谨祝亲友们健康快乐！

09年对我是悲喜交集的一年，悲的是老伴沈健患间质性肺炎，于7月3日在兰州去世，终年83岁。感谢寒区旱区环境与工程研究所领导、同事为她隆重送别。喜的是5月23日寒旱所50年所庆并为我90岁祝寿。感谢李源潮部长、路甬祥院长、甘肃省陆浩书记、徐守盛省长、郝远副省长；丁仲礼、安芷生、孙鸿烈、孙枢、刘昌明、郑度、陆大道、吴国雄、丑纪范、陈吉余、李吉均、程国栋、秦大河、丁德文、姚檀栋、刘嘉麒等16位院士和已故陈述彭院士；美国谢觉民教授、台湾陈镇东教授和各兄弟院校、研究所领导、老师、研究员与甘肃省兄弟单位多人亲临致辞，或致函、撰文、赠礼。6月，科技部召开全国野外科技工作会议，将我列为20为突出贡献者之一；9月甘肃省又将我选如近代有影响的60人之列。特别令我感动的是，温家宝总理于10月17日到我家中祝我健康长寿，真是愧不敢当。

写了几篇温故文章，其中《冰川学与地理环境研究的开拓创新》自述一生研究所……《发扬五四精神，加快政治改革》是为江苏省浙江大学校友会纪念五四运动所作，一……评介刘东生主编《黄土与干旱环境》名著的短文。创新比温故更为重要，我与几位……志合作，开始撰写《中国第四纪冰川新论》一书，预期2010年内完成书稿。

……自觉体力大不如前，多种慢性病控制尚好，日常生活靠女儿精心护理，每天坚持……5-6小时，谢谢各界朋友们的诚挚关心！

▲ 贺信贺卡

文錄同志和夫人
敬贺猴年新禧，并祝健康幸福。
Merrychristmas and Happy New year.
施雅风及沈健

恭贺新喜并祝健康快乐！
Best wishes for the Holidays and 2008
2007春节在海南岛三亚
施雅风、沈健敬贺

感念抒怀
人生九十不稀奇
常念亲恩师友谊
求是创新唯贡献
异日西归少憾遗
雅风自题　08.3.4

▲　贺信贺卡

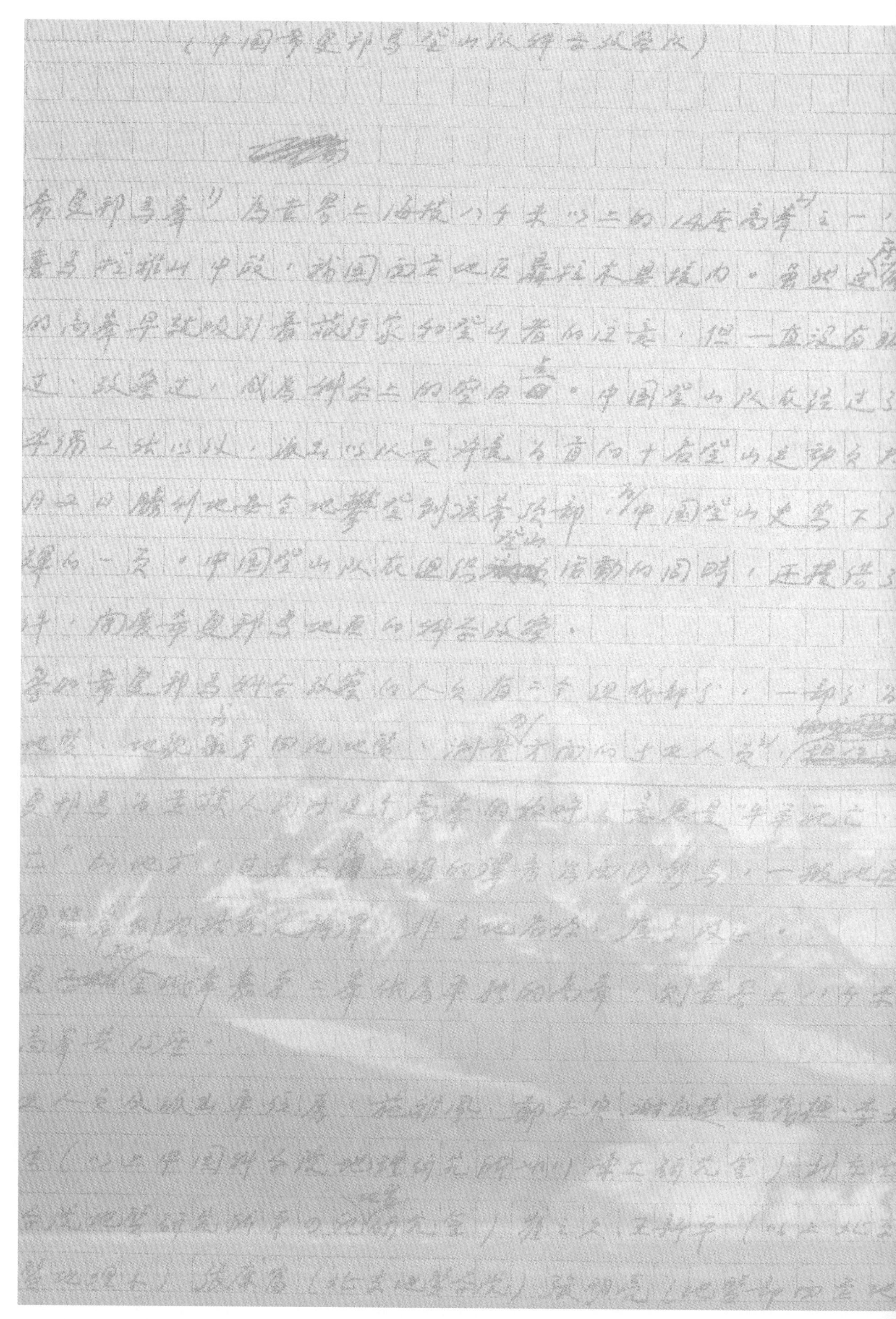

（中国希夏邦马峰登山队科学考察队）

希夏邦马峰为世界上海拔八千米以上的14座高峰之一，耸立于喜马拉雅山中段，我国西藏地区聂拉木县境内。虽然它……的高峰早就吸引着旅行家和登山者的注意，但一直没有被……过、攀登过，成为科学上的空白点。中国登山队在经过了……准备工作以后，派出以队长许竞为首的十名登山运动员于……月二日胜利地安全地攀登到该峰顶部，为中国登山史写下了……辉的一页。中国登山队在组织登山活动的同时，还组织了……队，开展希夏邦马峰地区的科学考察。

参加希夏邦马峰科学考察的人员有二个组成部分，一部分是……地质、地貌、自然地理、测量方面的工作人员，[illegible]

夏邦马是当地藏族人民对这个高峰的称呼，[illegible]

[illegible]

[illegible]高峰共14座。

[illegible]施雅风、刘东生[illegible]

[illegible]（以上中国科学院地理研究所[illegible]研究室）[illegible]

[illegible]

[illegible]

第四部分

野外记录

施雅风自中学时代起就酷爱地理学，在考入浙江大学期间苦学钻研，获得了坚实的理论基础知识；在野外实地考察期间，记录了丰富的地质地貌现象，结合理论基础，写出了独有见解的毕业论文，并刊于中国地质学会主办的《地质论评》杂志。施雅风先生在野外考察中常常是边看、边记、边思考，然后综合研究进行提升精炼，撰写了大量独具特色的创新性研究论文和著作，留下了经典之作。施雅风足迹遍及全球，积累了数百册的野外考察和工作笔记，实为科学研究的宝贵财富。

在纪念施雅风百年诞辰之际，我们收集、整理、查阅了施先生留下的大量的野外记录和学习笔记，使我们再次学习了施先生严谨治学的科学精神和创新精神，以及野外工作勤奋刻苦、认真负责、一丝不苟的探索精神，也感受到当年施雅风他们野外工作的艰辛和一代科学家的奋斗精神。值得我们永远铭记和学习。

在野外考察中，施雅风不仅关注科学问题，认真细致的记录途经和所到之处的地理环境现状和许多具有时代新意的地理发现，还以简略的笔法或以素描图概括地描绘了关键区域的地貌、构造和其相互之间的整合特征；同时还关注国计民生、国家发展的相关问题。从各种自然环境、自然灾害和自然现象中综合归纳总结出科学发展、区域建设和地方发展的重要建议以及发展前景。更为冰川学、冻土学、寒旱区水文学、泥石流学和山地灾害研究等学科建设构建了重要的学术思想基础，获得了 1986 年中国科学院竺可桢野外科学工作奖。

我们在收集整理的数百册野外笔记中，精选摘录了祁连山区、希夏邦马峰地区、念青唐古拉山东段（西藏古乡地区）、横断山区、天山山区和喀喇昆仑山区等的部分野外剖面图、素描图和部分重要记录（110 幅）和大家一起分享。这里以年月次序排列，并加注地点和简略说明，以便大家阅读。

祁 连 山 区

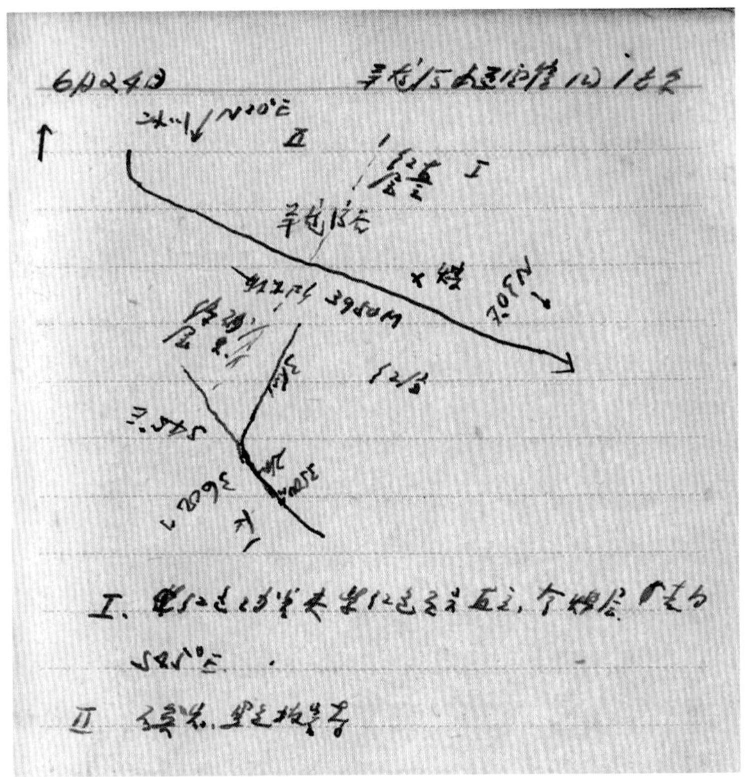

▶ 祁连山羊龙河谷红色砂岩夹紫红色页岩与含煤层走向略图（1959 年 6 月 24 日）

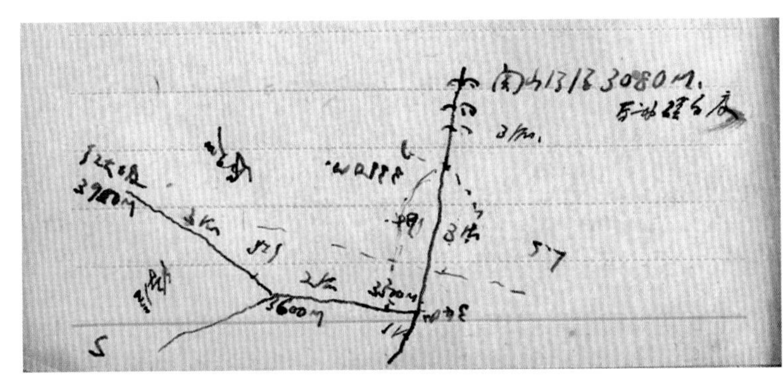

▶ 祁连山关山河源海拔 3 080 m 冰碛分布图（1959 年 6 月 24 日）

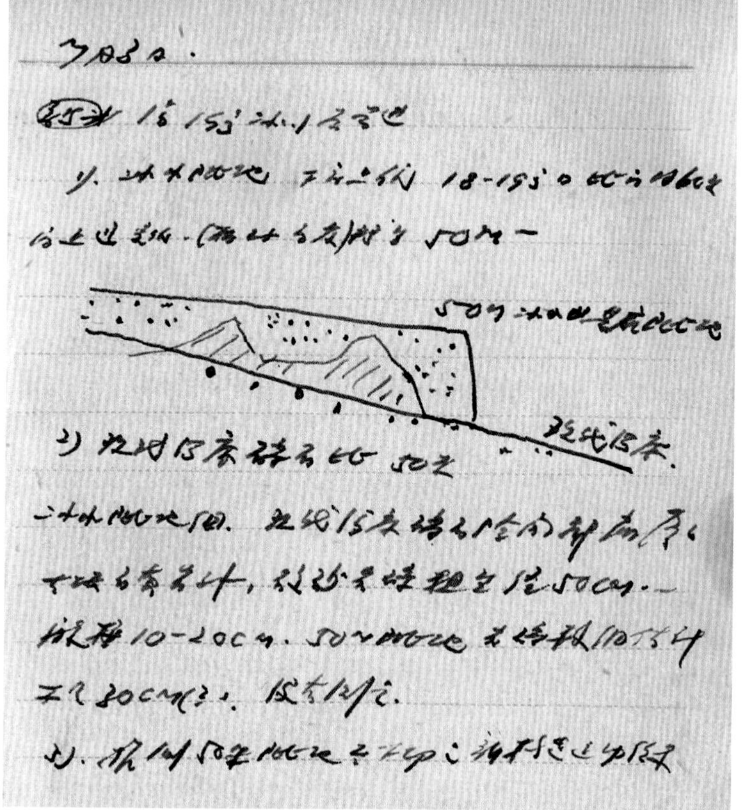

祁连山老虎沟现代河床与冰水基底阶地的关系（1959 年 7 月 3 日）

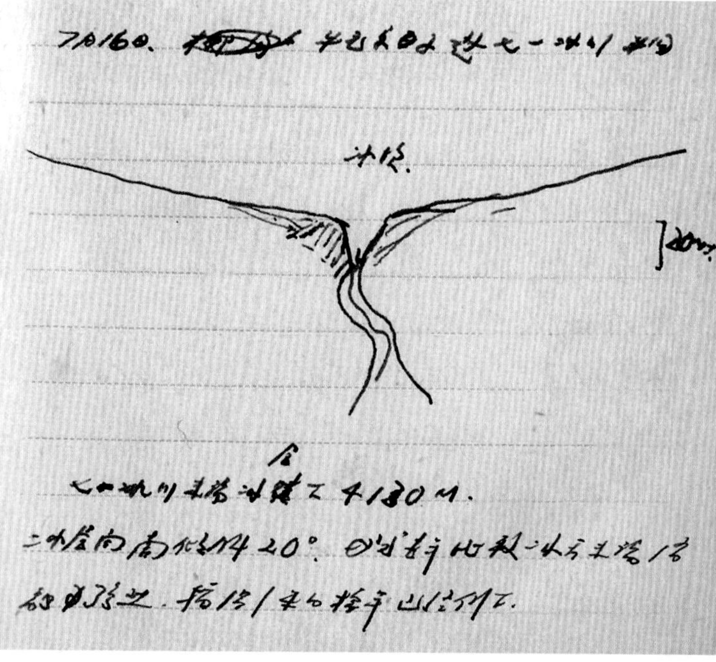

祁连山七一冰川末端冰崖及冰水河流示意图（1959 年 7 月 16 日）

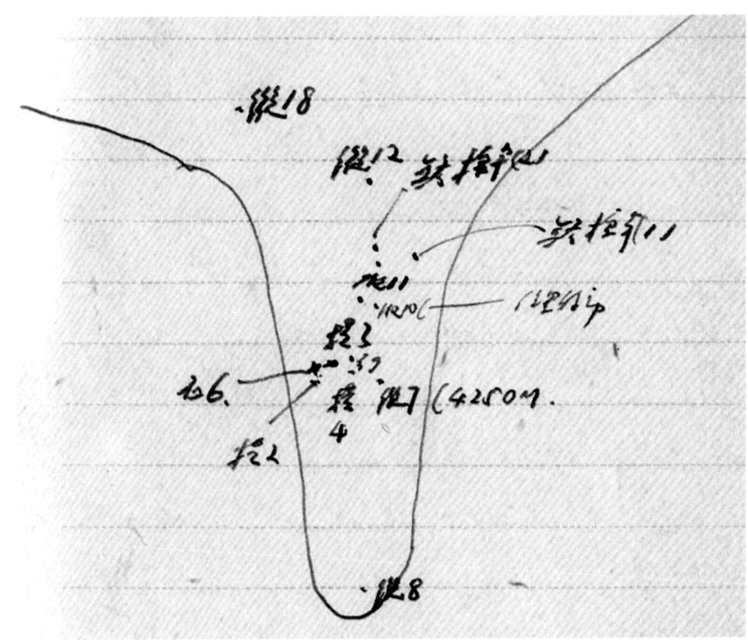

▶ 祁连山七一冰川积消测杆位置分布图（1959 年 7 月 16 日）

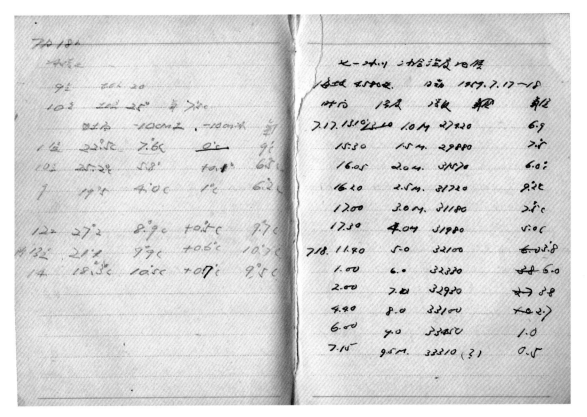

▲ 祁连山七一冰川冰层温度观测记录（1959 年 7 月 17 ~ 18 日）

希夏邦马峰地区

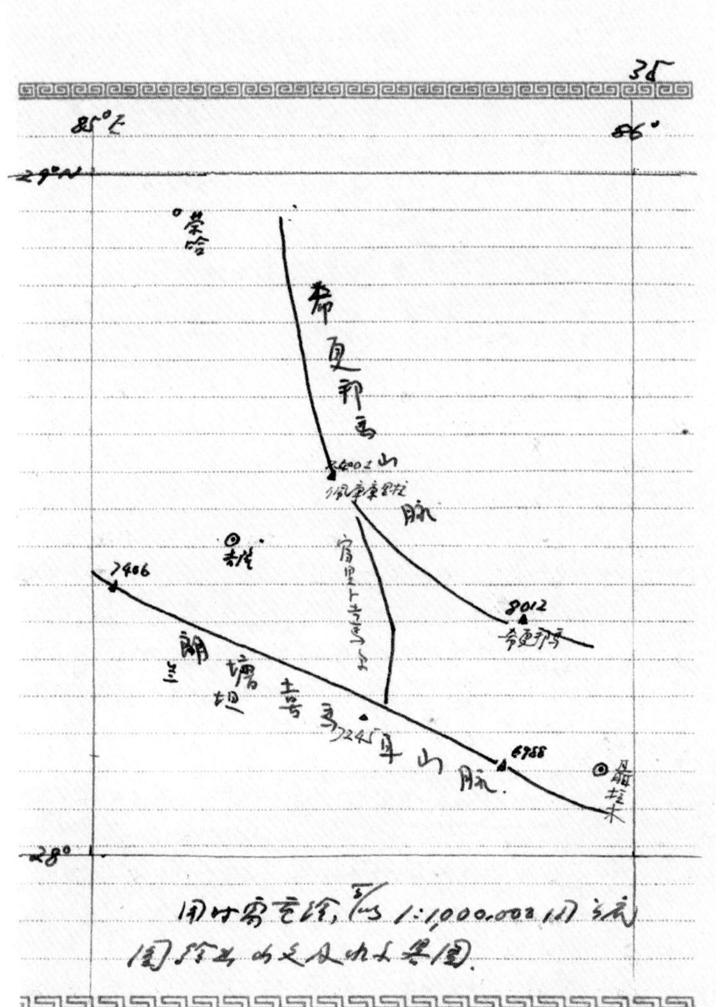

希夏邦马峰区山文水系略图（1964 年 3 月）

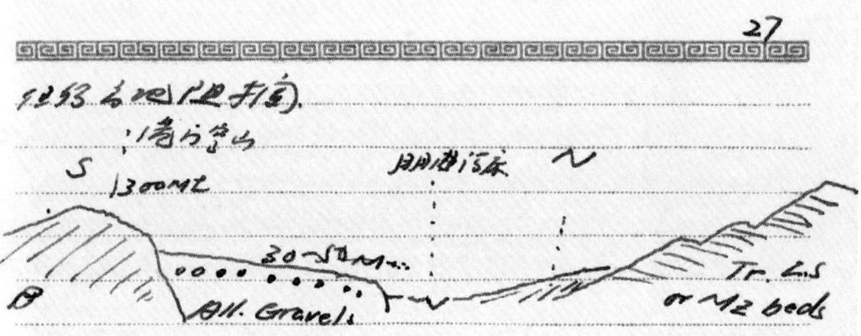

希夏邦马峰朋曲河谷地与沉积剖面（1964 年 3 月）

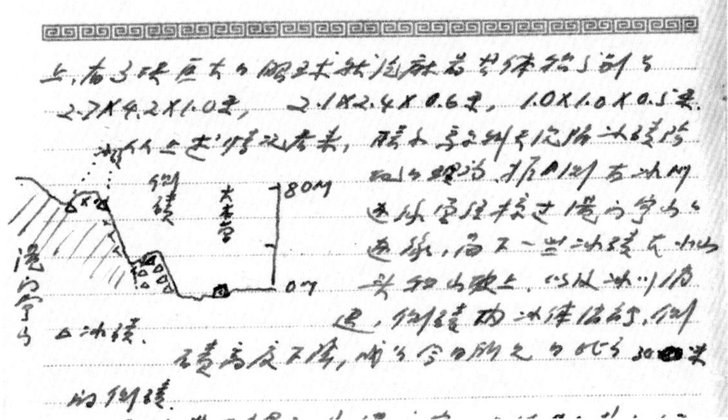

▶ 希夏邦马峰港门穹山冰碛剖面（1964 年 3 月）

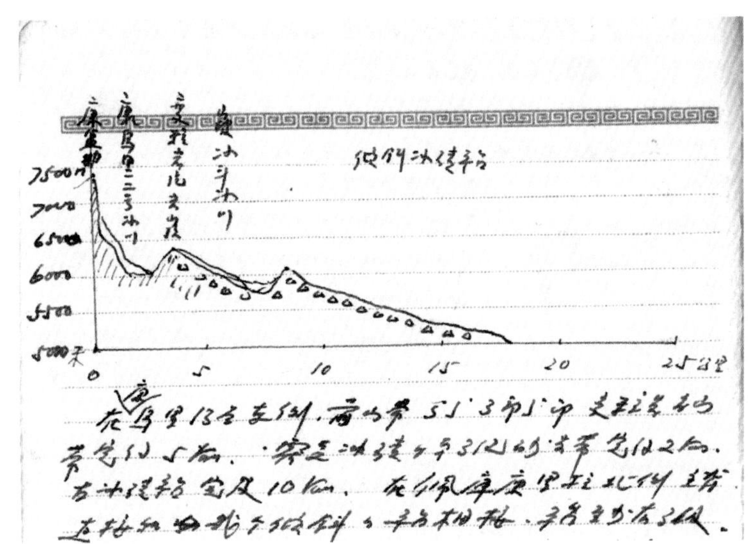

▶ 希夏邦马峰康乌里二号冰川及冰碛剖面（1964 年 3 月）

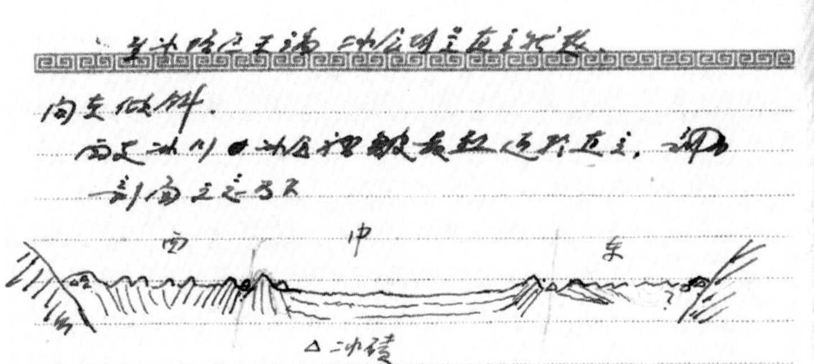

▶ 希夏邦马峰野博康加勒冰川冰舌区近乎直立的冰川层理构造景观（1964 年 5 月）

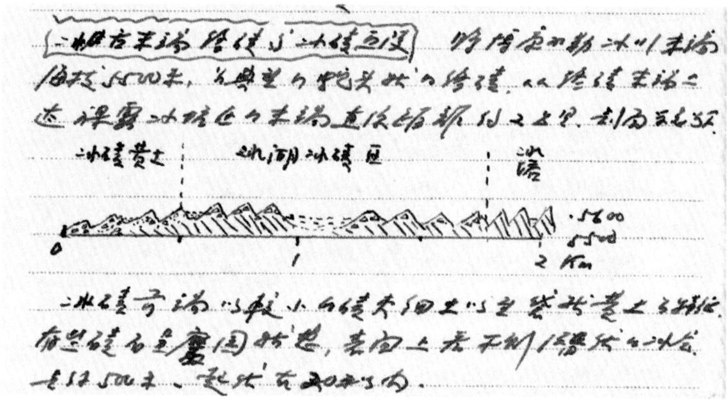

希夏邦马峰野博康加勒冰川冰舌末端区表碛与冰碛丘陵分布图（1964 年 5 月）

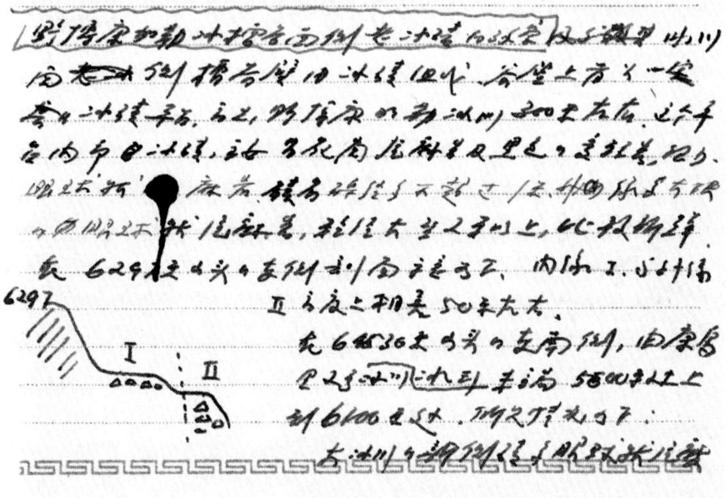

希夏邦马峰野博康加勒冰川海拔 6 297 m 高峰东侧冰碛阶地示意图（1964 年 5 月）

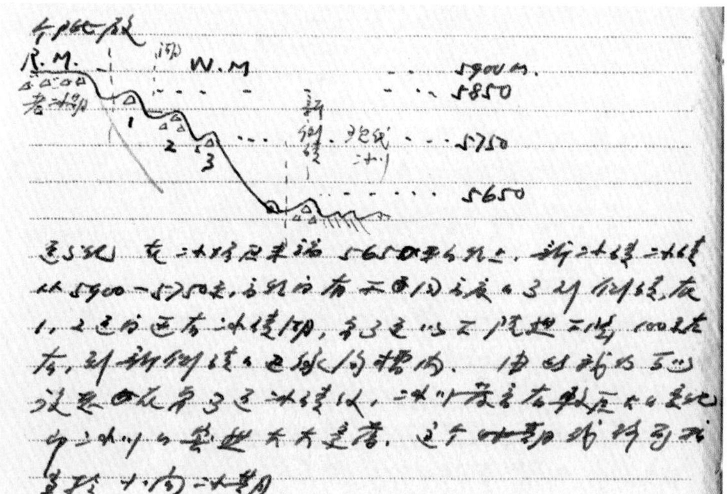

希夏邦马峰野博康加勒冰川海拔 6 297 m 高峰区不同阶段冰碛阶地（1964 年 5 月）

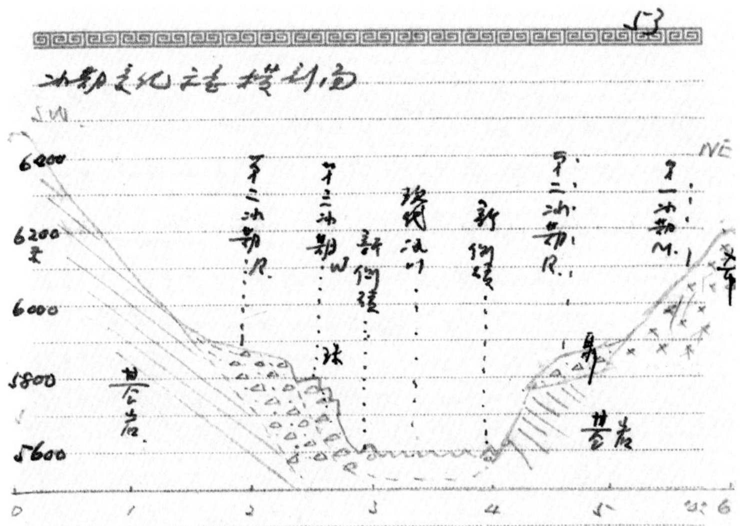

希夏邦马峰野博康加勒冰川谷地冰期变化示意横剖面（1964年5月）

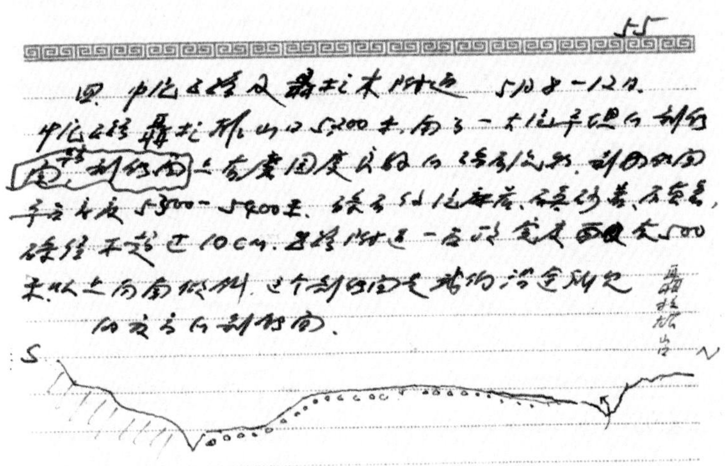

中尼公路聂拉木附近所见最高的剥蚀面（1964年5月）

希夏邦马峰聂聂雄拉附近的“V”形谷和“U”形谷剖面（1964年5月）

聂拉木东南的深切峡谷（谷深200～300 m）和公路通过位置略图（1964年5月）

聂拉木富曲河口北岸的一个沉积剖面（1964年5月）

▶ 聂拉木富曲南岸的高侧碛剖面（1964 年 5 月）

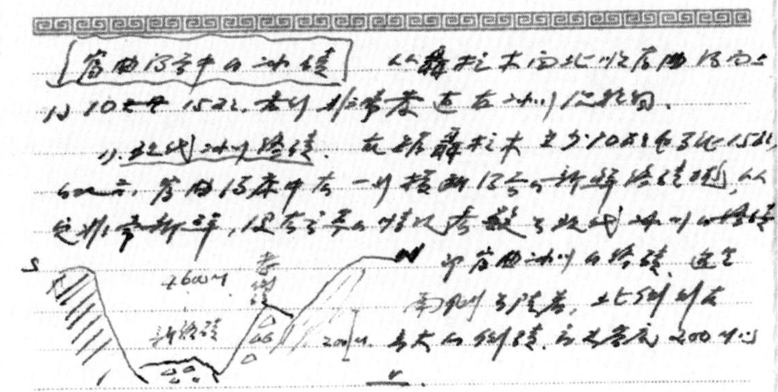

▶ 聂拉木富曲源区河谷中的冰碛分布剖面（1964 年 5 月）

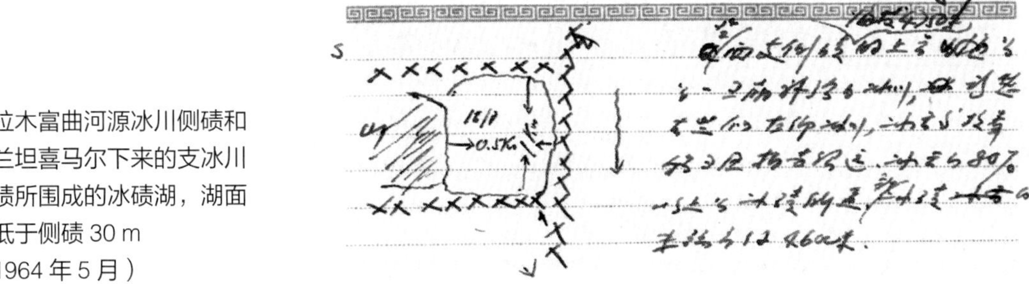

▶ 聂拉木富曲河源冰川侧碛和从兰坦喜马尔下来的支冰川侧碛所围成的冰碛湖，湖面约低于侧碛 30 m（1964 年 5 月）

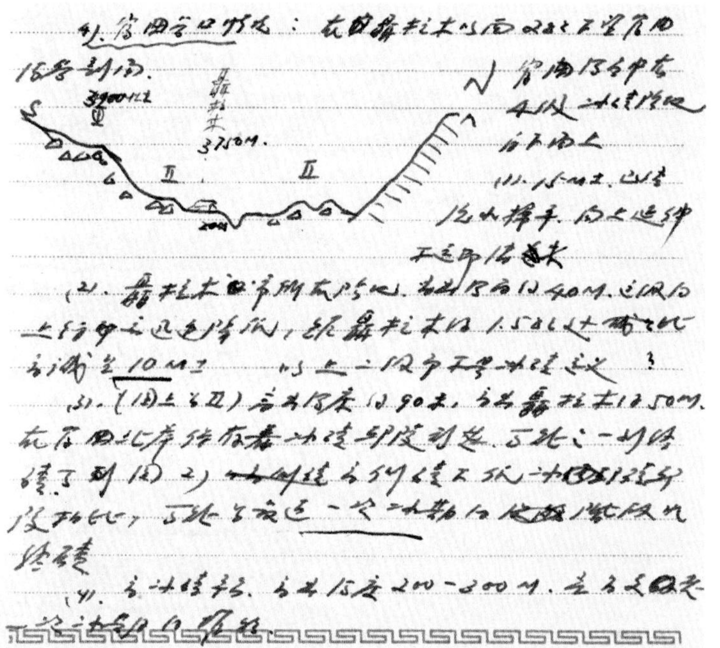

聂拉木以西 2 km 以下富曲河谷的冰碛阶地（1964 年）

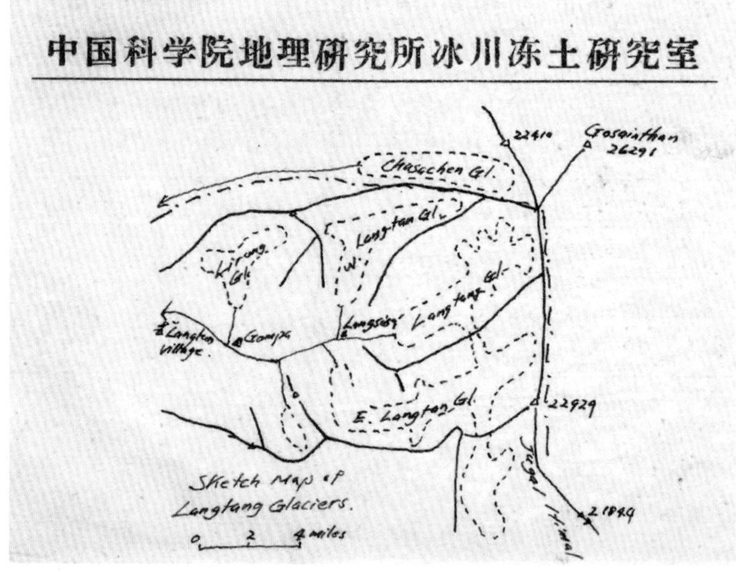

希夏邦马峰南坡浪塘冰川略图（1964 年 5 月）

念青唐古拉山东段（西藏古乡地区）

▶ 波密古乡泥石流沟内垂直自然景观带分布（1963 年 8 月 10 日）

▶ 古乡 1964 年 6 月 7 日第 7 次暴发的高达 3 m 的泥石流龙头（1964 年 6 月）

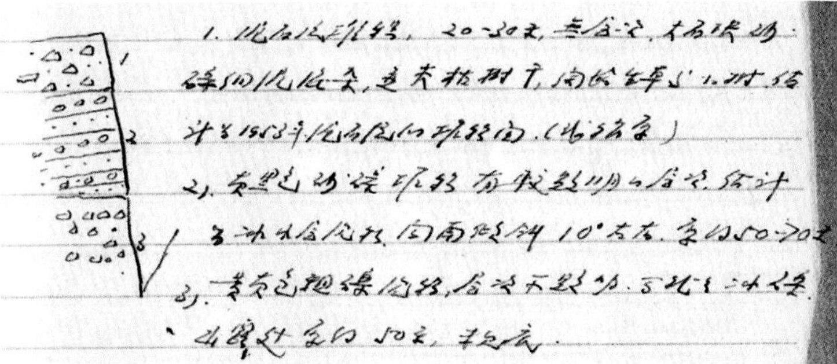

古乡泥石流堆积物，高 20 ~ 30 m、无层次、大石块、沙、细碎泥并夹枯树干、开始长草和小树的泥石流堆积剖面，估计是 1953 年泥石流堆积（1964 年 6 月 13 日）

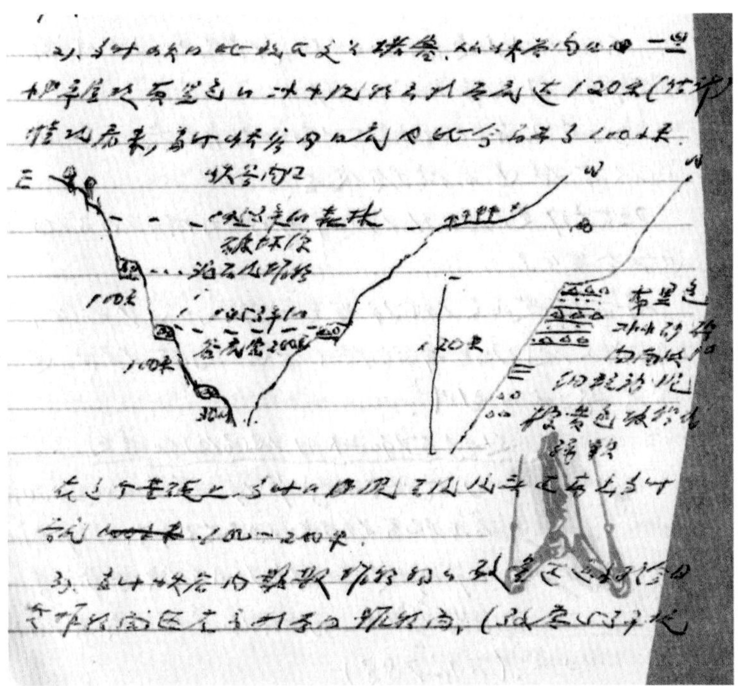

古乡峡谷口沉积阶地剖面（1964 年 6 月 24 日）
根据古乡峡谷口森林、堆积物高度和谷底宽度以及之间的关系，推测距谷底 120 m 高的堆积阶地是 1953 年特大泥石流形成的

横断山区

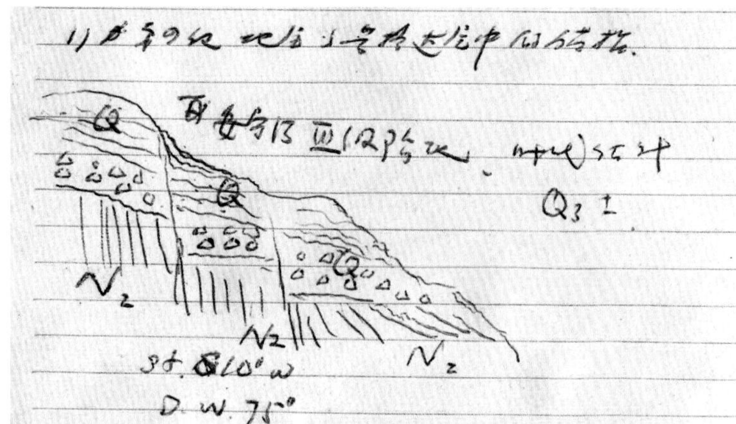

▶ 横断山区安宁河第四纪错位阶地（1966 年 6 月 2 日）

安宁河谷：谷宽 2~3 km，两岸阶地发育，共有 4 级

级别	性质	宽度	拔河高
I	堆积	500-1200m	2-4米
II	,,	300-700m	10-15米
III	侵蚀堆积	200-800m	25-35米
IV	,,	800-1100米	50-60米

▶ 横断山区安宁河谷，谷宽 2 ~ 3 km，两岸阶地发育，共四级阶地（1966 年 6 月 2 日）

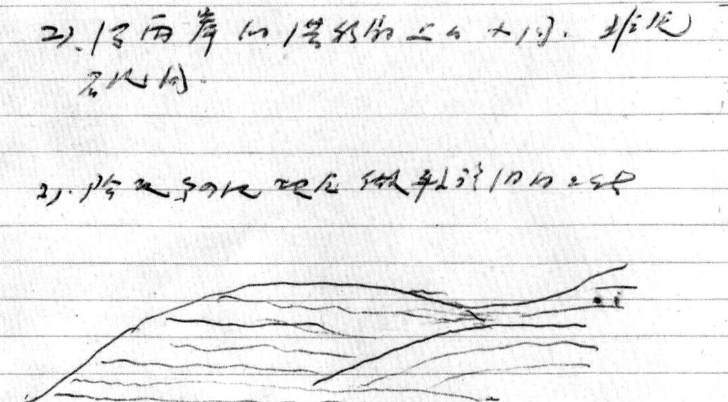

▶ 横断山区安宁河谷两岸的洪水扇上的小沟，非泥石流沟（1966 年 6 月）

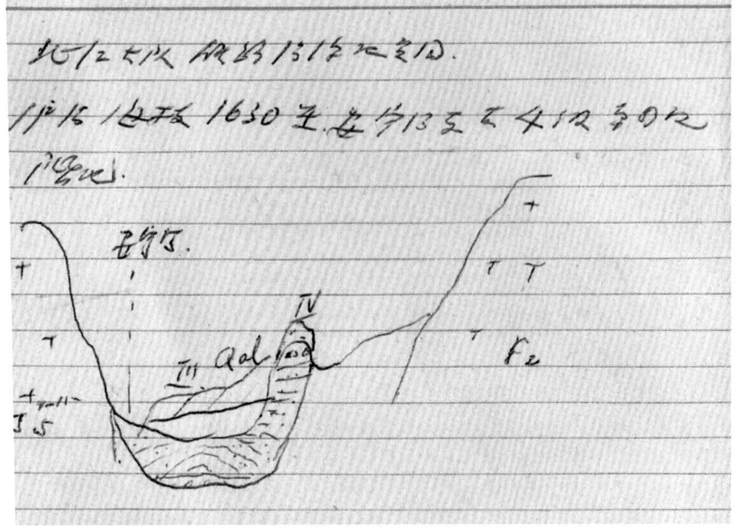

横断山区安宁河谷第四纪阶地（1966 年 6 月）

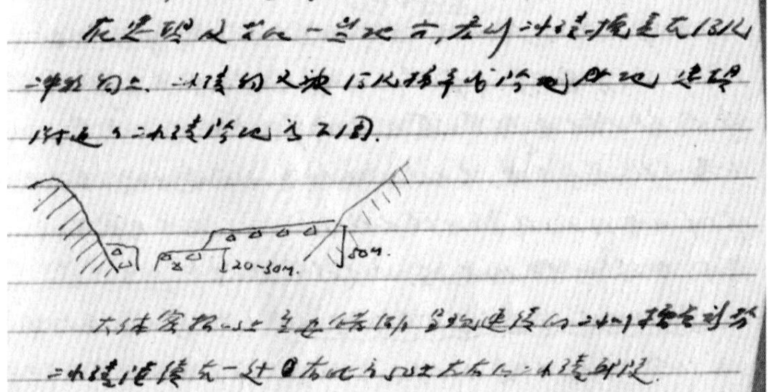

川藏公路妥坝附近的冰碛阶地剖面（1964 年 6 月）

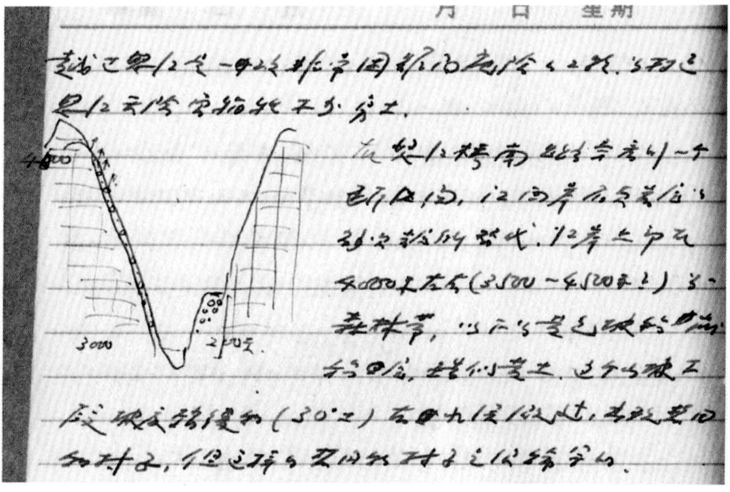

川藏公路怒江桥南公路旁的峡谷断面（1964 年 6 月 28 日）

▶ 川藏公路怒江桥南公路旁的河谷地形（1964 年 6 月 28 日）

▶ 雀儿山新路海新冰碛和老冰碛分布示意图（1965 年 7 月 1 日）

▶ 雀儿山冰期雪线高度分布（1965 年 7 月 1 日）

天 山 山 区

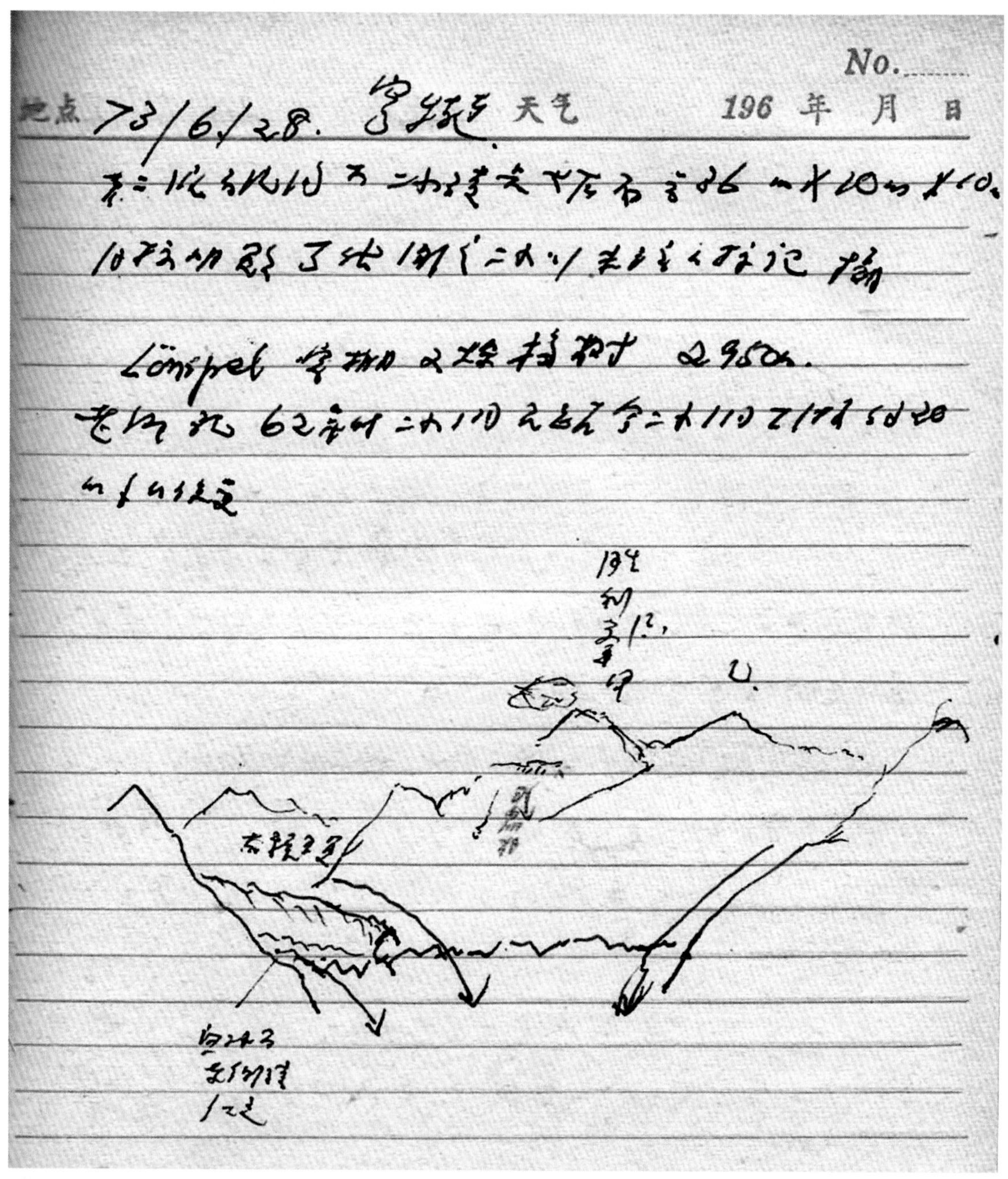

▲ 天山胜利峰（现称托木尔峰）南坡穹特连冰川区山峰、积雪、冰川及冰流方向略图（1973 年 6 月 28 日）

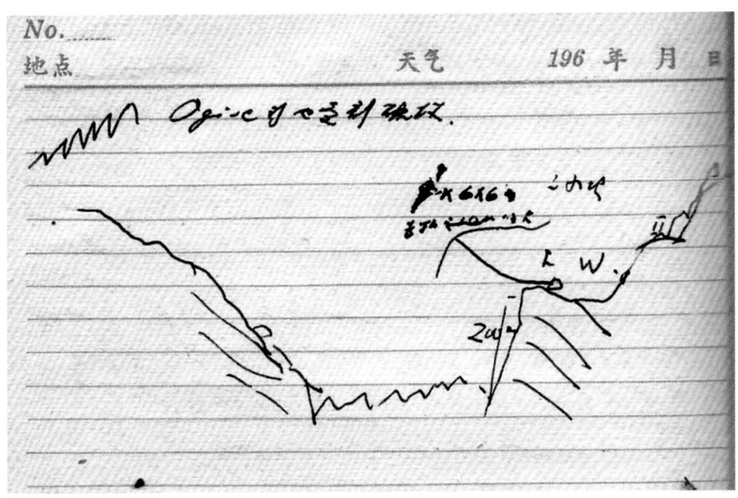

▶ 天山胜利峰（现称托木尔峰）南坡穹特连冰川区，冰坎上分布的大漂砾（1973 年 6 月 28 日）

▶ 天山台兰河柯克台不爽冰碛阶地剖面图（1973 年 6 月 28 日）

▲ 天山台兰河经过构造运动的冰碛阶地剖面图（1973 年 6 月 28 日）

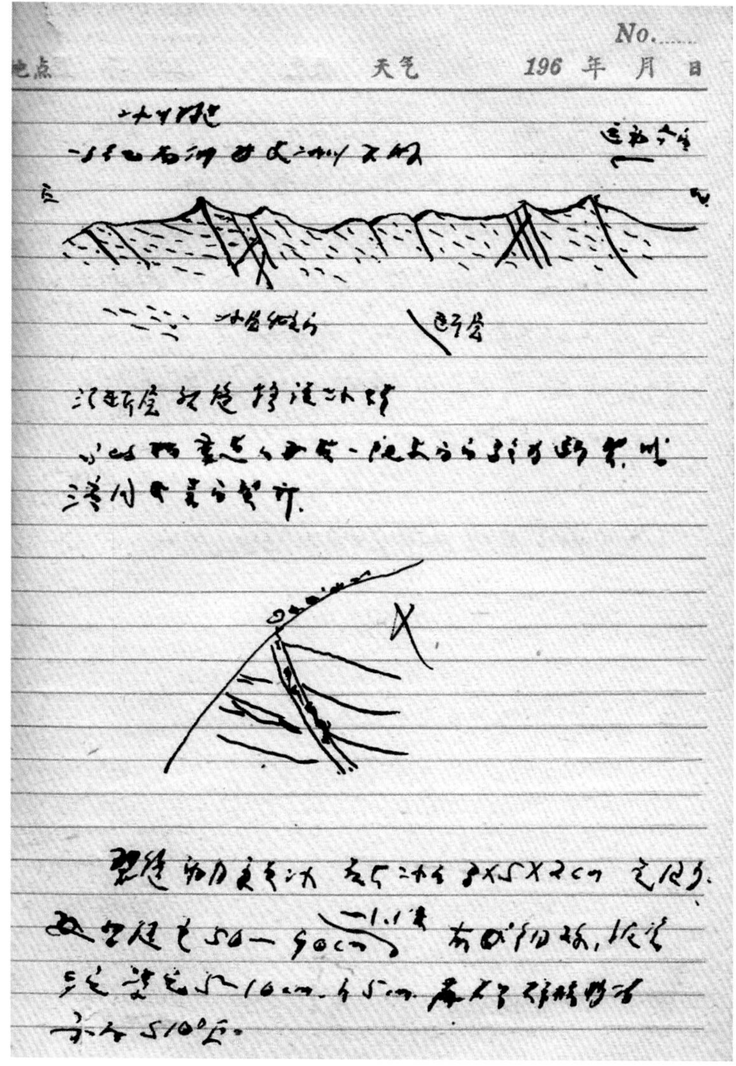

天山胜利峰（现称托木尔峰）南坡穹特连冰川区断层和裂缝中的挤溢冰碛（上图），冰面表碛和断层中的挤溢冰碛（下图）（1973 年 6 月 29 日）

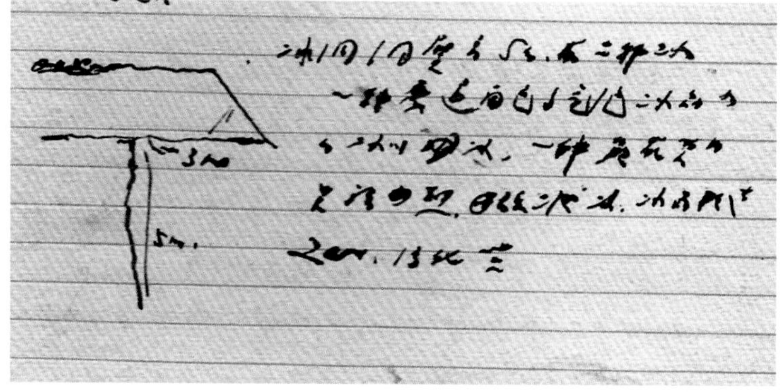

天山穹特连冰川一冰洞内壁高 5 m，有白色气泡冰晶的冰川冰（1973 年 6 月 29 日）

▶ 天山大台兰河与小台兰河谷冰碛阶地（上）和柯克台不爽冰碛（下）剖面（1973 年 6 月 29 日）

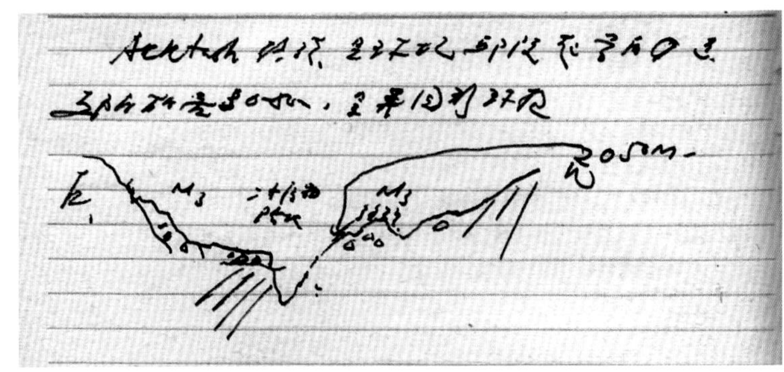

▶ 天山台兰苏阿克陶终碛呈半圆形环抱丘陵起伏的阶地（1973 年 7 月 7 日）

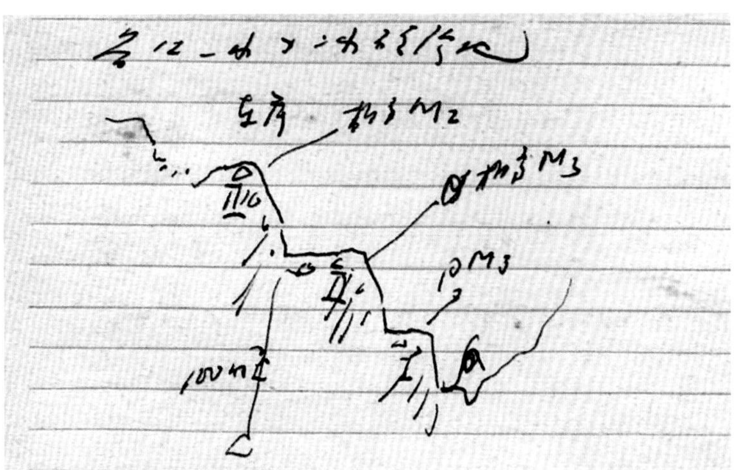

▶ 天山台兰苏峡口含有圆砾石块的冰碛阶地（1973 年 7 月 7 日）

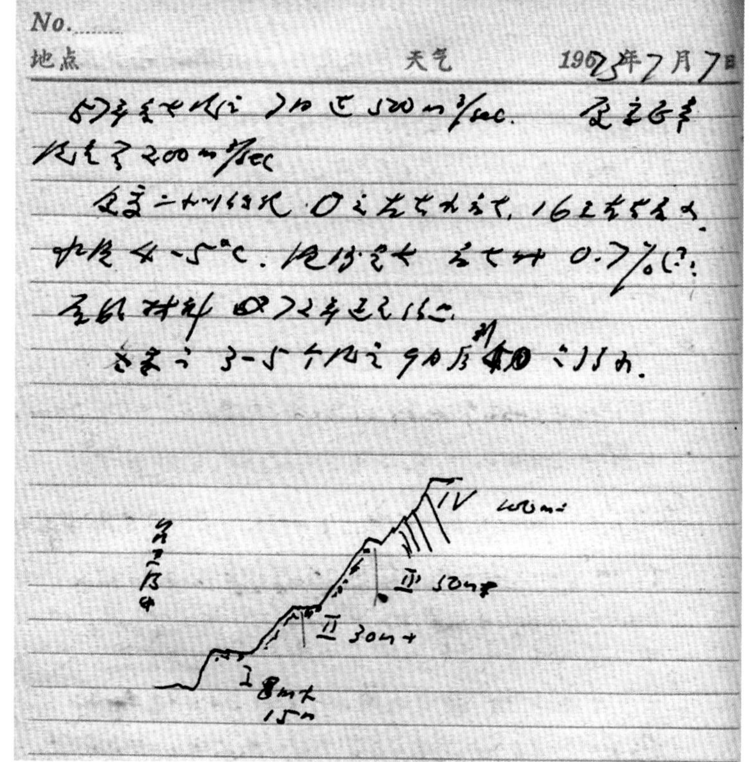

天山台兰河中段四级河谷阶地剖面（1973 年 7 月 7 日）

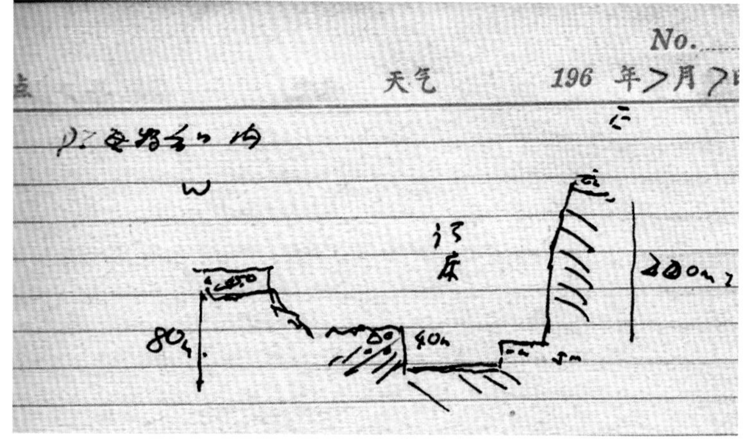

天山阿瓦特谷口内河床与冰碛阶地剖面（1973 年 7 月 7 日）

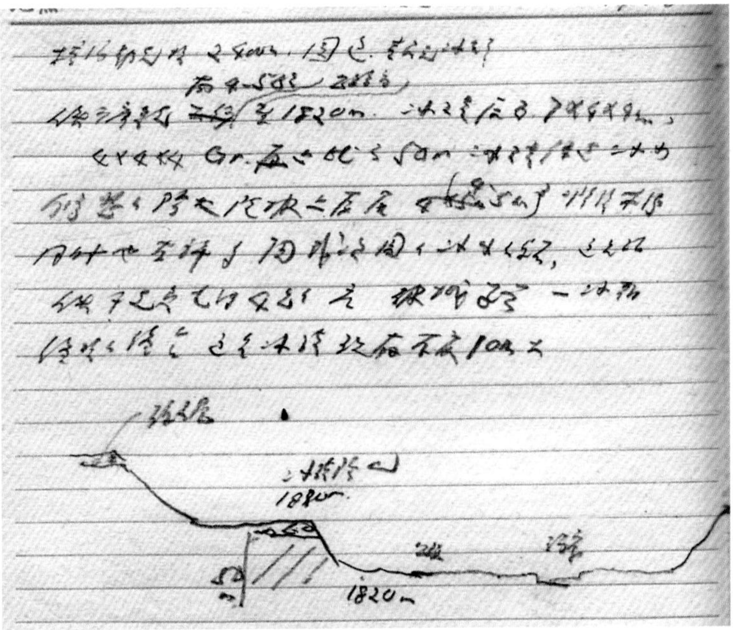

▶ 天山破城子谷口冰碛阶地、河床和公路位置图（1973 年 7 月 8 日）

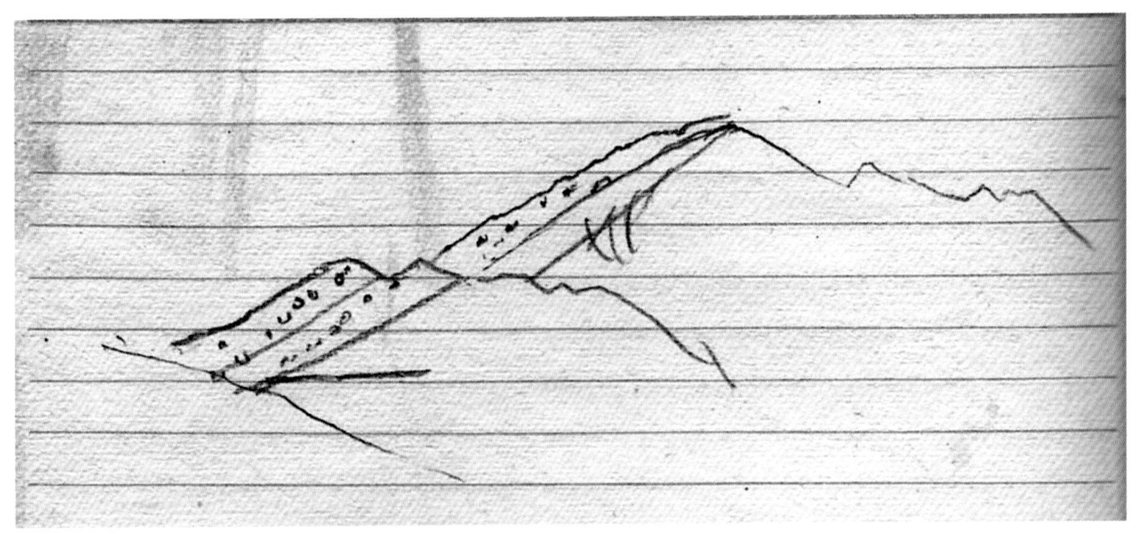

▲ 铁干克里克之南公路东侧的冰碛阶地剖面（1973 年 7 月 8 日）

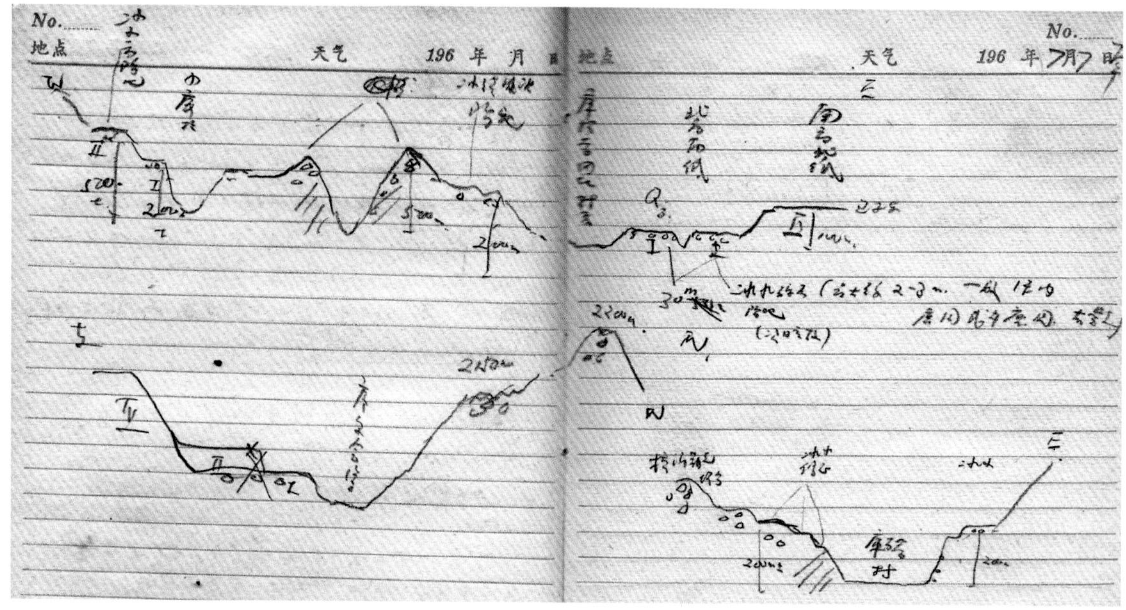

▲ 天山包孜东以东地区（上）、库尔会洛克河谷（下左）和库塔村（下右）地形剖面图（1973 年 7 月 7 日）

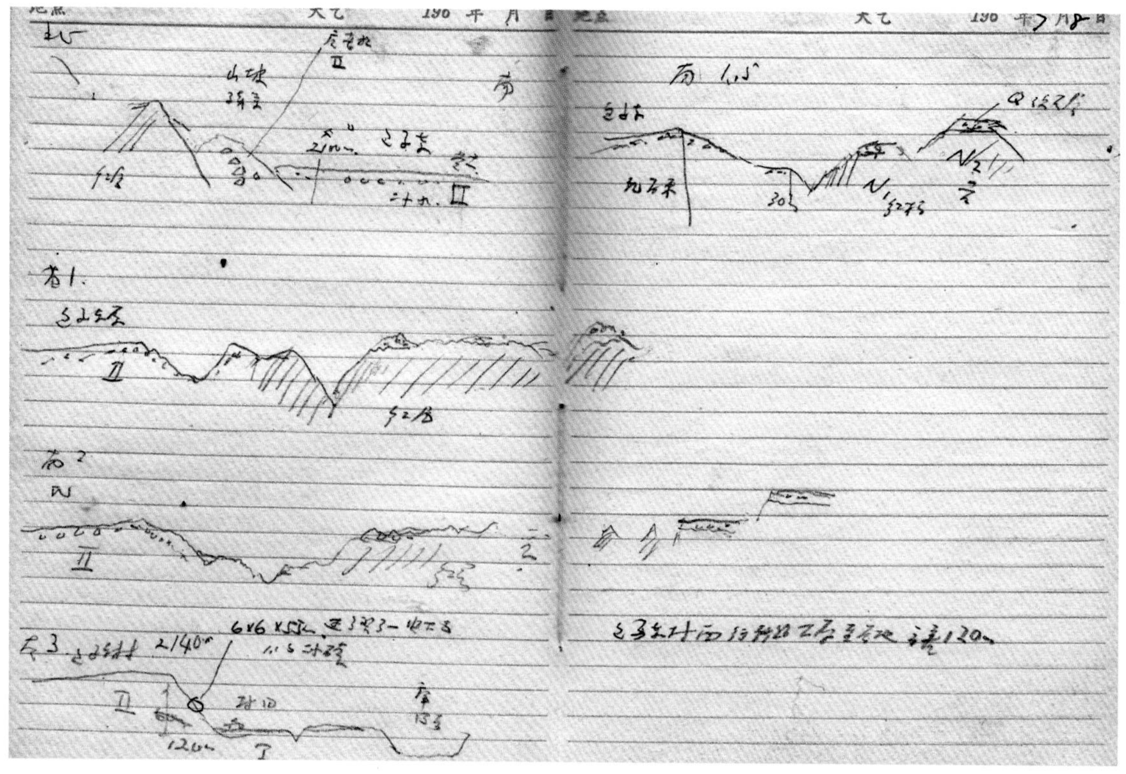

▲ 天山包孜东南部不同段地形与地层剖面图（1973 年 7 月 8 日）

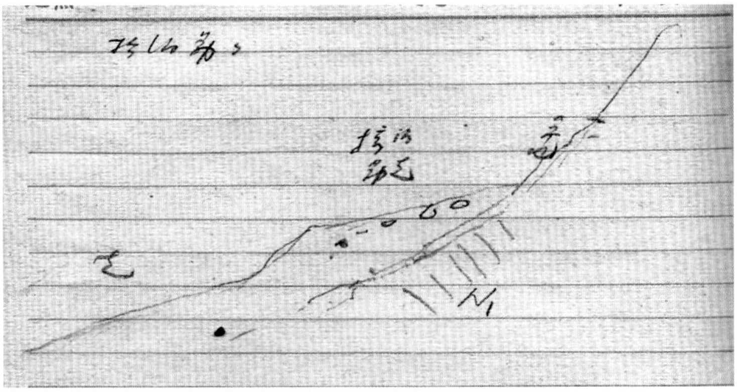

▶ 天山铁干克里克附近的地层剖面（1973 年 7 月 8 日）

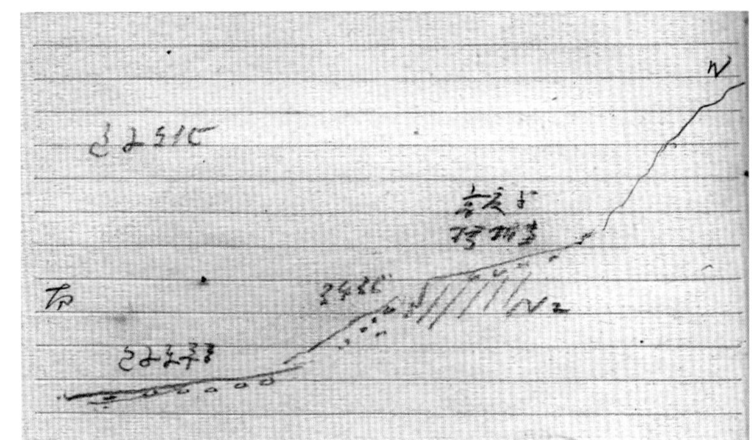

▶ 天山包孜东北侧的地层剖面（1973 年 7 月 8 日）

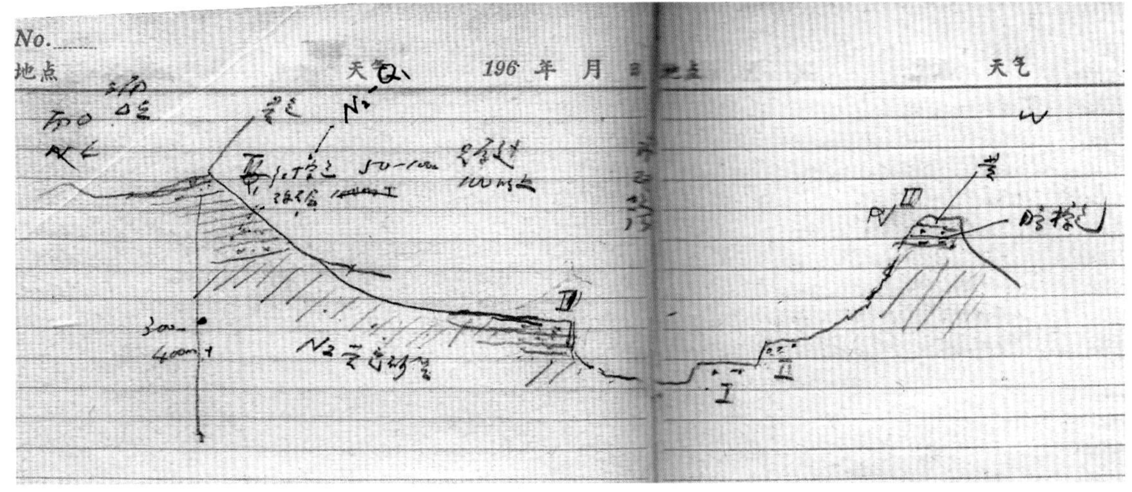

▲ 天山包孜东北侧的地层剖面（1973 年 7 月 8 日）

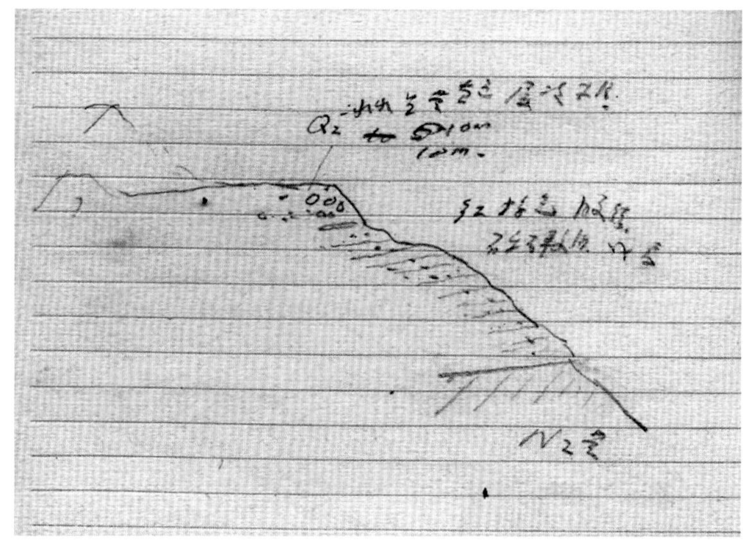

◀ 天山包孜东河谷堆积地层剖面（1973 年 7 月 8 日）

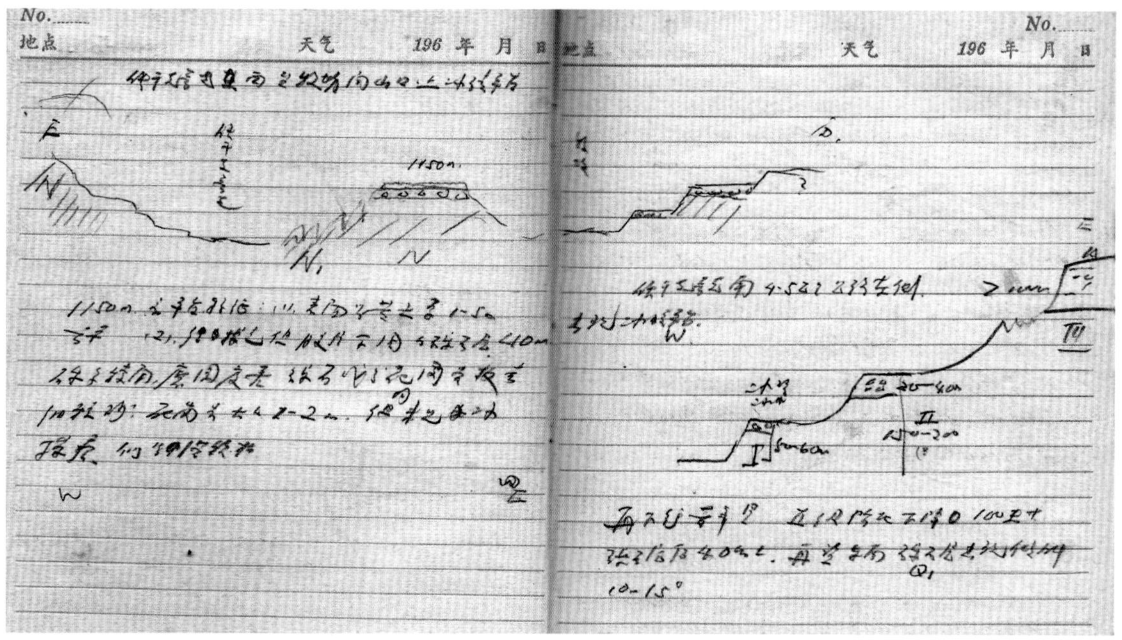

▲ 天山铁干克里克至牧场间山口上的冰碛平台（左上）和铁干克里克南 4.5 km 公路东侧的冰碛平台（右下）地层剖面（1973 年 7 月 8 日）

西天山前哨水电站河岸阶地剖面（1973 年 7 月 11 日）

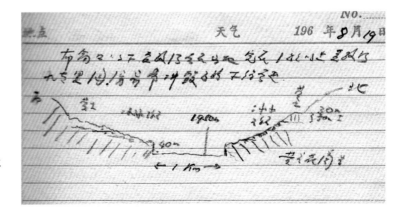

布伦口盖孜河谷阶地和有黄土分布的地层剖面（1973 年 8 月 19 日）

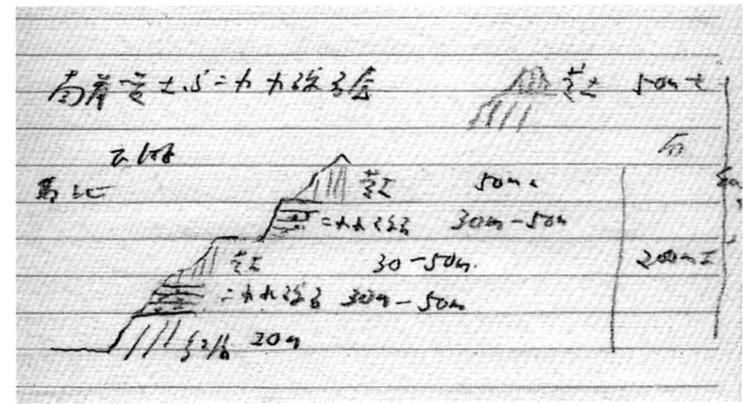

盖孜河南岸黄土与冰水砾石层剖面（1973 年 8 月 19 日）

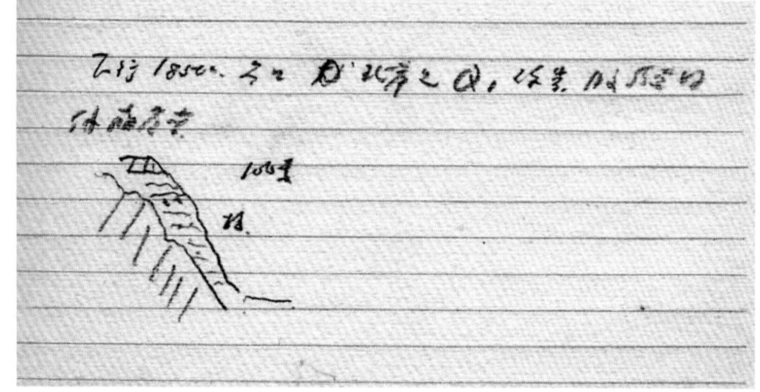

喀什地区布伦口盖孜河北岸
Q1 胶结砾岩
（1973 年 8 月 19 日）

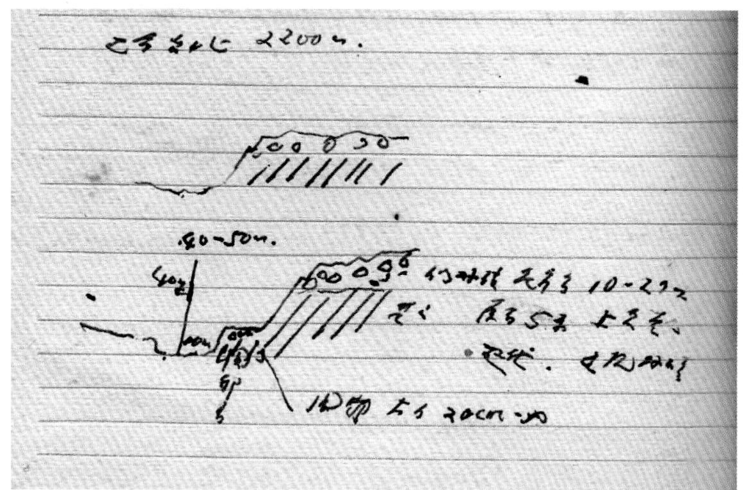

天山南麓巴伦台北海拔
2 200 m 沉积地层剖面
（1973 年 8 月 15 日）

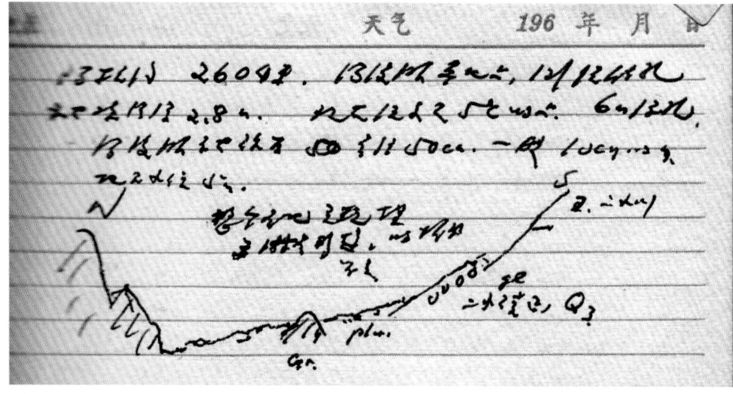

天山南麓阿拉沟河谷剖面
（1973 年 8 月 15 日）

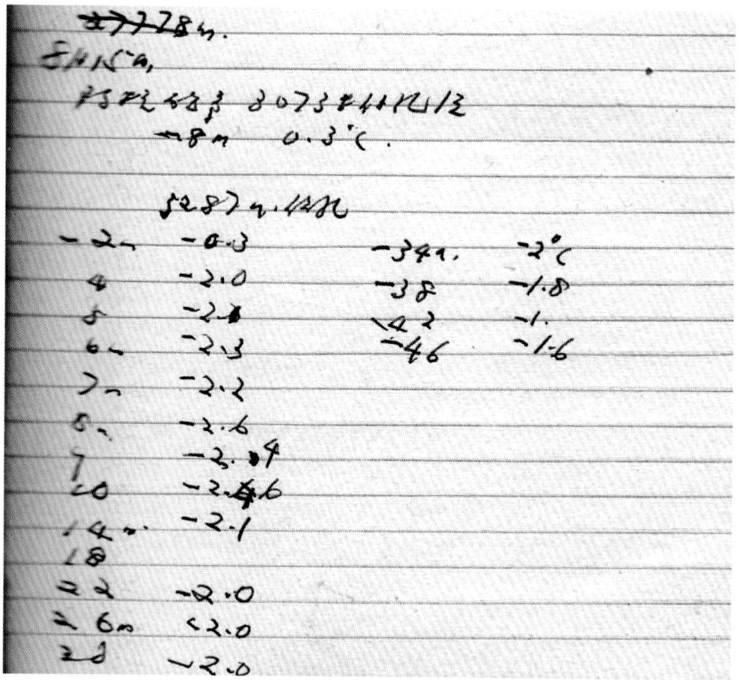

▶ 天山南麓阿拉山口海拔 3 073 m 处 8 m 钻孔温度记录（1973 年 8 月 15 日）

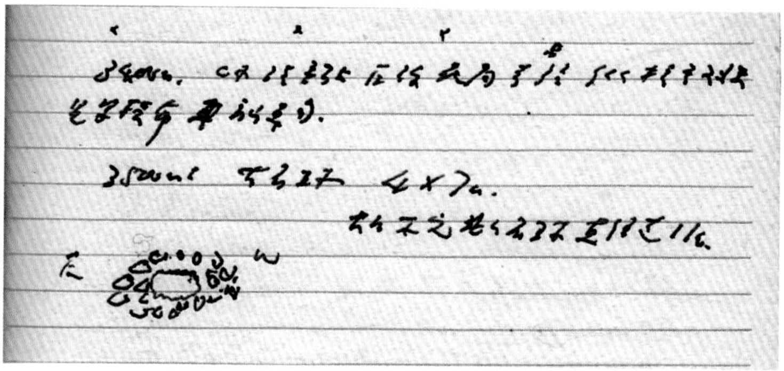

▶ 天山阿拉山口海拔 3 500 m 大石环（4 m×7 m）（1973 年 8 月 15 日）

No.
地点　　　　天气　　　　196 年 月 日

阿拉沟阴坡 2900 m

深度	地温
1cm	+2.0°C
2	~~-1.8~~ -0.6
3	-1.25
4	-1.5
5	-2.0
6	-2.2
7	-2.3
10m	-2.8
14	-2.9
18	-2.4
22	-2.3
26	-2.0
30	-1.7
42	
50	-1.5

◀ 天山南麓阿拉沟阴坡海拔 2 900 m 地温记录（1973 年 8 月 15 日）

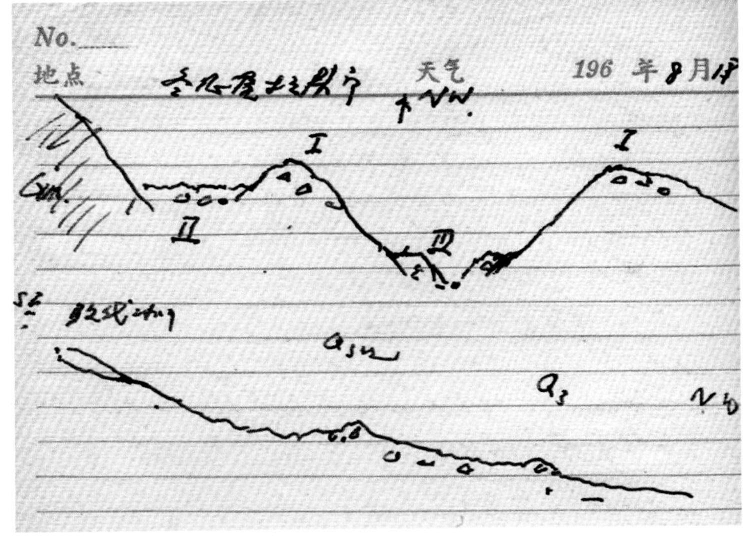

◀ 天山冬德萨拉冰川与第四纪沉积剖面（1973 年 8 月 17 日）

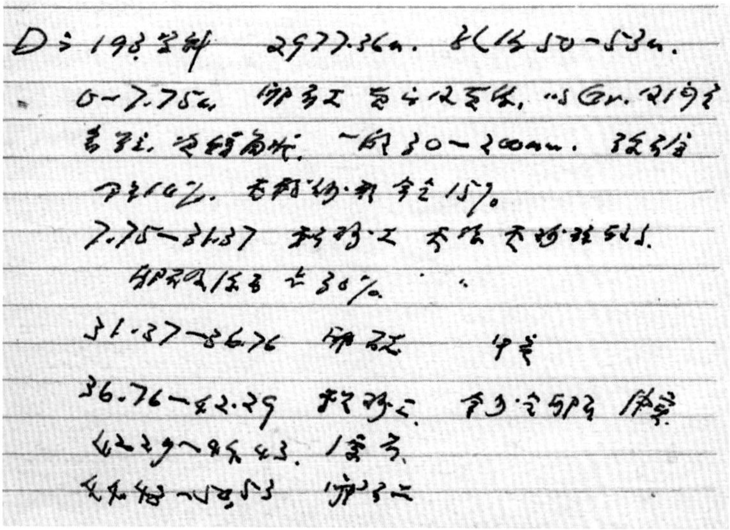

▶ 天山阿拉山口钻孔资料（孔深 50 ~ 53 m）（1973 年 8 月 17 日）

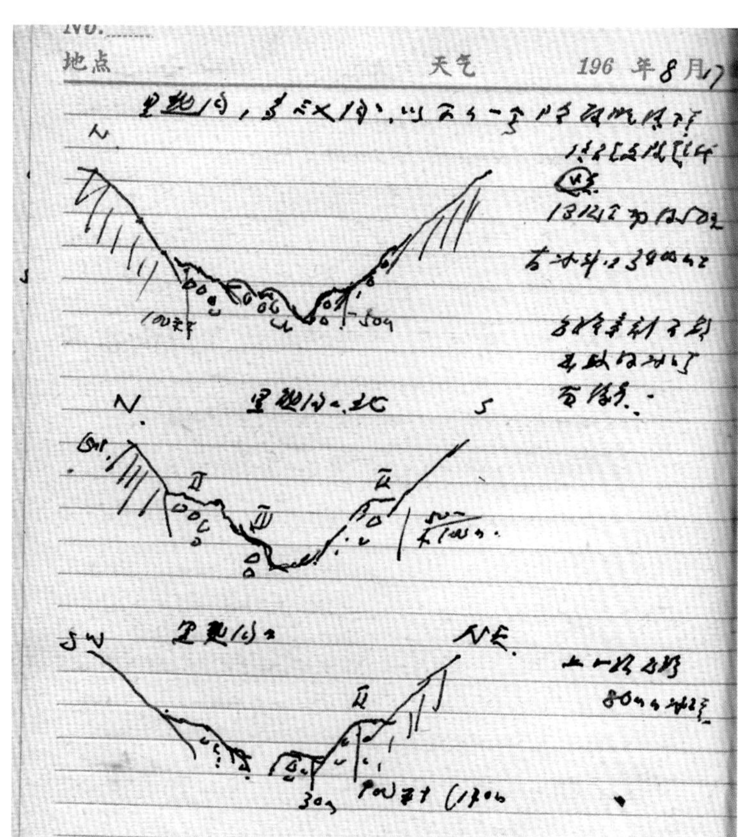

▶ 天山黑熊沟不同部位几个地形阶地和地层剖面（1973 年 8 月 17 日）

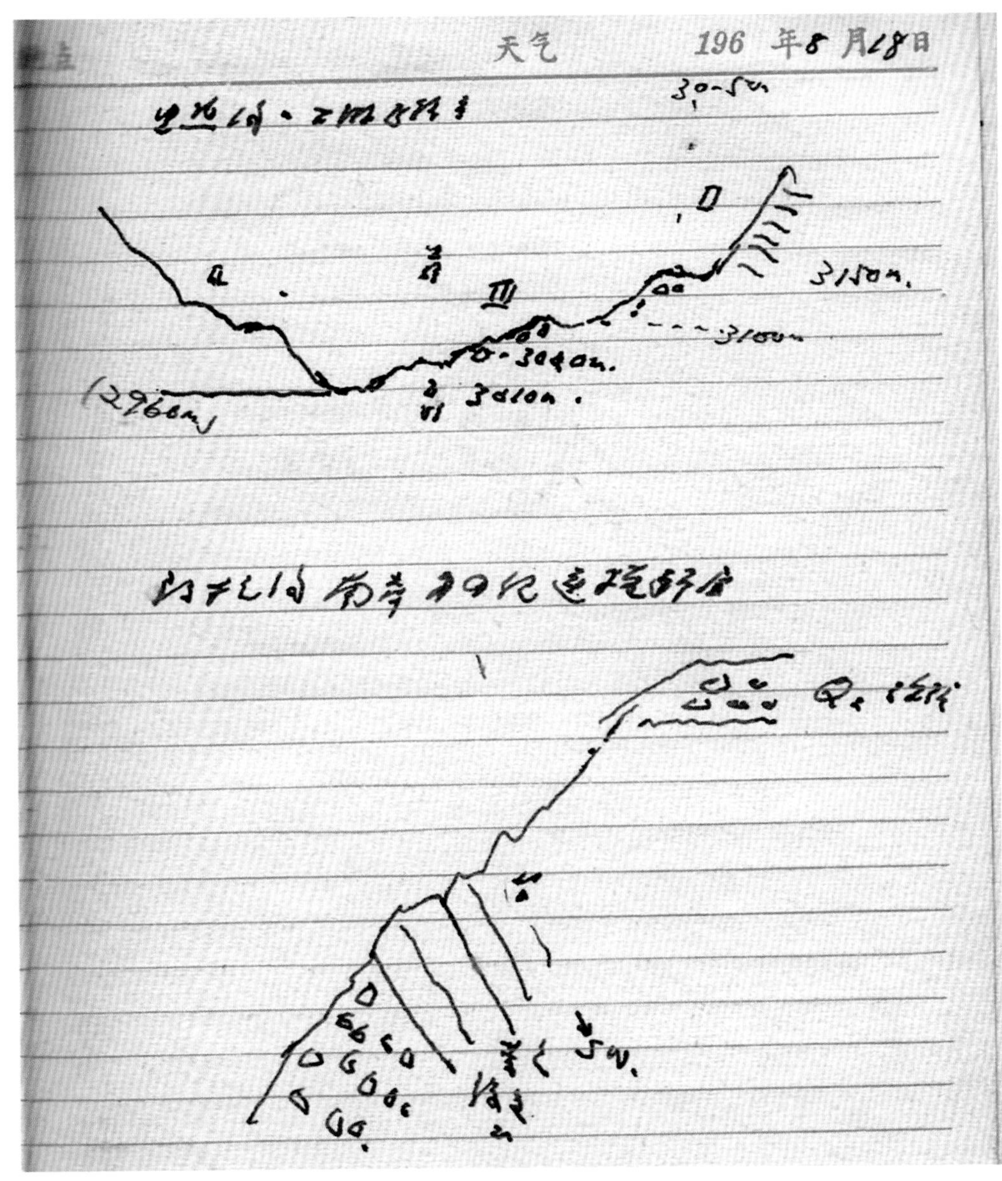

▲ 天山黑熊沟口下游公路旁古冰川阶地剖面（上）和阿拉沟南岸第四纪逆掩断层（下）（1973 年 8 月 18 日）

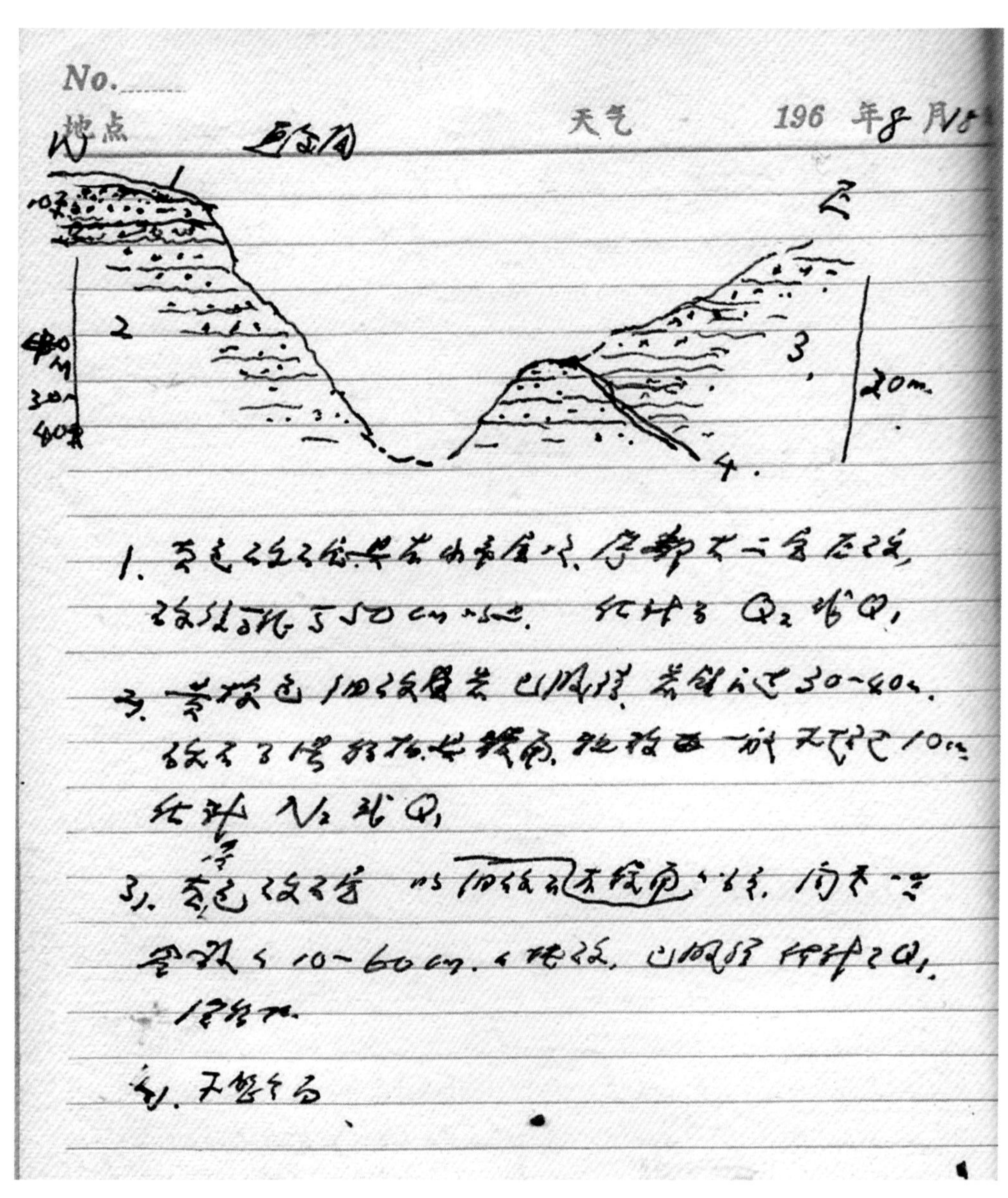

▲　天山夏尔沟沉积层理和不整合接触剖面（1973 年 8 月 18 日）

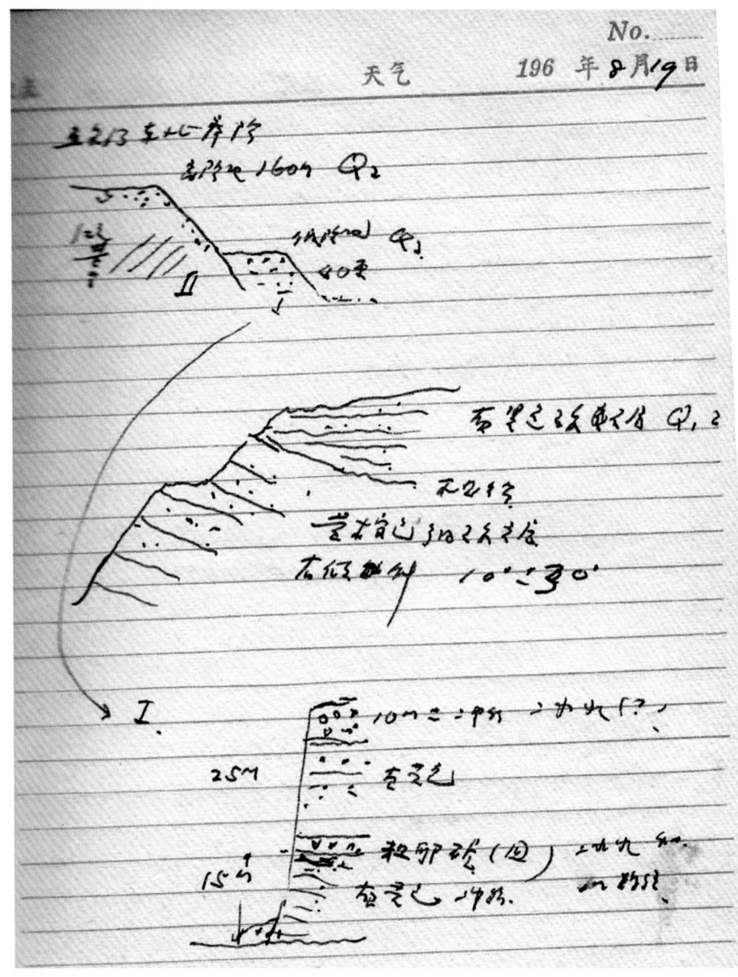

天山夏尔沟东北岸高阶地和低阶地（上）、Q1 黑色砾石层和黄棕色地层不整合接触（中）和低阶地放大剖面（下）（1973 年 8 月 19 日）

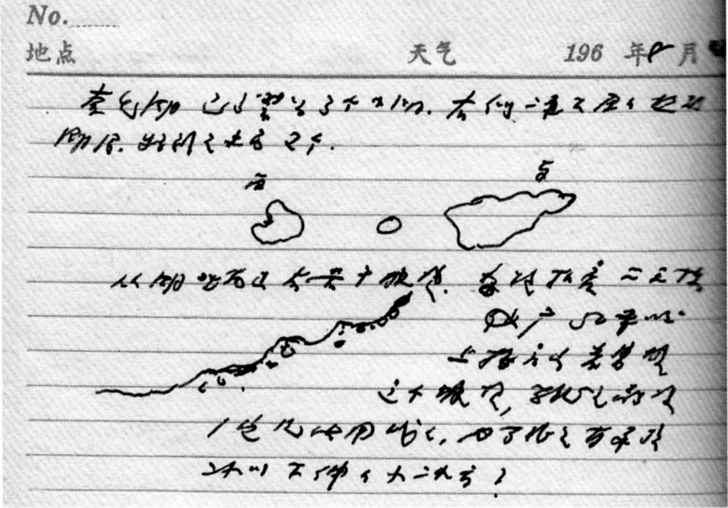

天山奎先达坂奎先湖已分裂为三个小湖（1973 年 8 月 20 日）

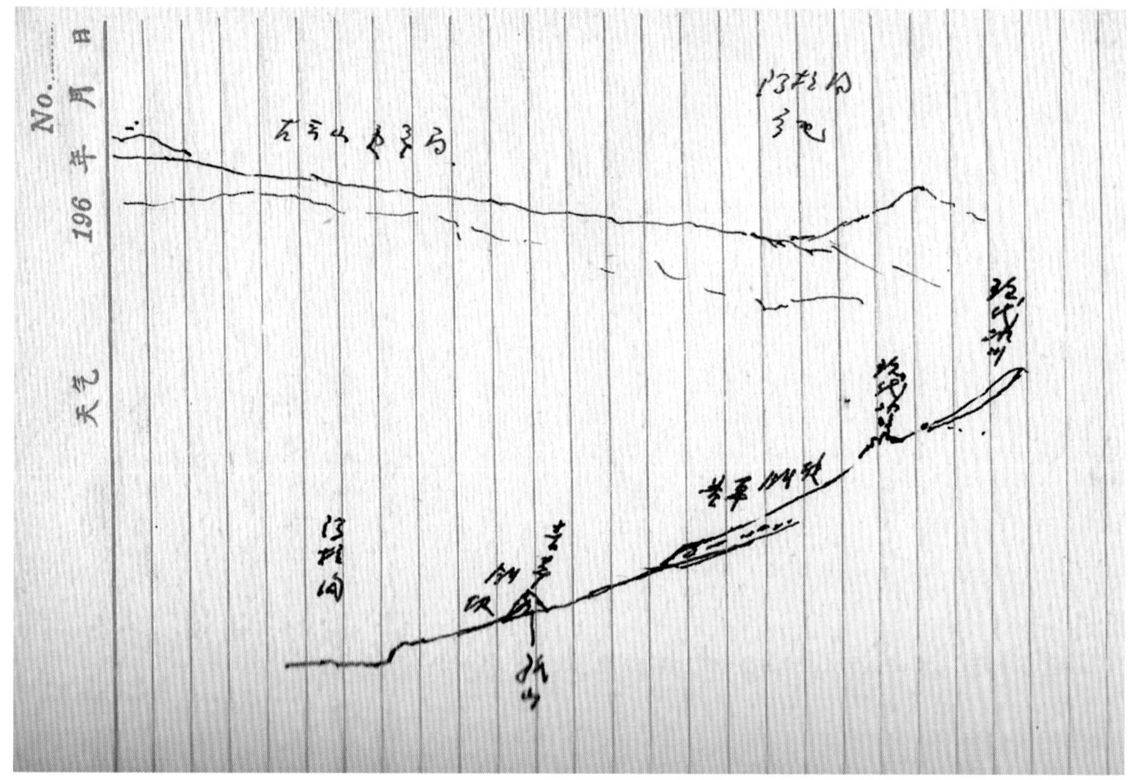

▲　阿拉沟古天山夷平面和现代冰川（1973 年 8 月 20 日）

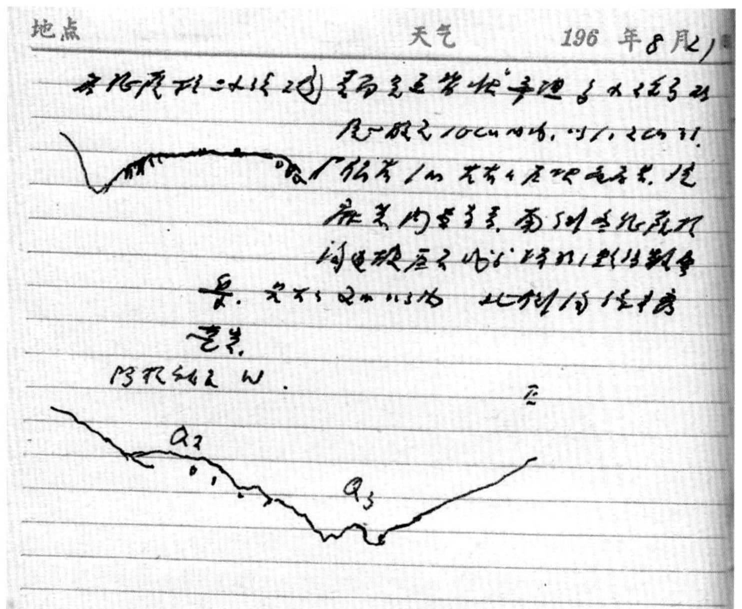

▶　天山冬德萨拉冰碛垄（上）和阿拉沟（下）第四纪地层（1973 年 8 月 21 日）

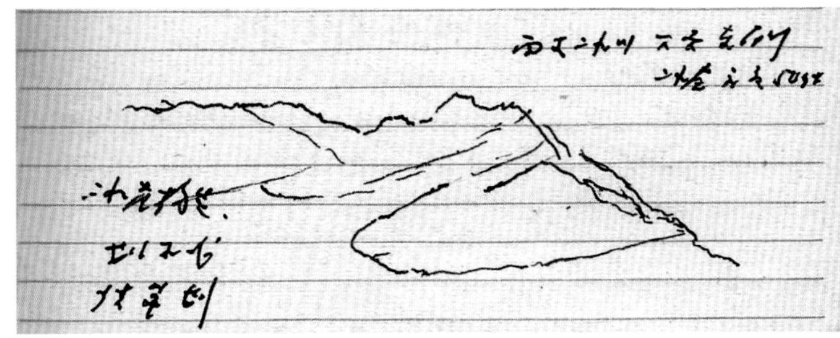

天山乌鲁木齐河源 1 号冰川边缘形态和西支冰崖构造（1973 年 8 月 21 日）

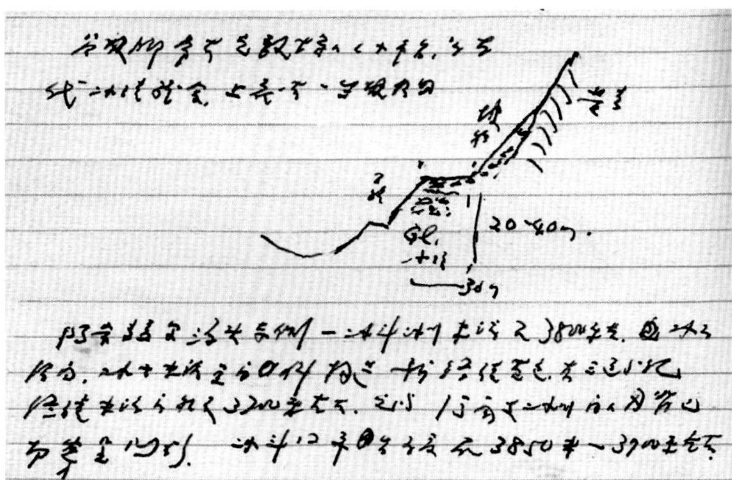

天山乌鲁木齐河源 1 号冰川背面冰碛阶地和坡积物（1973 年 8 月 27 日）

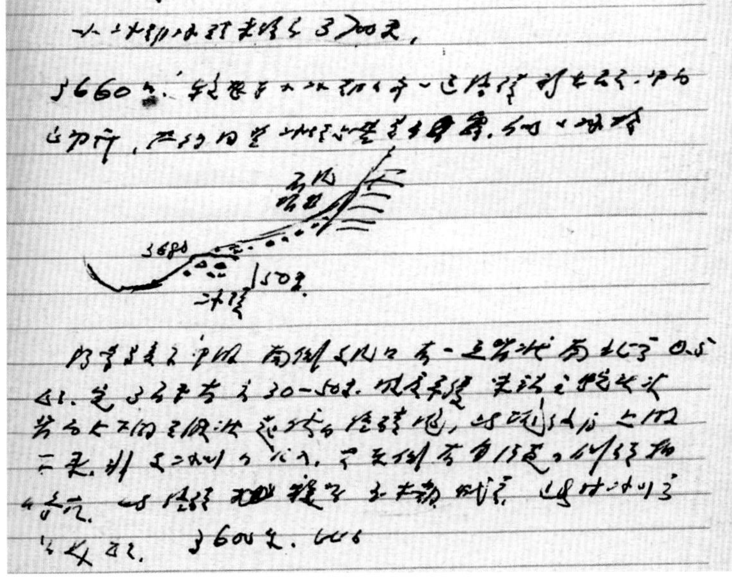

天山乌鲁木齐河源 1 号冰川背面小冰期冰碛垄，末端海拔 3 700 m（1973 年 8 月 27 日）

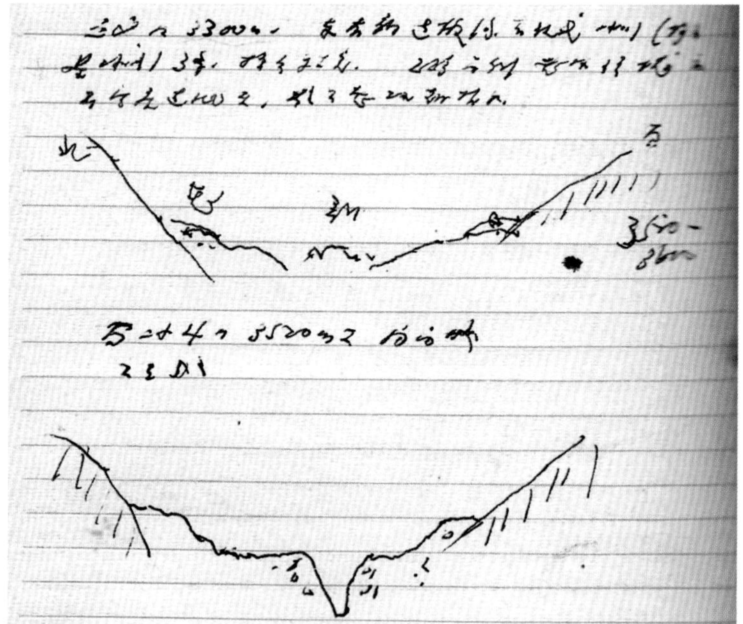

▶ 天山新大板沟冰川谷和冰碛垄沉积剖面（1973 年 8 月 27 日）

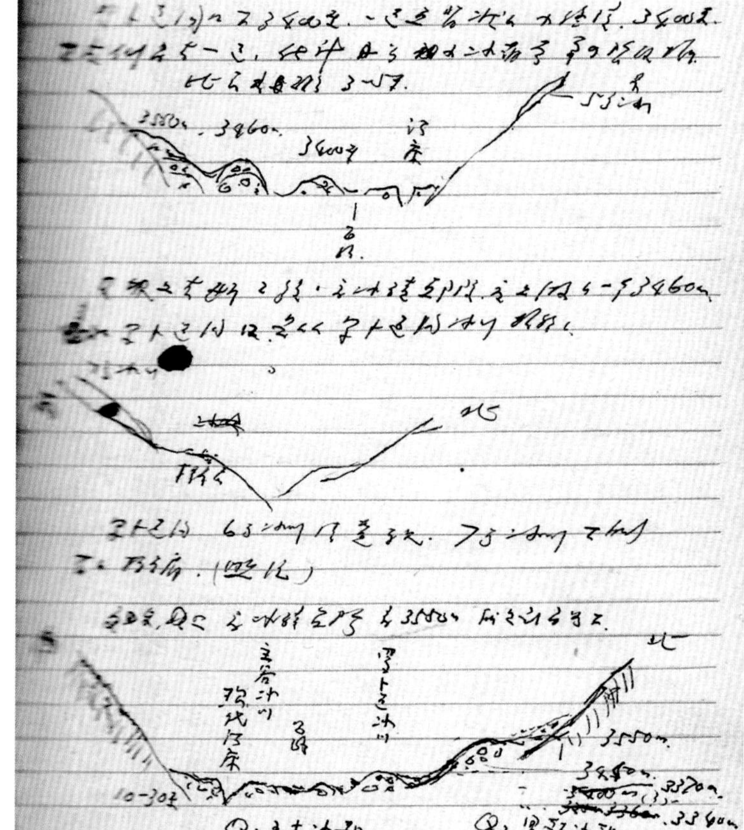

▶ 天山罗卜道沟六号冰川下部冰碛丘陵分布位置剖面（上）、小冰期冰碛分布位置（中）和不同阶段冰碛的分布（下）（1973 年 8 月 27 日）

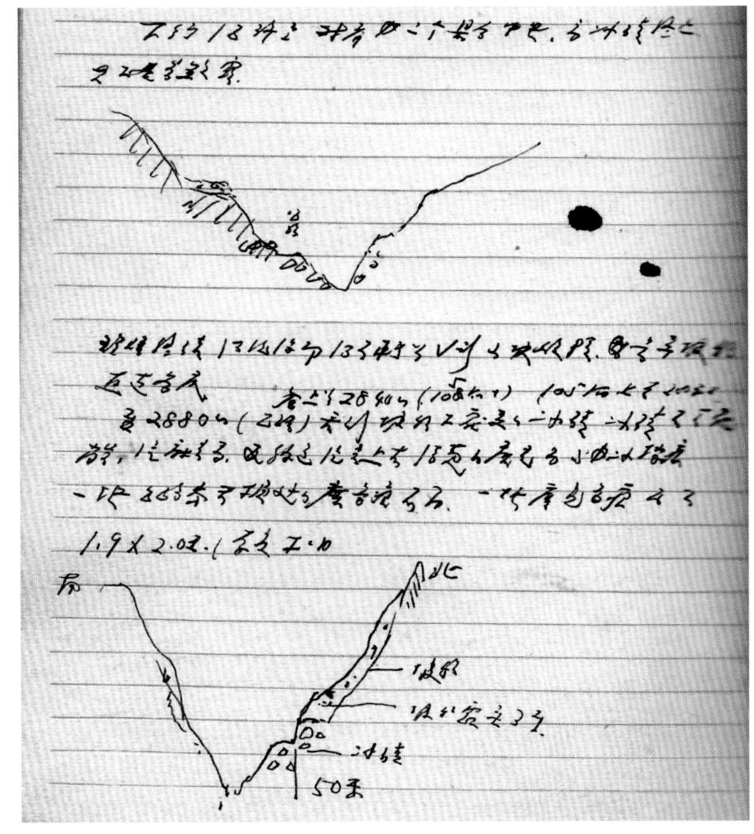

天山站附近谷地冰碛分布
（1973 年 8 月 27 日）

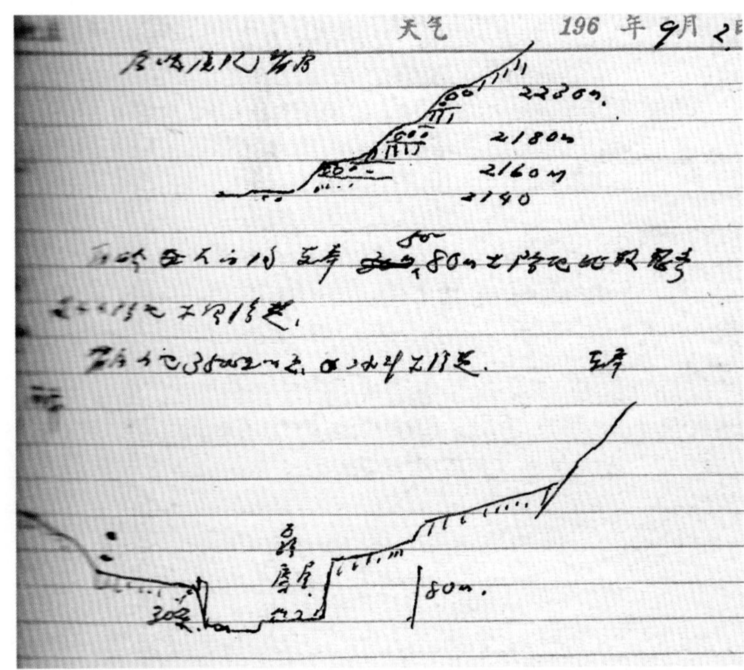

天山后峡大西沟东岸阶地剖面
（1973 年 9 月 2 月）

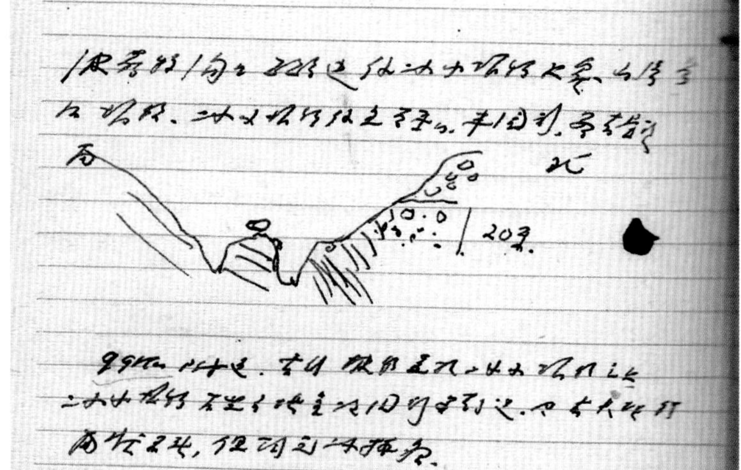

▶ 天山站博霍特沟口第四纪沉积剖面（1973 年 9 月 2 月）

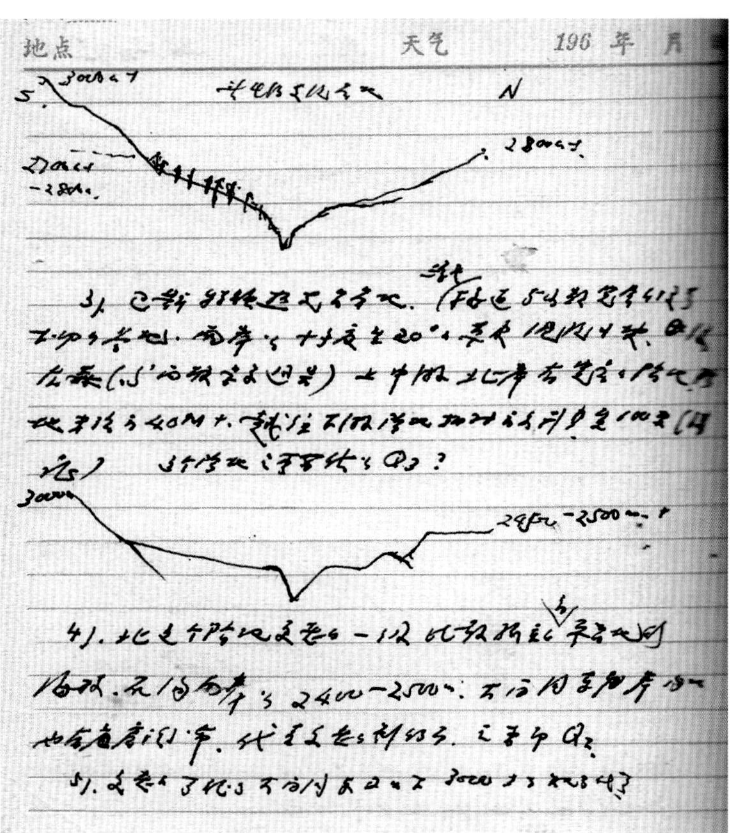

▶ 天山头屯河支流谷地（上）和比较新的平台地形（海拔 2 450 ~ 2 500 m）（下）（1973 年 9 月 2 月）

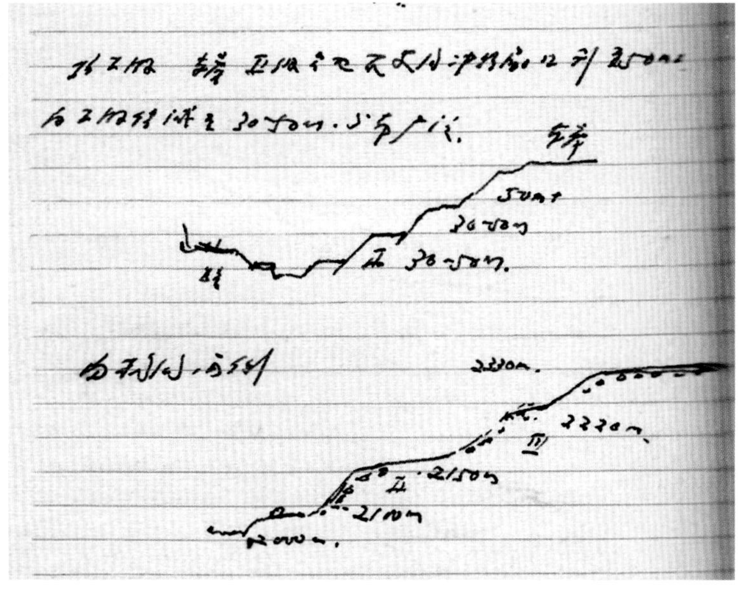

天山白杨沟东岸阶地（上）和白杨沟西侧阶地（下）剖面（1973 年 9 月 2 日）

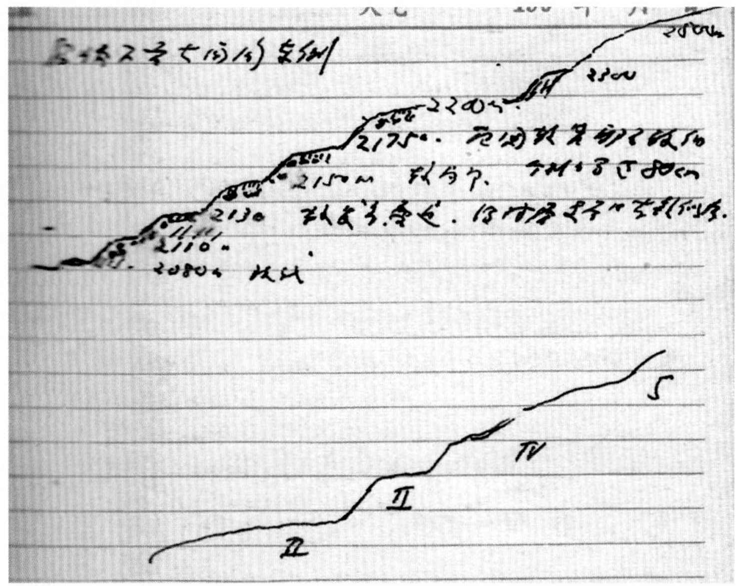

天山大西沟东侧多级堆积阶地剖面（1973 年 9 月 2 日）

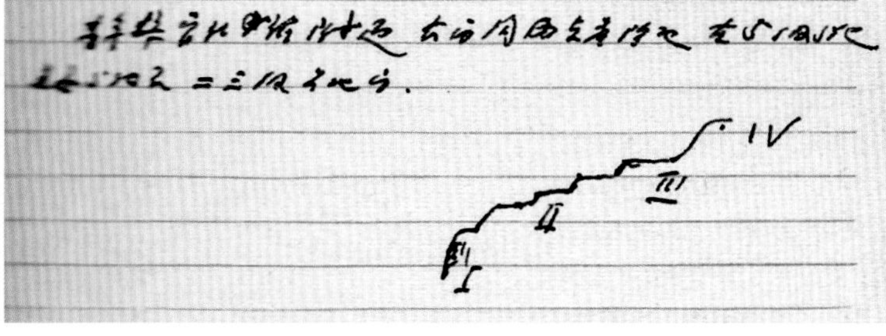

天山大西沟阶地（1973 年 9 月 2 日）

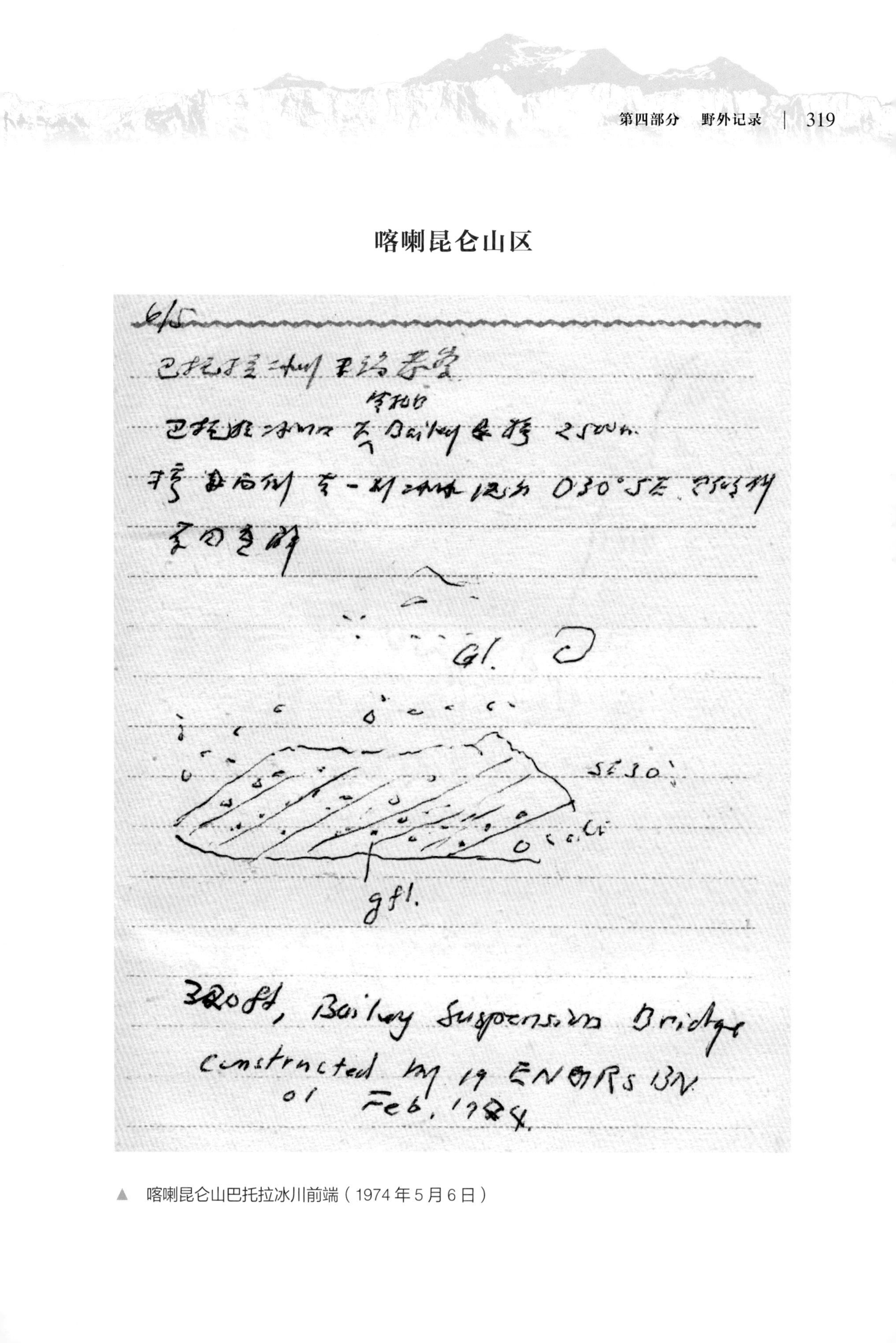

喀喇昆仑山区

6/5

巴托拉冰川末端考察

Gl.

SE30°

gfl.

320 ft, Bailey Suspension Bridge
Constructed by 19 ENGRS BN.
01 Feb. 1984.

▲ 喀喇昆仑山巴托拉冰川前端（1974 年 5 月 6 日）

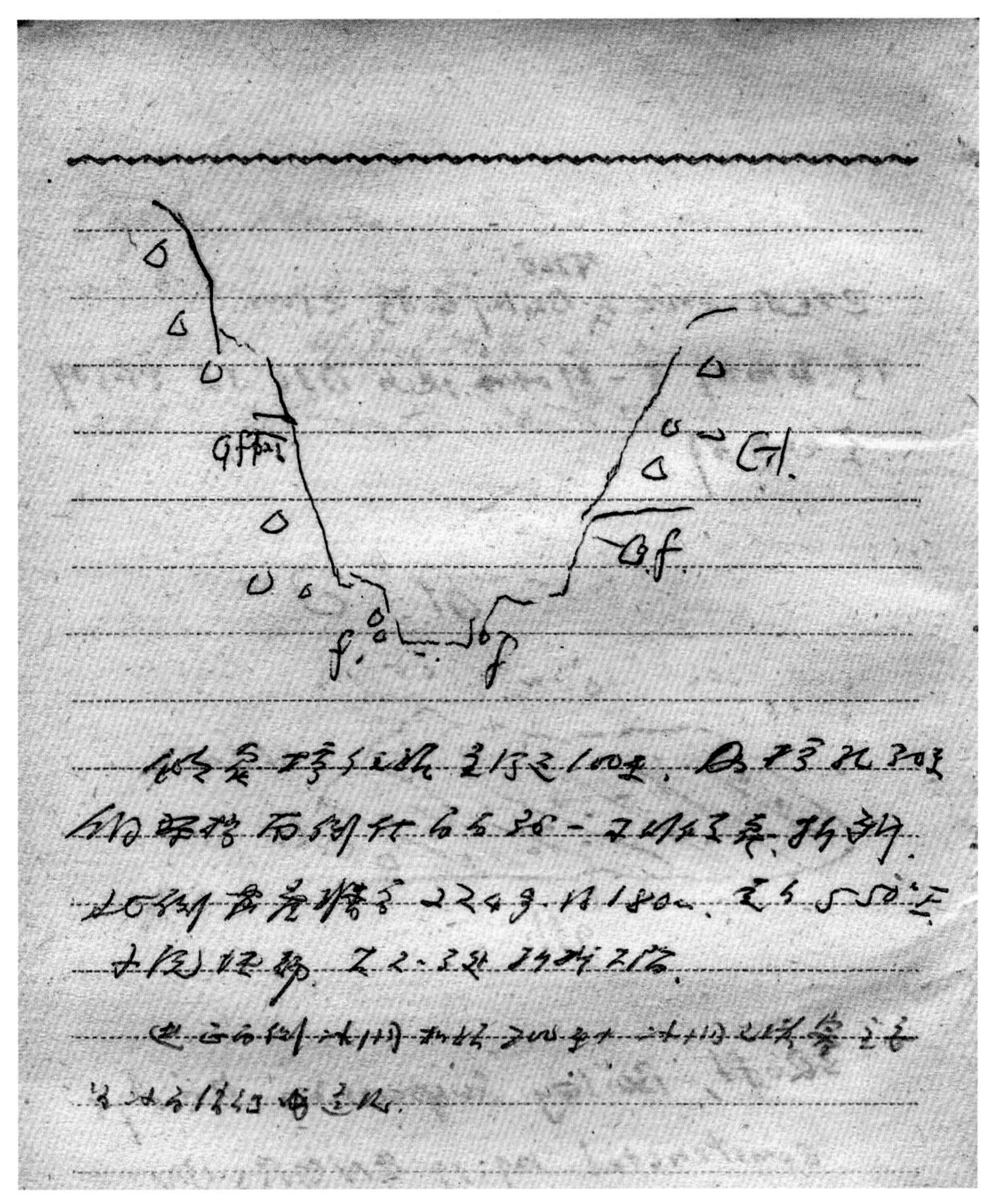

▲ 喀喇昆仑山巴托拉冰川谷地剖面（1973 年 5 月 6 日）

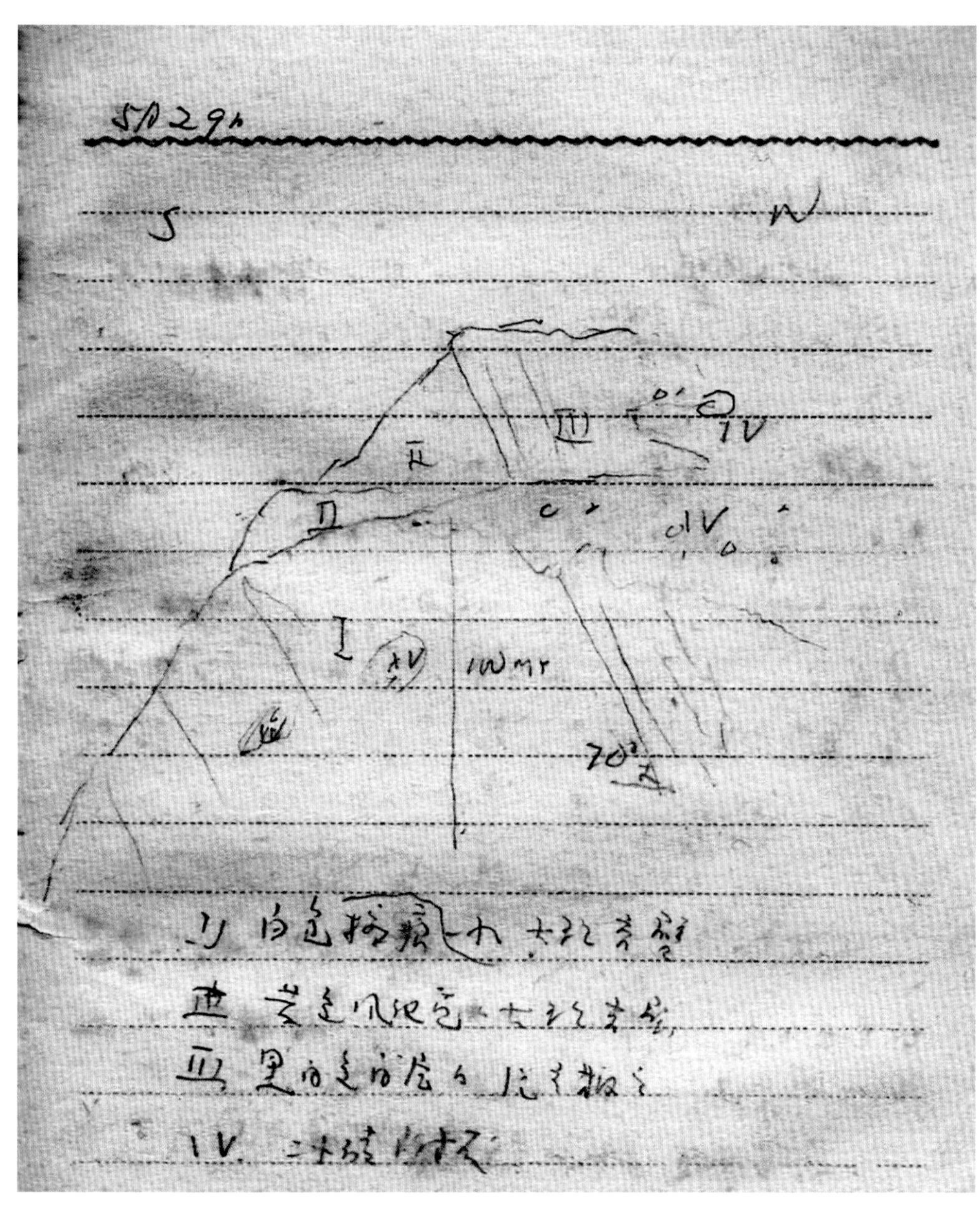

▲ 喀喇昆仑山巴托拉冰川漂砾表面记述（1973 年 5 月 29 日）

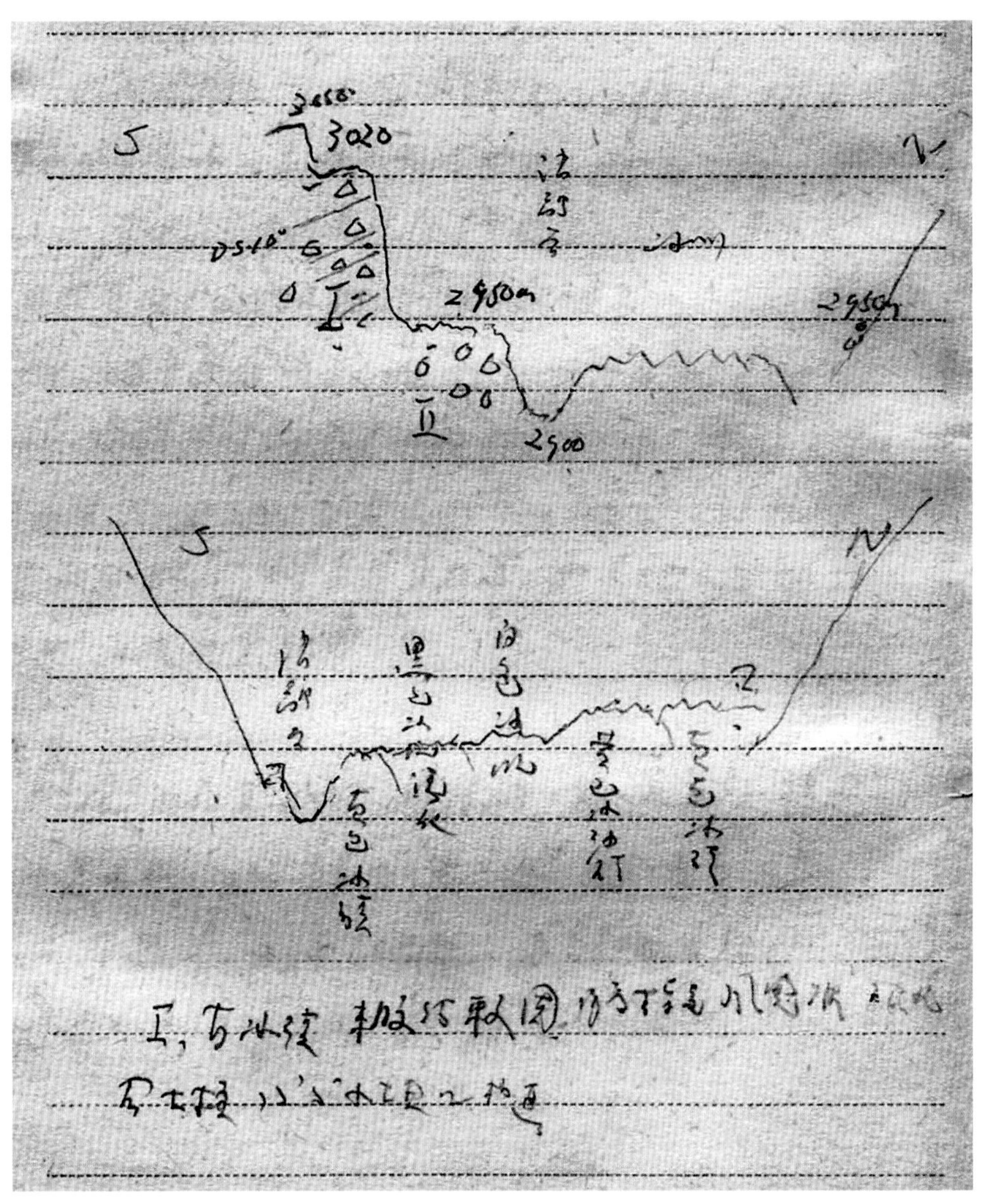

▲ 喀喇昆仑山巴托拉冰川冰流及两侧冰碛分布（1973 年 5 月 29 日）

▶ 在海拔 3 020 m 冰碛平台看到的巴托拉冰川冰流状况（1973 年 5 月 29 日）

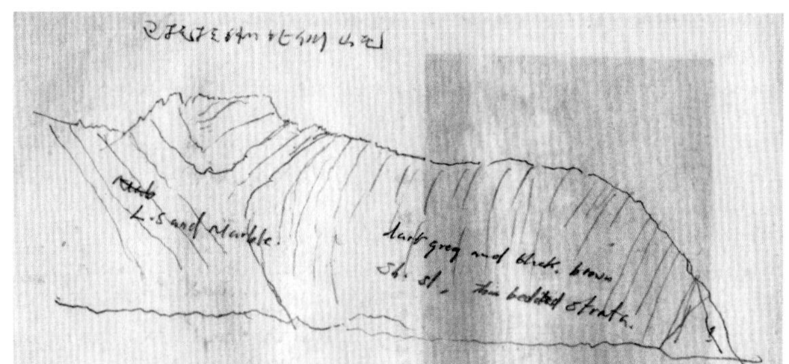

▶ 喀喇昆仑山巴托拉冰川北侧山地（1973 年 5 月 29 日）

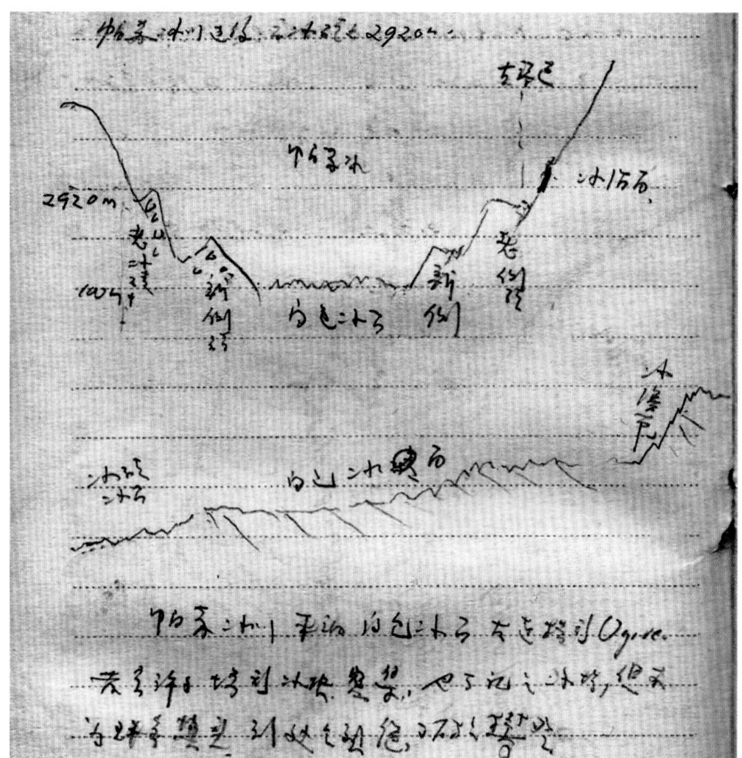

▶ 喀喇昆仑山帕苏冰川及两侧不同时期的冰碛分布（上）和帕苏冰川纵向景观（冰瀑布、白冰面及冰面冰碛）（下）（1973 年 5 月 29 日）

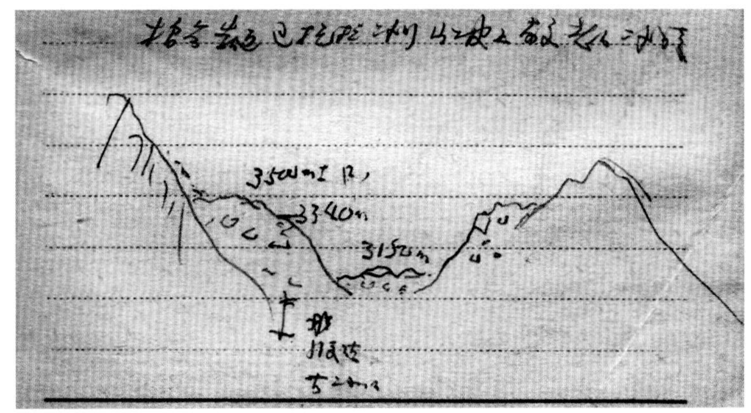

◀ 喀喇昆仑山巴托拉冰川山坡分布的老冰碛（1973 年 5 月 29 日）

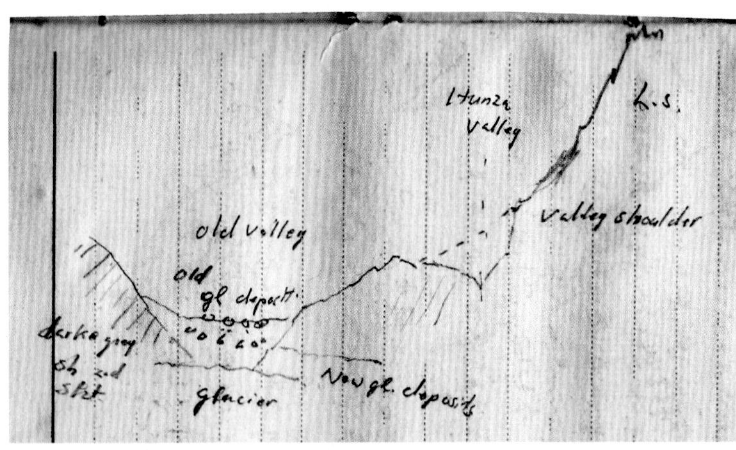

◀ 喀喇昆仑山巴托拉冰川山坡上的老冰碛（1973 年 5 月 29 日）

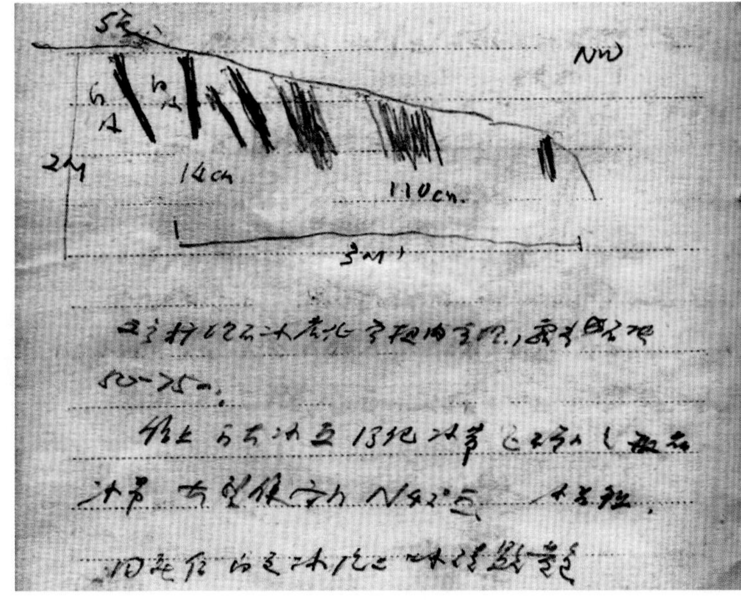

◀ 喀喇昆仑山巴托拉冰川北侧冰崖层理及露出的岩块（1973 年 5 月 29 日）

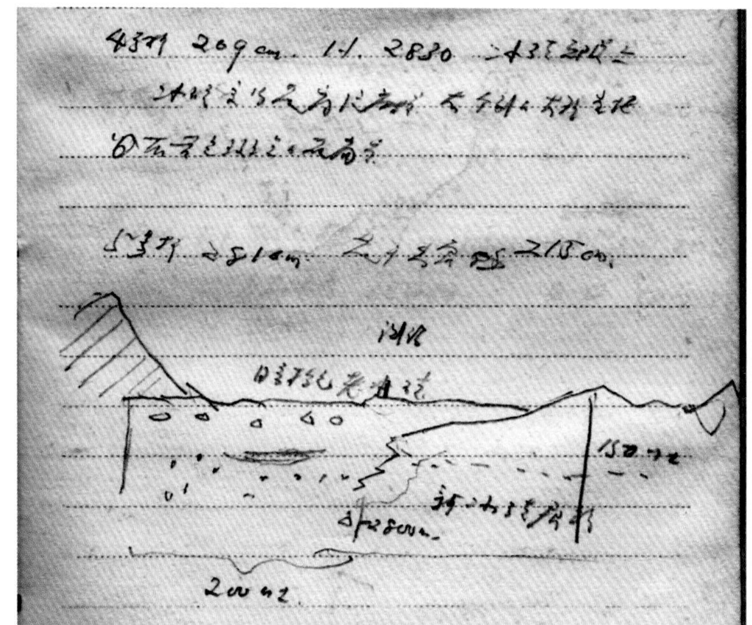

▶ 喀喇昆仑山巴托拉冰川
新老冰碛及消融测量花杆位置
（1973 年 5 月 29 日）

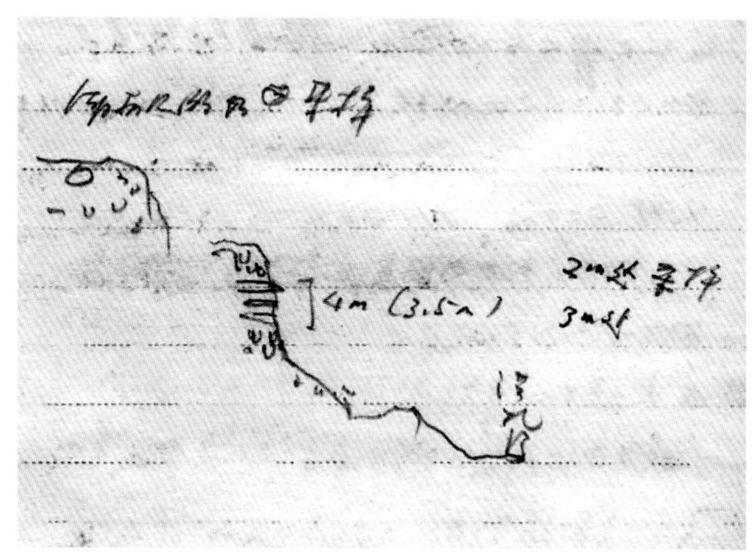

▶ 喀喇昆仑山巴托拉冰川区
湖相沉积剖面
（1973 年 5 月 29 日）

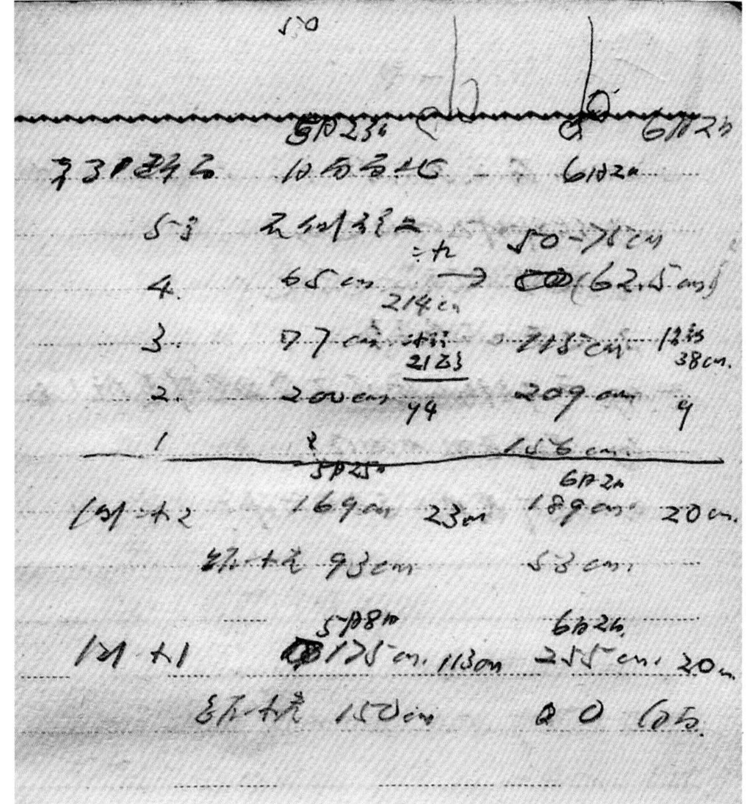

喀喇昆仑山巴托拉冰川
冰面运动观测记录
（1973 年 6 月 2 日）

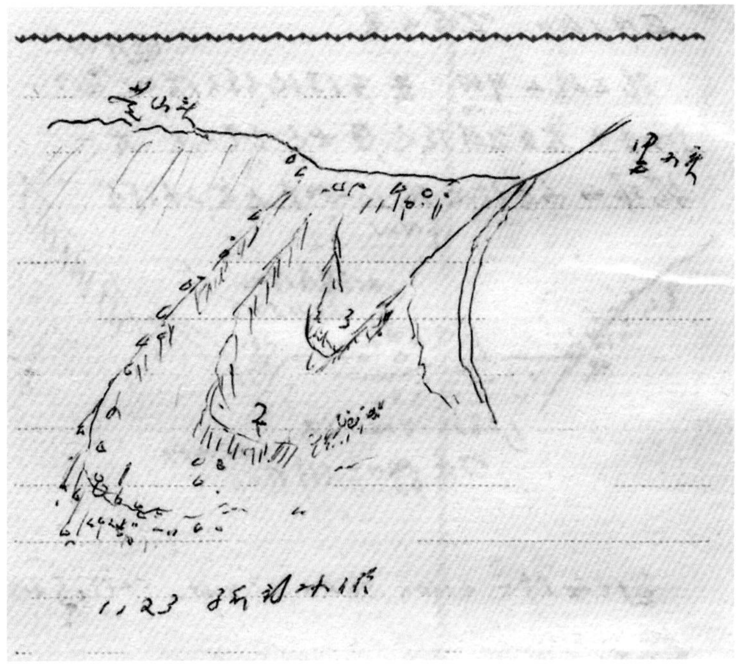

喀喇昆仑山巴托拉冰川
表面弧拱与表碛
（1973 年 6 月 8 日）

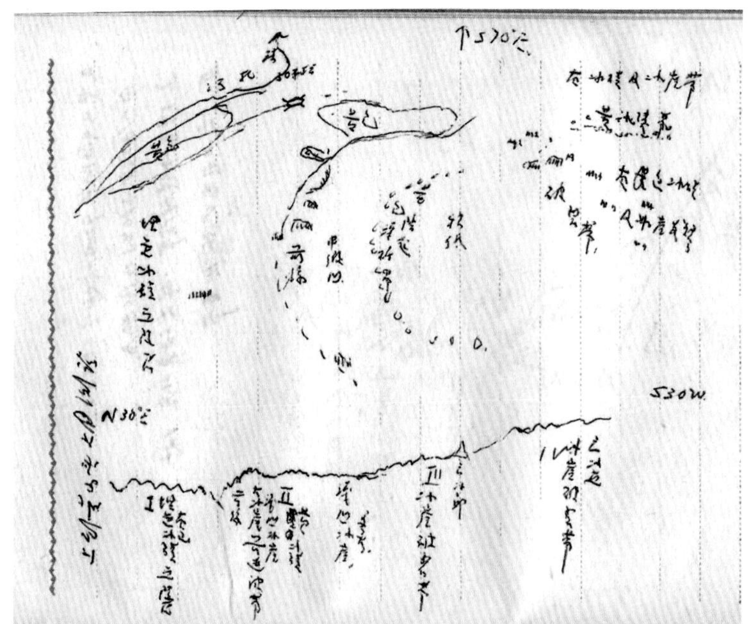

▶ 喀喇昆仑山巴托拉冰川冰面表碛分布特征（1973年6月8日）

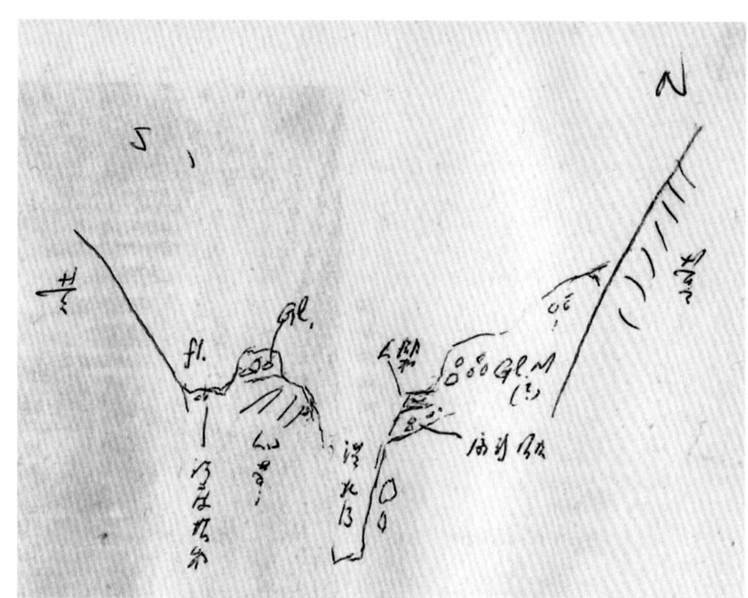

▶ 在巴托拉冰川区黄山头看冰川末端堆积（1973年6月8日）

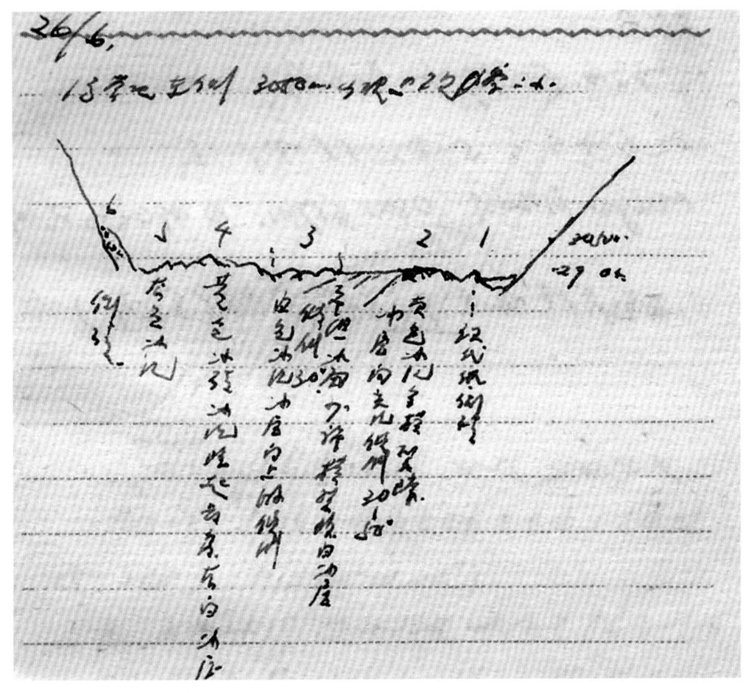

在巴托拉冰川营地东侧山坡上观察冰川（1973 年 6 月 8 日）

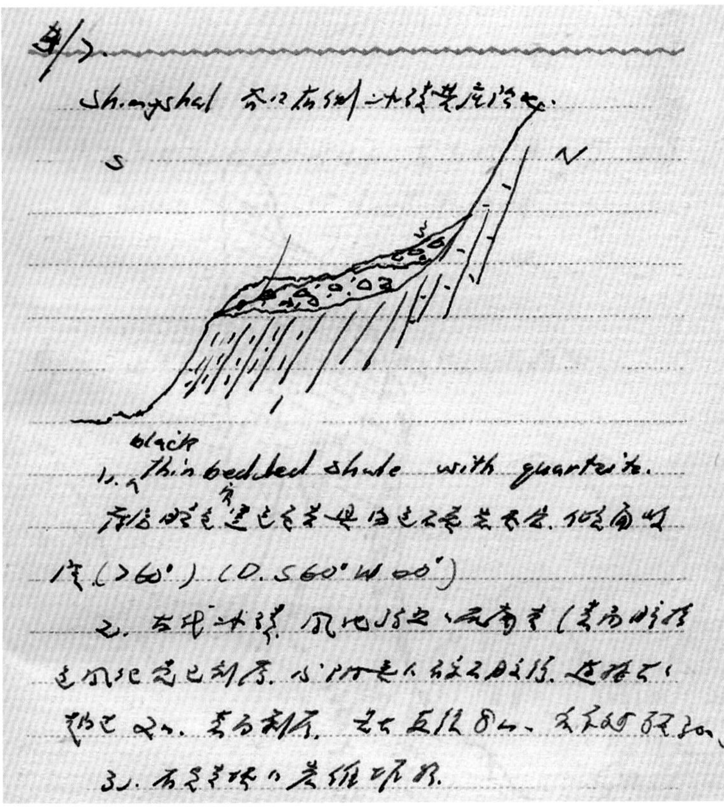

喀喇昆仑山 shimgshal 谷口右侧冰碛基座阶地（1973 年 7 月 5 日）

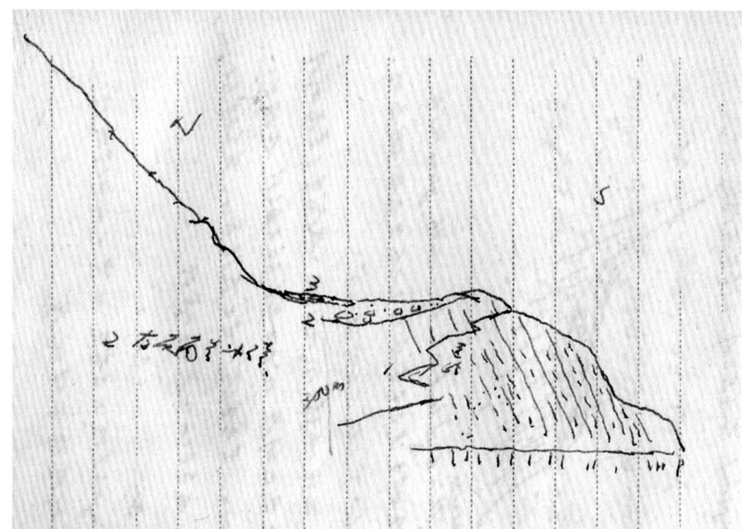

▶ 喀喇昆仑山巴托拉冰川花岗岩冰碛阶地（1973 年 7 月 5 日）

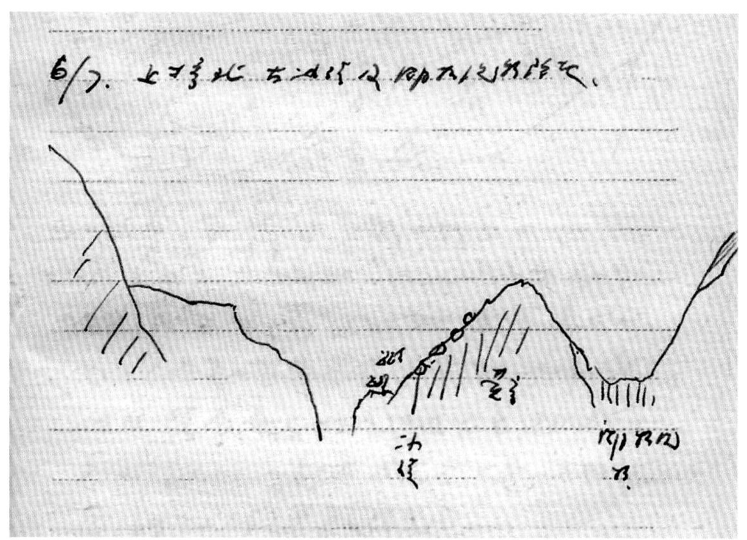

▶ 喀喇昆仑山巴托拉冰川上桥北古冰碛及湖相沉积阶地（1973 年 7 月 6 日）

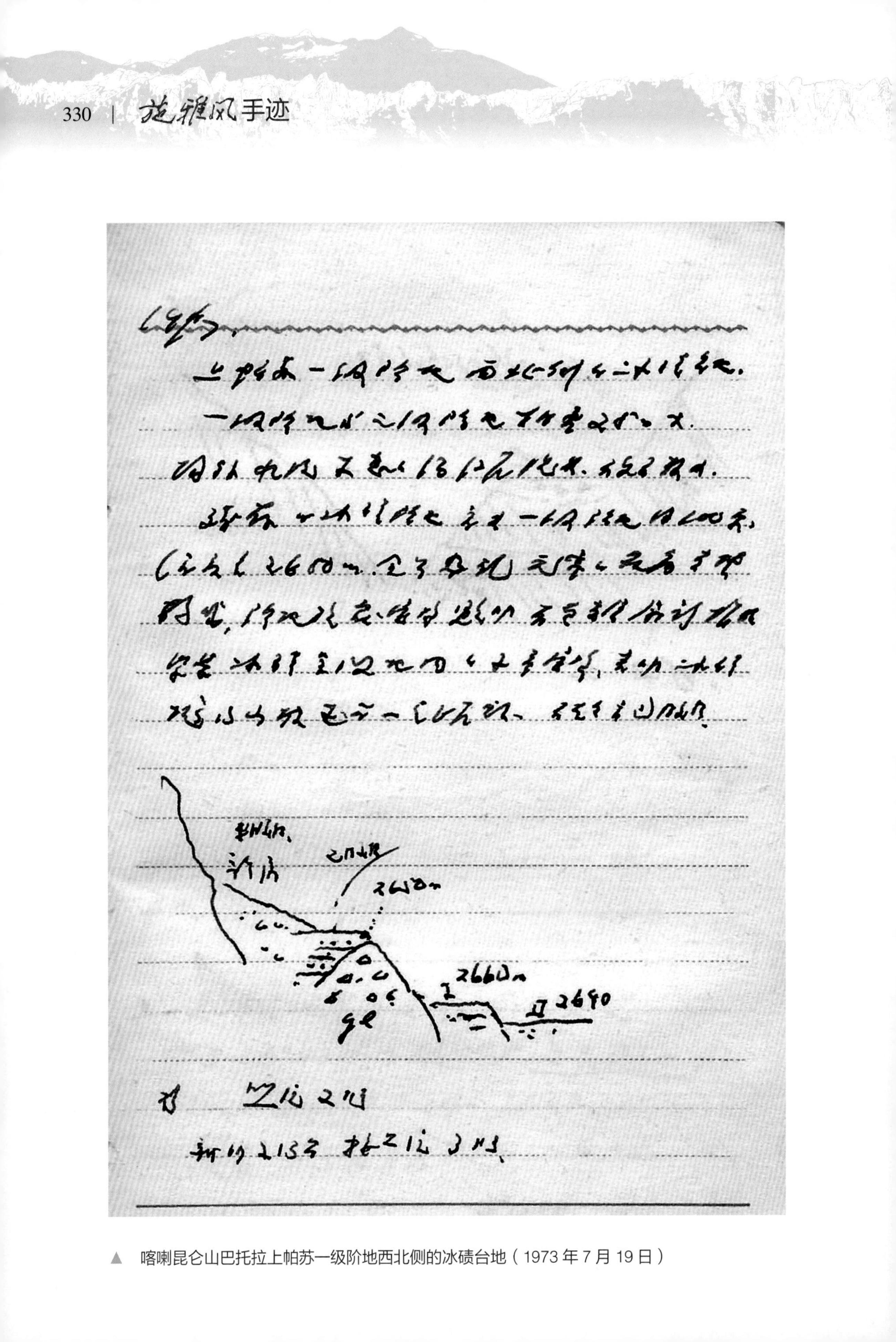

▲ 喀喇昆仑山巴托拉上帕苏一级阶地西北侧的冰碛台地（1973 年 7 月 19 日）

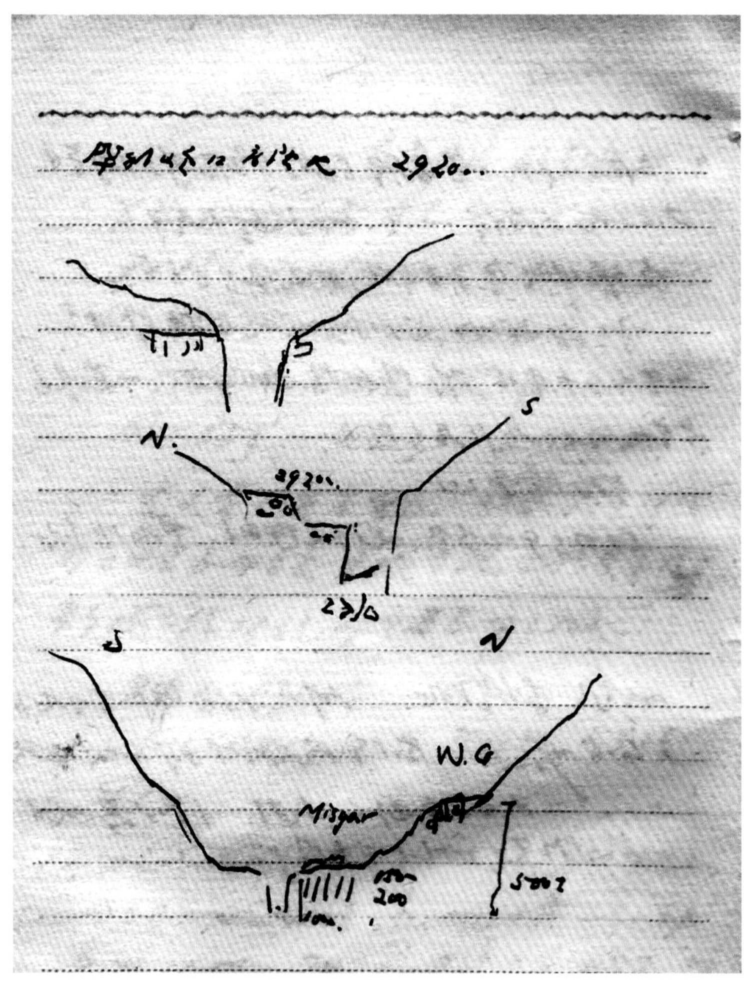

▶ 喀喇昆仑山巴托拉冰川毕利山谷口高阶地（1973 年 9 月 28 日）

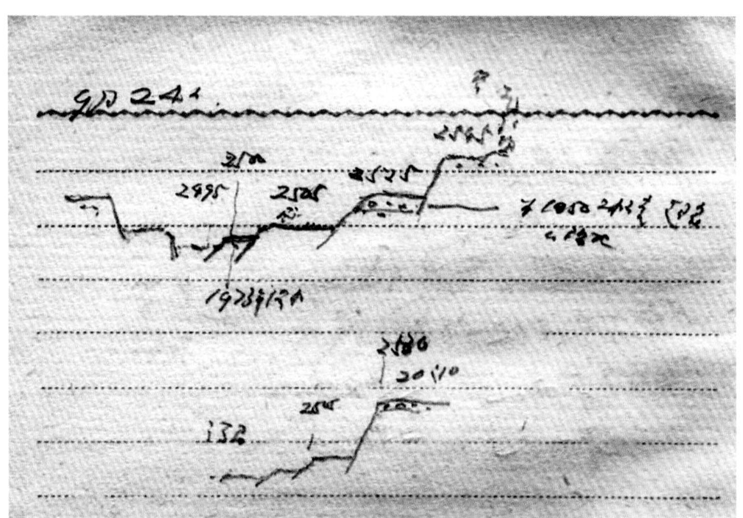

▶ 喀喇昆仑山巴托拉冰川河谷阶地（1973 年 9 月 24 日）

编 后 记

纪念施雅风先生诞辰一百周年，秦大河院士为主任的组织委员会，将《施雅风手迹》一书的编写任务交给我们。我们能有此机会重温施雅风先生的科学研究和科学活动的全历程而荣幸。

施雅风先生手迹和手稿、打印材料和影像资料，是留给我们的宝贵科学财富和精神力量。我们从他 100 多本野外记录簿、读书笔记、中国科学院档案馆、中国科学院寒区旱区环境与工程研究所档案室提供的，以及家中留存的大量论著、科学活动、纪念追思文章的手稿和影视资料中，精选出 600 多页呈现在此书中，供大家分享。

施雅风是著名科学家，又长期担任领导职务和组织管理工作，主持国家和中国科学院多项重大课题，因而所留手迹和手稿的内容十分广泛，我们将其整理归纳为：科学研究、科学活动、纪念追忆、野外记录四个部分。

科学研究是施雅风先生人生最主要的事业，所遗存的论著手稿也最多。施雅风先生开创冰川考察研究，又在地理科学的多个领域都有开拓性研究和突出贡献，发表 400 多篇科学论文，主编出版 38 部专著，按其研究内容又可以分为地貌与地形区划、现代冰川、第四纪冰川与环境、气候变化与环境和冰雪资源与灾害等五个小节。在选择的多篇论文和著作手稿前，对其写作背景加以简要说明，对其科学内容精炼浓缩，写成文字精美、通俗易懂的短文，并对其影响作出科学评价，以便读者参阅。我们将施雅风先生的同一研究领域或同一研究内容的论著系统与集成，展示他不断开拓创新、与时俱进的系列科研成果。

科学活动也是施雅风先生人生重要方面，其内容也非常丰富。他以强烈的使命感致力发展冰川冻土科学研究事业，大力开展卓有成效的科研活动和组织管理工作。他组织科技人员学习英语，选派青年科技人员到国外著名学府或研究机构深造，招收培养研究生，为地球科学发展造就大批后续人才。聘请国际著名学者来所讲学，积极开展国际合作和学术交流，创建门类齐全的在国内外有重大影响的冰川学和冻土学研究体系等。这些重要的无纸质记录的科学活动，我们在这一版块的首页加以简要的综述，而留有手迹的科学活动，又按其性质分为学科规划与科研计划和学术报告与科学普及两个部分。

施雅风先生长期担任中国科学院兰州冰川冻土研究所所长，又主持祁连山、天山、喜马拉雅山等冰川考察、中国冰川编目、青藏高原晚新生代以来环境变化等十多项重点课题和科研项目，都为其编制过学科规划和科研计划。施雅风先生早在 1956 年就参加全国第一次科学技术长远规划的编制，担任地学组秘书，在地理科学的 57 项任务中，主要参与撰写“中国自然区划与经济区划和地理学科规划”，在他主持冰川冻土研究工作中，组织编制了 1963 ~ 1972 年冰川冻土学科发展规划，又为喀喇昆仑山巴托拉冰川考察研究编写任务计划书等。学科规划和科研计划是科学研究的重要组成部分，我们将其节选出来，供科研项目负责人和科研管理工作者参阅。

学术报告是反映施雅风先生学术活动的重要组成部分。学术报告是学术交流的通道，也是展示我国冰冻圈科学和地理环境变化研究成果的平台。施雅风先生重要的学术报告多达 30 多次，主要有重大国际会议的特邀报告，国内外多种学术会议的重点报告。学术报告涉及的内容也非常丰富，既有他开创的现代冰川和第四纪冰川研究，也有气候变化与转型、海平面变化和青藏高原隆升与环境变化等方面。施雅风也非常重视科学普及工作，积极开展面向民众的科普知识宣传和科学讲座，也以拍摄科教影片、影像资料形象地普及科学知识，借参加国际会议之机，把国外所见或科普读物，写成文字精美、通俗易懂的短文，发表在报刊上，介绍给读者参阅。

纪念追忆这一版块，我们选择刊登了施雅风先生为领导、师长撰写的纪念追忆文章。他对就读的浙江大学校长竺可桢先生，对其授课辅导的涂长望、叶良辅、张其昀等师长撰写了 20 多篇纪念文章，并发起参与编辑《竺可桢文集》和《竺可桢传》。深情的话语，字里行间渗透着对恩师的尊敬与爱戴，也是他尊师崇教优秀品格的体现。施雅风先生人生优秀品格是多方面的，我们将其简述在这一版块的首页。作为著名科学家、院士，又长期担任领导职务的施雅风先生，平易近人，和蔼可亲，对生病的同事亲往医院探视，对困难职工捐钱捐物，还为年长的同事操办寿宴，对于先逝的同事，撰文肯定他们的科研业绩或工作成绩。我们所列举的施雅风先生这些点滴的优秀品格，就足以赢得了人们普遍的尊敬和爱戴。在他诞辰一百周年之际，谨以此文纪念我们值得怀念的先辈，以他尊师崇教的优秀品格为榜样，尊敬值得我们永远尊敬的施先生。

我们对施雅风先生 100 多本野外记录薄进行数字化处理，再根据年代和考察事件精选出祁连山区、希夏邦马峰地区、念青唐古拉山东段（西藏古乡地区）、横断山区、天山山区和喀喇昆仑山区等地区的野外剖面图、素描图和部分重要记录 110 幅。在他就读浙江大学期间，为完成毕业论文，跑遍贵州遵义南部的山川，记录了丰富的地质地貌现象；新中国成立后，为撰写中国地形区划而进行多地的地质地貌考察；祁连山、天山、喜马拉雅山和喀喇昆仑山等冰川考察研究，以及冰雪灾害调查和青藏高原隆升与环境研究等，又都留下了大量的文字记录、素描图、剖面图和读书笔记，为他撰写的大量优秀的论著提供了丰富的资料，记录了他成长为科学巨匠的历程。

最后，我们感谢为《施雅风手迹》一书编写提供资料和手稿的谭明亮、苏珍、朱国才、沈永平、杨保、李玉政、谭蕾、宋瑶等；感谢施建生、施建平和施建成为其父手迹一书编写的支持、关心和手稿的搜集与整理；感谢任贾文、李世杰、周尚哲等审阅全文，感谢孙鸿烈院士、丁仲礼院士、程国栋院士、秦大河院士、姚檀栋院士在百忙工作中为此书作序；感谢西北生态环境资源研究院王涛院长和院党委谢铭书记，办公室张景光主任，为此书写作和出版给予地大力支持；感谢冰冻圈科学国家重点实验室康世昌主任和李传金秘书等为编写和审阅此书手稿而召开的多次研讨会；感谢科学出版社及彭胜潮编审、朱海燕编审为本书高质量和按时出版给予的支持和努力。

由于我们能力和水平有限，不免有遗漏和欠缺之处，敬请读者提出补充和修改意见，我们在此表示衷心感谢！

刘潮海　蒲健辰

2018 年 12 月于兰州